로봇 사람이 되다

이종호 저

1

영화 속 로봇이야기

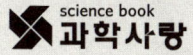
science book
과학사랑

머리말

아이작 아시모프의 소설 「양자인간 Positronic Man」을 영화화한 「바이센테니얼 맨 Bicentennial Man」은 과학이 발달하면 기계와 인간의 차이가 없어질 수 있다는 생각을 느끼게 한다.

인간형 지능 로봇 앤드류는 인간인 포샤와 사랑을 이룬 후 엉뚱한 꿈을 꾼다. 인간과 사랑을 이루었지만 진짜 인간으로 대접받고 싶다는 것이다. 그는 그 한 조건으로 죽을 수 있는 존재가 되겠으니 자신을 인간으로 대접해 달라며 법정투쟁을 벌인다. 「바이센테니얼 맨」은 미래의 어느 때가 되면 심부름만 하는 로봇에는 만족하지 못한다는 것을 알려주는데 이 영화가 그리는 세상이 정말로 올 것인지 궁금하지 않을 수 없다.

잔잔한 로봇이야기들이 감동을 주지만 로봇이 궁극적으로 인간에게 도움만 주는 존재로 남겠느냐는 의문도 제기한다. 기술의 오용이나 남용 가능성에 대한 비판적 견해는 결코 새로운 일이 아니다. 이 질문은 로봇이 개발됨으로 해서 인간에게 부작용은 없는가, 즉 로봇이 인간을 상대로 위해를 가할 수 있느냐 없느냐로 해석할 수 있다.

SF Science Fiction 물에서 다반사로 나오는 것 하나가 로봇의 반란이다. 한마디로 로봇이 오용되거나 남용될 경우 인류는 종말을 맞이할 수 있다는 경고다. 로봇이 반란을 일으킬 수 있는 정도가 되어야, 완벽한 로봇이 태어났다고 인정한다는데 아이러니가 생긴다.

로봇의 미래가 만만치 않다는 것을 알려주지만 과학은 그것이 과연 '참'으로 나타날지에 흥미를 보인다.

필자는 5년 전에 『로봇, 인간을 꿈꾸다』로 독자들로부터 큰 호응을 받았다. 그러나 책이 발간된 지 5년 밖에 지나지 않았음에도 로봇에 대한 제반 상황은 상상할 수 없을 정도로 변모했다. 한국이 휴머노이드 로봇 연구에 착수한지 10년 정도 밖에 되지 않았음에도 40년 동안 세계를 주름잡던 일본의 로봇 기술에 도전할 정도가 되었다는 반가운 소식도 들린다. 이를 반영하듯 많은 독자들이 새로운 로봇에 관한 정보를 당부했다.

로봇은 이제 SF물에 나오는 환상만은 아니다. 이 책을 읽는 순간에도 수많은 로봇이 지구의 여러 곳에서 다양한 활동으로 인간을 대신하고 있다. 이들에 대한 내용을 살펴보면 과연 로봇이 얼마나 많은 분야에서 인간을 위해 이용되는지를 가늠할 수 있다.

2011년 9월 11일 오전, 뉴욕 맨해튼에서 가장 눈에 띄는 세계무역센터에 비행기 한 대가 돌진하여 쌍둥이 건물 중심부를 정확히 강타했다. 몇 분 후 또 다른 비행기가 출현하여 나머지 한 건물마저 박살냈다. 세계를 경악케 한 그 당시 충돌 장면은 현실에서는 불가능한 SF물에서나 나올만한 장면이었는데도 불구하고 실제로 이런 사건이 일어났기 때문에 더욱 충격적인 사건이었다.

테러리스트에 의해 일어난 이 사건에 대한 사후 대책들이 곧바로 강구되기 시작했는데 그 중점은 이런 기상천외한 사건들을 사전에 예측하고 대비할 수 있는 방안을 수립하자는 것이다. 이때 미국 당국에서 가장 귀하게 모신 전문가들은 관련 분야 과학자들이 아니라 SF물 감독들이었다. 정책입안자들이 SF물 감독들을 선호한 것은 그들이 상상하는 영화의 장면들이 현실과 무관하지 않은 소재이기 때문이다.

실제로 일반인들이 쉽게 상상할 수 없는 아이디어가 아니라면 SF물의 영화가 관객들의 호응을 얻을 리 만무하다. 그럼에도 불구하고 그런 내용이 마냥 황당무계하고 비현실적이라면 그것 또한 외면당한다는 것은 자명한 사실이다. 기발하면서도 현실 세계에서 일어날 수 있는 내용이 관객들에게 재미와 감동을 주는데 로봇 활동도 이들 범주에 들어간다. 참신한 아이디어로 사람들을 깜짝 놀라게 하는 소재 즉 불가능이 없는 미래 세계를 보여주는 데 로봇처럼 유용한 대상이 거의 없기 때문이다. 더불어 이들이 창안한 상당 부분의 아이디어가 현실 세계에 등장하는 것은 잘 알려져 있다. 그러므로 이 책에서는 SF물을 기본으로 로봇의 과거·현재·미래를 풀어간다. 이미 우리들의 현실 세계에 들어온 로봇 세상을 알 수 있다면 로봇이야말로 우리에게 피할 수 없는 대상이라는 것도 알게 될 것이다.

『로봇, 사람이 되다』는 제1권과 제2권, 두 권으로 나누어 「로봇, 인간을 꿈꾸다」에서 많은 부분을 차용했지만 기본적으로 성격을 달리하는 새로운 책으로 탈바꿈했다. 하루가 달리 변하는 과학은 로봇 세상 역시 빠른 속도로 변모시키고 있기 때문이다.

제1권 「영화 속 로봇이야기」에서는 로봇의 과거와 현재에 대해 SF물에 등장한 내용을 기본으로 설명하므로 영화의 장면을 보면서 읽는 것처럼 느낄 것이다. 제2권 「함께 사는 로봇이야기」에서는 로봇이 가져올 미래를 설명하면서도 인간을 모사한 사이보그와 안드로이드에 집중하여 보다 많은 논리적인 이야기가 다루어진다.

근래 로봇의 연구는 매우 놀랄만한 분야로 전개된다. 로봇과 인간의 접목을 위한 비약적인 연구의 결과로 파생된 것으로 학자들의 결론은 그야말로 놀랍다. 한마디로 죽지 않는 인간 즉 로봇과 인간을 접목시키면 '불사조'가 가능하다는 설명이다. 지구상에 생명체가 태어난 이후 단 한 번도 어겨본 적이 없는 죽음이라는 단어가 사라질지 모른다는 말처럼 흥미를 자아내는 것은 없다.

로봇으로 영생의 세계로 들어간다는 말이 과연 정말로 실현될 수 있을까. 필자와 함께 로봇이 그리는 과거와 현재, 미래 세계로 들어가 보자.

저자 이종호

영화 속 로봇이야기

머리말   002

1 인간의 꿈이 만든 로봇
- 상상 속의 로봇   012
- 현실 세계 속의 자동 기계   018
- 드디어 로봇 등장   029

2 상상력이 만드는 로봇
- 로봇보다 먼저 태어난 영화   040
- 로봇의 미래는 유토피아   056
- 로봇의 미래는 디스토피아   071

3 로봇 전성시대
- 대형 로봇은 단골   092
- 외계인은 무엇이든 가능   101
- 슈퍼맨은 슈퍼맨   111
- 한계가 없는 상상력   118
- 로봇의 3대 원칙   131
- 로봇의 권리 보장   138

4 로봇태권V의 부활
- 한국인 혼이 담긴 「로봇태권V」   149
- 한국은 「로봇태권V」가 구한다   151
- 「로봇태권V」 부활 프로젝트   154

5 로봇이 달려온다
- 무궁무진한 로봇의 활용   180
- 의료용 로봇   189
- 극한용 로봇   198

CONTENTS

- 군사용 로봇   206
- 가정용 로봇   216
- 섹스 로봇   223

6 두뇌 논리의 모사

- 인공 지능의 역사   237
- 논리게이트를 만들자   239
- 하향식 주입   243
- 상향식 이론   247
- 기본 상식 해결도 어려워   253
- 정보 검색의 딜레마   258
- 전문가가 중요   266
- 무작위성의 승리   270

7 언어가 핵심이다

- 이타성이 보이는 언어   283
- 언어의 진화   286
- 언어유전자가 존재   291
- 의사소통은 언어만이 아니다   295
- 한글로 통일하자   297

8 사이보그 세상에 산다

- 사이보그는 개조인간   312
- 인간에 견주는 로봇   319
- 2족 보행의 필요충분조건   322
- 인간은 특별한 동물   331

제2권
함께 사는 로봇이야기

9
세계를 주도하는 한국의 휴머노이드
- 일본의 휴머노이드 로봇
- 한국의 휴머노이드 로봇
- 재료 개발이 관건
- 감각을 살려라

10
안드로이드가 보인다
- 인간보다 더 인간적인 안드로이드
- 튜링테스트
- 로보사피엔스 등장한다

11
안드로이드의 두뇌 만들기
- 인간 두뇌의 연구 방법
- 복잡한 인간의 뇌
- 인간의 기억
- 기억의 메커니즘
- 서로 다른 좌뇌와 우뇌의 기능

12
괴롭히는 인간의 특성
- 골머리 아픈 지능
- 인간 지능의 탄생
- 여성과 남성은 다르다
- 예측이 만드는 행동
- 마음도 있다

CONTENTS

13
미완성 로봇이 완벽한 로봇
- 자폐증환자의 천재성
- 로봇이 느끼는 감정
- 로봇은 기계
- 개성있는 로봇

14
로봇의 반란
- 로봇은 인간과 다른 별종
- 선악이 구분 안 되는 로봇
- 거짓말이 가능한 로봇
- 반란을 꿈꾸는 로봇
- 제어가 안 되는 의식
- 매트릭스 세계
- 로봇의 네트워크 통제

15
로봇 + 인간 = 불사조
- 인간의 한계
- 뇌파로 움직인다
- 영생으로 가는 길
- 뇌파는 다르다
- 인간에게 남겨진 숙제

1

인간의 꿈이 만든 로봇

상상 속의 로봇
현실 세계 속의 자동 기계
드디어 로봇 등장

상상 속의 로봇

20~30년 전만 해도 어린이들이 좋아하는 애니메이션은 로봇이 주인공으로 등장하는 「로보트 태권V」, 「마징가 Z」, 「우주소년 아톰」 등이었다. 이들의 영향이 어찌나 큰지 SF물은 어떤 형태로든 로봇이 등장하지 않으면 흥행에 실패하기 십상이었다.

이들 첨단 로봇이 하루아침에 등장한 것은 아니다.

사실 로봇의 개념은 이미 오래 전부터 인간의 머릿속에서 태어났다. 그리스 신화 중에 날개를 달고 하늘을 날았던 소년 이카로스 Icaros의 이야기가 있다.

이카로스의 아버지인 다이달로스 Daedalos는 뛰어난 기술자인데, 왕의 탄압을 피해 섬나라를 탈출하기로 결심한다. 다이달로스는 밀랍으로 깃털이 떨어지지 않게 하나씩 붙여서 마침내 하늘을 날 수 있는 날개를 만들어 아들 이카로스에게 달아 준다. 다이달로스는 밀랍 날개의 특성상 일정한 고도를 유지해야 한다는 충고를 이카로스에게 한다.

다이달로스와 이카로스 부자는 날개를 달고 날기 시작했고 마침내 탈출에 성공한다. 그러나 아버지 다이달로스의 뒤를 잘 따라가던 이카로스는 날개를 사용하는 것이 익숙해지자, 아버지의 충고를 잊고 하늘 끝까지 날아보고 싶은 욕망에 사로잡힌다. 급기야 이카로스는 아버지를 따라가는 대신 하늘 높이 날아오르자, 뜨거운 태양의 열기에 깃털을 붙여 두었던 밀랍이 녹기 시작하여 날개의 깃털이 하나둘씩 빠졌다. 결국 이카로스는 섬과 육지 사이의 바다에 빠져 죽는다.

이 신화는 '인간의 덧없는 욕망'을 묘사한 것이지만 엄밀하게 말하면 이카로스의 이야기에 로봇의 개념이 들어있다고 볼 수 있다.

보다 적극적인 로봇의 개념은 대장장이의 신 벌컨^{Vulcan, 불카누스}의 신화에도 나타난다. 그는 대장장이답게 금으로 하녀를 만들고 다리가 세 개인 테이블을 만들어 자기 마음대로 조종한다.¹⁾ 호메로스^{Homeros}의 「일리아스^{Ilias}」에서 재앙의 근원이 되는 상자를 연 판도라^{Pandora}는 대장간의 신 헤파이스토스가 진흙과 물로 아름다운 여신을 모방하여 만든 것으로 이것 역시 로봇의 개념이 포함되어 있다.

또한 기원전 3세기경 아폴로니오스 로디오스가 쓴 「아르고호의 모험^{Argonautika}」에 나오는 탈로스^{Talos}는 크레타 섬을 지키는 청동 괴물로 하루 세 번 섬을 돌면서 침입자에게 돌을 던지거나 몸을 뜨겁게 달구어 껴안아 죽였다. 이 탈로스의 약점은 발뒤꿈치의 혈관으로 그 부분은 청동 못으로 발뒤꿈치 밑바닥에 고정되어 있었다. 탈로스는 아르고호 영웅들의 마법으로 최면에 걸려 청동 못이 뽑히면서 몸을 구성하고 있던 납이 모두 밖으로 흘러나와 순식간에 허물어져 죽었다고 한다.

보다 직접적인 로봇 이야기는 갈라티아^{Galatea}이다. 피그말리온은 그리스 신화에 나오는 조각가로, 그는 상아로 아름다운 인조인간 갈라티아를 만든다. 본래 여자를 혐오하여 결혼을 포기한 채 독신으로 지내온 피그말리온이었지만 생명이 없는 자신의 작품을 짝사랑한다. 사랑의 여신 아프로디테가 그의 간절한 기도를 듣고 갈라티아에게 생명을 불어넣어준 덕분에 사랑을 이루게 된다. 즉 간절히 원하면 무언가를 얻을 수 있다는 '피그말리온 효과'로 자주 인용되지만 피그

말리온 이야기는 현대의 로봇이야기와 다름없다. 그러므로 로봇은 인간의 꿈에서 탄생되었다고도 말한다.[2],[3]

반면에 로봇은 태초부터 태어났다고 주장하는 학자들도 있다. 아담이 자신의 갈비뼈로 이브를 만들었는데 이를 엄밀하게 말한다면 안드로이드를 만들었다고 볼 수 있다. 안드로이드라면 인간과 똑같은 능력을 갖고 있으므로 이브가 아담과 결혼한다는 것도 과언은 아니다. 로봇의 개념이 우리의 머릿속에 오래전부터 있었다는 뜻이지만 아담을 최초의 로봇 창조자라는 말에 발끈하는 사람들이 있을지 모르겠다. 여기서 종교적인 면을 다루는 것이 아니므로 그런 주장을 한 학자들을 관대하게 이해해주기 바란다.

조금 더 후대로 내려오면 중세에 출간된 소설「프라하의 두목 랍비」에서도 인간을 닮은 로봇을 찾아볼 수 있다. 이 소설에서 한 랍비는 유태인 대학살로부터 유태인을 보호하기 위해 진흙으로 사람의 형태인 골렘을 만든다. 골렘이란 유태인들 사이에서 전설처럼 전해 내려오는 움직이는 진흙인형을 뜻하며 우리나라의 도깨비와 유사하다. 골렘은 자신의 이마에 박힌 보석에 의해서 조종되며 초인적인 힘이 있지만 보석이 이마에서 빠지면 단지 사람 형태의 진흙에 불과하다.

소설의 내용은 골렘이 통제 불능이 되어 유태인들을 위협하자 랍비가 골렘의 이마에 박힌 보석을 간신히 빼내어 유태인들을 위험에서 벗어나게 한다는 내용이다. 이는 기계를 켜고 끄는 스위치 개념을 도입한 것으로 즉 랍비가 조종 장치로 골렘을 조종하는데 이 내용은 현대의 기계 작동을 연상시킨다. 이 설명을 근거로 골렘이 로봇의 시조라는 주장도 있다.

그러나 현대인들에게 로봇의 개념을 정확하게 이해시킨 것은 1818년에 나온 메리 셸리 Mary Shelley의 「프랑켄슈타인 Frankenstein」이다. 화학자 프랑켄슈타인은 의학 연구에 몰두하면서 죽은 사람도 살려낼 수 있다는 신념을 버리지 않는다. 그는 죽은 사람의 시체와 두뇌를 짜 맞춘 뒤 강력한 전기 충격을 주면 되살릴 수 있다고 가정했다.

프랑켄슈타인은 조수이자 꼽추인 프리츠와 함께 공동묘지에서 시체들을 훔쳐내 실험실로 가져 왔다. 문제는 두뇌인데 프리츠가 대학 실험실에 숨어들어 실험용 뇌를 갖고 나오려다 정상적인 뇌가 들어 있는 보관용 병을 떨어뜨리고 대신 이상한 뇌만 수집해 놓은 병을 가지고 나온다. 그 사실을 모르는 프랑켄슈타인은 바람이 심하게 부는 날 번개를 이용하여 시체를 조각조각 이어 붙여 인조인간을 만들기 시작했다. 그의 실험이 성공하여 죽은 시체가 살아나지만 외양은 괴물로, 이름 없는 이 괴물은 자신의 흉측한 외모에 놀라 도망치는데 사람들은 괴물을 겁내며 그를 제거하려 한다. 괴물은 자신을 죽이려는 사람들에게 분노해 점점 광폭해지고 프랑켄슈타인의 약혼자까지 괴물에게 희생되자 프랑켄슈타인은 최후의 일전을 벌일 결심을 한다.

프랑켄슈타인의 괴물은 인간 육체의 각 부분들이 정확하게 맞추어진 살아 있는 인간으로 설명된다. 엄밀하게 볼 때 괴물은 인간의 뇌를 갖고 복원시킨 것이 아니므로 태생적으로 인간이라 부르는 데는 한계가 있다. 그럼에도 불구하고 작가는 괴물에게 자아를 인식하며 자각도 갖고 있다고 설명하였으므로 두뇌 없는 인간을 만들었다고 볼 수 있다.

당대에는 로봇 개념이 존재하지 않을 때이므로 작가가 인간의 두뇌를 가지지 않은 괴물의 성격을 인간형으로 얼버무렸지만 프랑켄슈타인을 인조인간이자 현대적 의미에서의 로봇의 기원이라고 설명하는 이유다.

영화「프랑켄슈타인」은 1931년 제임스 웨일 감독에 의해 등장했는데 1930년대 유행하던 공포 영화중 가장 큰 흥행기록을 세웠다.「프랑켄슈타인」이 이처럼 흥행에 성공한 것은 인간의 독특한 특징을 잘 분석했기 때문이다. 공포 영화의 특징은 공포의 대상이 되는 캐릭터가 등장하여 관객에게 한층 고조된 긴장감을 주도록 유도하는 게 특징인데 바로「프랑켄슈타인」을 이러한 공포 영화의 전형으로 인정한다. 그러므로 영화계에서「프랑켄슈타인」을 SF물이 아니라 공포물로 분류하고 있다.

공포영화는 미스터리·서스펜스 영화와 사촌 격이다. 공포영화 역시 긴장감·긴박감·공포감 등 심리적 요인을 본질적인 속성으로 가지고 있기 때문이다. 그러나 공포영화의 심리적 효과는 대체로 영화 주인공이 아닌 낯설고 기이한 제3의 대상이나 괴물 등으로부터 나오는 것을 기본으로 한다. 과학자 프랑켄슈타인이 만들어 낸 '괴물'은 과학의 힘으로 창조된 인공체이면서 인간을 위협하는 존재라는 것이 많은 사람들로부터 공감을 받은 것이다.

그런데 여기서 집고 넘어갈 사실은 프랑켄슈타인은 괴물이 아니라 창조자라는 점이고 그는 의사가 아니며 더구나 '미친 과학자'도 아니다. 빅터 프랑켄슈타인은 젊었을 때부터 우주만물의 비밀을 밝히려한 대학생 생활도 겪었다. 그는 어머니가 죽자 생명의 비밀을 연구하는 일에 매달렸고 수없이 많은 실험을 거듭한 끝에 인간의 몸을 부위별로 조각조각 맞춰 만든 인물에 마침내 생명을 불어넣는다. 프랑켄슈타인이 만든 창조물은 생각하는 법을 배워 지적으로 변모된다. 그러나 덩치와 외모가 상당히 추하게 생겼으므로 사회에서 배척당한다. 프랑켄슈타인이 의도한 바는 아니지만 결과적으로 사회에 재앙을 풀어놓은 셈이다.

프랑켄슈타인을 창조한 메리 셀리는 매우 극적인 삶을 산 작가다. 그녀는 자신과 결혼하기 위해 아내와 아이를 버린 퍼시비시 셸리 Percy Bysshe Shelley와 결혼하여 함께 여행을 떠나 독일의 한 성을 방문했는데 그곳에서 성주였던 요안 콘래드 디플이라는 사람에 대해 듣는다. 17세기 연금술사로 냉혹한 성격을 가진 그는 실험을 위해 무덤을 파헤쳐 시체를 모으고, 또한 생명을 연장시켜주는 '디플의 기름'을 만들었는데 자신이 만든 물질의 효능을 알기 위해 직접 먹었다가 죽었다고 한다. 그가 죽은 성의 이름이 바로 프랑켄슈타인이다.

셸리는 계속 독일을 여행했는데 한 박물관에서 '자동장치' 시계를 보고서 마치 살아있는 것처럼 느꼈다. 이 장치가 작동되려면 사람이 시계태엽을 감아야 했는데 이 역시 소설에 등장한다. 한마디로 『프랑켄슈타인』은 셸리의 경험담을 기본으로 태어났는데 그녀가 현대에 큰 영향을 준 것은 미친 과학자의 이미지를 처음으로 만들었다는 점이다. 영화는 소설을 기초로 했지만 원전에서 나오는 과학자의 성격을 완전히 바꿨다. 과거와는 달리 과학자가 정신이 나갔거나 자기중심적이며 항상 주변에 스파크가 일어나는 전선과 거품이 끓어오르는 플라스크가 부주의하게 어질러져 있는 모습으로 표현된다. 조 슈워츠는 프랑켄슈타인의 등장으로 과학자들의 이미지가 악당으로

변하기 시작했다고 주장했을 정도다.[4]

참고적으로 영화계에서 공포영화를 많이 다루는 것은 출연료가 많이 드는 흥행 스타나 대형 세트, 정교한 특수효과와 같은 기술이 별로 필요 없어 제작비가 적게 들기 때문이다. 자본의 논리가 판치는 영화계에서 저예산이라는 것은 대단히 큰 매력이므로 정기적으로 드라큘라와 같은 영화가 출시되는 이유다.[5),6]

 **현실 세계 속의 자동 기계**

자동기계장치라는 로봇 개념이 사람의 머릿속에 매우 오래전부터 태어났으므로 이와 같은 기계를 실제로 만들려는 생각은 인간의 본성이라고도 할 수 있다. 즉 로봇과 같은 개념의 기계장치가 매우 오래 전부터 만들어졌다는 이야기다.

고대 이집트에서 사제들이 비밀리 통제되는 관절이 있는 articulated 조상影像들을 만들었는데 그것들은 때때로 입 속에 만들어진 소리 전달통로를 통해 조상이 진짜 말하는 것처럼 속임수를 쓰기도 했다.

서기 100년경에는 유명한 알렉산드리아의 헤론이 공기의 작용에 의해 작동되는 인형을 만들었다고 알려진다. 그러나 당시는 노예 노동력이 풍부하여 굳이 기계노동을 필요로 하지 않았기 때문에 헤론의 시도는 중단되고 말았다.

이런 기계 인간이 다시 나타나기 시작한 것은 수차와 풍차가 늪지개간이나 광산채굴 등에 광범위하게 사용되면서 시계장치를 비롯한 다양한 기계들이 등장하면서부터이다.[7]

르네상스 시대로 들어가면 이탈리아의 예술가이자 과학자였던 레오나르도 다빈치가 거론되지 않는 부분이 거의 없는데 로봇도 예외는 아니다. 그는 자동으로 움직이는 로봇기사의 설계도를 남겼다. 이 기사는 똑바로 서거나 앉을 수 있고 팔

보캉송이 만든 자동기계들

과 머리, 턱 등을 움직일 수도 있다. 과학사가들은 이것을 세계 최초의 휴머노이드 Humanoid로 평가하기도 한다.[8] 휴머노이드란 단지 겉모습이 사람과 닮은 즉 사람의 모습을 한 로봇을 말한다. 사람의 모습을 한 허수아비도 큰 틀에서 휴머노이드 허수아비라고 할 수 있다. 16세기 중반 에스파냐의 후아넬로 투리아노 Juanelo Turriano는 바퀴를 달아 앞뒤로 움직일 수 있고 목도 자연스럽게 도는 약 44센티미터 높이의 인형을 만들었다. 이 인형은 오른팔로 기타를 치기도 했다.

그러나 로봇 기계 중에서 가장 잘 알려진 작품은 18세기 프랑스의 발명가 자크 드 보캉송 Jacques de Vaucanson, 1700~1783에 의해 만들어진 복잡한 날개를 지닌 기계 오리이다. 그것은 실물의 오리를 주의 깊게 본떠 만들어졌는데 아장아장 걷고 꽥꽥 울고 목을 길게 내밀어 음식물과 물을 먹었다. 진짜 자동으로 소화를 시키는가에 대해 오랜 논쟁이 있었지만 보캉송의 오리는 여하튼 먹을 뿐만 아니라 배변도 했다고 한다. 보캉송은 로봇을 거론할 때 항상 등장하는 사람이므로

보다 자세하게 설명한다.

　1709년에 태어난 그는 장갑 제조업자의 10남매 가운데 막내로 태어났다. 그는 선천적으로 기계 제작에 자질을 보였는데 6살 때 어머니를 따라 다니던 교회의 시계를 보고 똑 같이 작동되는 모조품을 만들어 모든 사람을 놀라게 했다고 한다. 7살 때 아버지가 사망하자 수도원에 들어갔지만 신학보다 역학과 해부학 등에 보다 관심을 보였다.

　보캉송은 20살 때부터 수도원에서 나와 파리에서 각종 극장용 악기와 인형을 제작했는데 그의 이름이 알려진 계기는 1738년에 제작한 최초의 자동인형 '플루트 연주자'로 볼 수 있다. 태엽에 감아 작동하는 이 인형은 손가락과 입술이 들숨과 날숨을 이용하며 12곡을 연주했다고 한다. 그는 이재理財에도 밝아 노동자들의 일주일분 임금에 해당하는 3리브르의 관람료를 받고 인형극을 선보였는데 어찌나 많은 사람들이 그의 작품을 보려고 몰려들었는지 곧바로 돈방석에 앉았다. 인형이 움직이는 비결은 무대 밑의 높이 1.4미터짜리 받침대에 내장된 장치였지만 그 원리는 알려지지 않았다.

　보캉송의 성가를 보다 높인 것은 세 휴머노이드 악단이다. 하나는 만돌린 연주가로 노래를 부르고 연주하며 발장단을 맞췄다. 다른 하나는 피아노 연주자로 숨 쉬는 시늉을 하고 머리를 움직였다. 셋째는 플루트 연주자였다. 그리고 태엽으로 움직이는 인형인 기계오리도 선보였는데 이것이 예상치 못한 인기를 끌자 루이 15세의 궁정에서도 시연되었다. 그의 재주는 곧바로 인정되어 1741년 프랑스 국영 비단 공장의 감독관까지 임명될 정도였다.[9]

　보캉송의 작품은 다른 사람들에게 영감을 불러일으켜 유럽 전역에서 일련의 기계적 휴머노이드들과 동물들이 만들어졌다.

1770년 스위스의 피에르 자케드로(Pierre Jacquet-Droz)는 시계 제작 기술을 이용해 매우 섬세한 움직임이 가능한 인형을 만들었다. 이 인형은 오른손으로 글씨를 쓰면 눈동자가 이를 쫓아가는 동작이 가능하다. 이 인형의 움직임은 시계처럼 하나의 스프링 태엽에 의해 제어되는 구동 장치에 의해 움직였다는 것을 보면 당시의 시계 기술 수준을 알 수 있다. 또한 여성 오르간 연주자들을 만들었는데 이것은 숨 쉬는 흉내를 냈고 청중을 바라보거나 자신의 손과 악보를 보는 등 인간과 같은 행동을 자연스럽게 하여 관객들의 찬탄을 받았다.[10] 1815년 앙리 메야르드는 프랑스와 영어로 필기를 할 수 있고 여러 가지 지도를 그리는 인형을 만들어 내기도 했다. 이들 자동인형은 모두 당시 정밀기계를 대표하던 시계기술에 의거한 순수하게 역학적 원리에 기반한 것이다.[11]

1850년대 프랑스의 마술사 로베르 후뎅(Robert Houdin)은 보다 정교한 기계를 선보였다. 그는 마술이 사람과 가까워질 수 있다는 신념하에 기계와 마술을 접합시키는데 앞장섰다. 극장의 내부를 보통 집의 거실처럼 꾸민 후 무대에 커다란 인형으로 된 요리사를 나오게 하여 관객들이 아이스크림이나 빵을 주문하게 했다. 인형 요리사는 무대 뒤로 들어가 곧바로 주문한 요리들을 내어왔다. 무대 뒤에 있는 사람이 아이스크림과 빵을 만들어 주었지만 인형 요리사가 얼마나 인간처럼 행동하는지 많은 관객들이 요리를 만든 것이 인형이라고 생각할 정도였다. 그가 만든 그네 타는 인형은 서커스에서 그네를 타는 사람의 역할을 충실하게 소화하여 진짜 인간이 서커스를 한다고 생각했다. 후에 인형을 조사한 사람들은 인형의 배속에서 정교한 기계를 발견하고 그의 기계 조립 기술에 놀라지 않을 수 없었다고 실토했다는 이야기도 있다.

　　이들이 로봇의 선구자로 불리는 것은 작동될 때 매번 정확히 똑같은 일을 해내는 피조물들을 만들었기 때문이다.[12] 이후 수많은 곳에서 물, 태엽 등을 동력원으로 움직이는 인형을 만들었고 일본에서는 찻잔 나르는 인형, 춤추는 인형도 등장했다. 이들을 20세기 초에 등장한 원시적인 로봇의 원형이라고 부르는데 이론이 없을 것이다.

　　프랑켄슈타인을 로봇의 원조로도 인식하지만 보다 본격적인 로봇의 개념은 프랑켄슈타인을 이어받은 프랑스로부터 태어났다. 1886년 프랑스의 빌리에 드릴라당은 「미래의 이브 L'Eve future」라는 작품에서 미녀 안드로이드 android '아다리'를 창조했다. 소설의 주인공이 속물적인 여성들에 실망한 나머지 아름다운 외모에 이성까지 보탠 완벽한 안드로이드를 만든 것이다. 이 맞춤형 안드로이드는 현실에는 존재하지 않는 성적 환타지를 꿈꿔온 남자들의 상상력이 로봇의 형태로 나타난 최초의 사례다.

　　여기서 이 책의 주제가 되는 휴머노이드 humanoid, 사이보그 cyborg, 안드로이드 android가 무엇을 의미하는지 간략하게 짚고 넘어가자. 우선 휴머노이드는 로봇이나 인조인간을 지칭하는 용어가 아니라 겉모양이 사람과 닮았다는 것을 표현하는 말이다. 즉 어떤 물건이든 머리와 몸통, 두 팔과 두 다리로 걸어 다니면 휴머노이드란 표현을 붙일 수 있다. 그러므로 휴머노이드 로봇이라고 하면 사람처럼 팔다리가 달린 형태의 로봇을 뜻하며, 마을 입구에 있는 장승도 팔다리가 있는

1 인간의 꿈이 만든 로봇

형태라면 휴머노이드 장승이라 붙일 수 있다.

안드로이드는 겉보기에 사람과 똑같아 보일 정도로 발달한 인조인간을 지칭한다. 어원은 그리스어로 '인간을 닮은 것'이란 뜻이다. 앞에서 설명한 빌리에 드릴라당이 처음으로 사용했는데 전통적인 기계로봇이 아니라 피부와 장기조직까지 진짜 사람과 유사하게 만든 인조인간을 뜻한다. 「바이센테니얼 맨」에서 추후에 인간화되는 앤드류가 안드로이드다.

한편 사이보그는 사이버네틱 오거니즘cybernetic organism의 약자로 인공장기를 단 사람을 뜻하므로 원래 로봇과는 관련이 없는 단어다. 1950년대 NASA미항공우주국의 과학자들이 만들어낸 의학용어로 인간을 우주공간, 심해 등 특수 상황에 투입할 경우 특수한 인공장기를 달아서 초인적인 능력을 갖게 할 수 있는가라는 주제를 연구하면서 만든 말이다. 그러므로 사이보그는 모든 신체를 기계화하지 않고 일부 생체조직은 남겨둔 채 인공장기를 생물공학적으로 결합시킨 잡종human-machine hybrid의 경우에만 '사이보그'라고 부른다. 이들 용어는 앞으로 계속 등장하므로 용어의 차이를 주목하기 바란다. 「600만불의 사나이」, 「로보캅」의 주인공들이 사이보그다.[13]

제갈량 부인의 로봇

중국에서도 로봇 이야기는 매우 오래된다.

기원전 약 1000년경 주나라의 목왕穆王은 천성적으로 신기한 것을 좋아해서 많은 여행을 했는데 한 번은 엄산弇山에서 여신 서왕모西王母를 만난 후 그녀를 잊지 못

023

하여 상사병이 걸릴 지경이었다. 신하들은 목왕의 주의를 다른 데로 돌리기 위해 무엇이든지 만든다는 솜씨가 매우 뛰어난 언사偃師를 추천했다. 목왕은 그가 무엇이든지 만들 수 있다는 말에 그의 작품을 보여 달라고 하자 언사는 아무것도 가져오지 않고 조수인 듯 보이는 젊은 남자 한 명만 데리고 왔다. 목왕이 무얼 보여주겠느냐고 하자 언사는 자기 옆에 선 남자가 바로 자신이 만든 인형이라고 했다. 인형은 노래를 부르고 춤을 추는 것은 물론 어떤 동작을 시켜도 아무 문제없이 움직였다. 진짜 사람인지 인형인지 가늠할 수가 없는데 인형이 궁녀들을 향해 슬쩍 윙크를 보내는 눈짓을 했다. 그러자 목왕은 드디어 인간인 증거를 찾았다며 언사를 사기꾼이라고 죽이라고 명령하자 이에 놀란 언사는 인형을 해체하여 그것이 인형임을 보여주었다. 인형은 물감 입힌 가죽과 나무 조각이었다.

　　나무로 만든 로봇 이야기는 한나라의 고조 유방의 백등산 전투에도 나온다.

　　유방은 기원전 202년 재위 5년에 비로소 황제를 칭하고 노관을 연燕왕으로 봉하였는데 기원전 201년, 노관이 흉노에게 투항하는 사건이 발생하였다. 유방은 노관이 흉노에 투항하여 갓 태어난 한나라의 정보를 제공하자 흉노를 반드시 격멸시킨다는 목표로 30만 명의 대군을 동원, 흉노의 묵특선우冒頓單于, 기원전 209~174를 공격했다. 선우란 중국의 황제와 같은 의미로, 유방의 작전은 빗나가 기원전 200년 유방은 백등산에서 일주일 동안이나 포위되었다가 가까스로 탈출하는 등 온갖 수모를 겪는다. 이때 유방이 탈출할 수 있었던 것은 나무 인형 로봇을 사용한 기만술 작전 때문이었다.

묵특선우의 왕비 알지閼氏는 유방을 포위할 때 그녀가 직접 군사를 이끌고 4면 중 한 면을 담당했다. 당시 유방의 모사謀士인 진평陳平은 협상을 위해 알지의 진영을 다녀온 후 그녀가 질투심이 매우 강하다는 것을 알고 절묘한 계책을 세웠다. 다음 날부터 유방이 지키는 성벽 위로 젊고 아름다운 여자가 이리저리 뛰어다니며 춤을 추었다. 화려한 옷을 입고 춤추는 그녀의 모습을 보고 알지의 눈에서는 불길이 솟았다. 그녀는 여색을 좋아하는 묵특이 승리하면 그 여자를 첩으로 삼을 것이 분명하므로 자신이 고생을 하면서까지 누구 좋은 일을 시킬 필요가 없다며 부하들을 철수시켰다. 유방의 군대는 그 틈을 놓치지 않고 재빨리 포위망에서 벗어났다. 사지에서 탈출한 유방은 진평의 공로를 크게 칭찬하였는데 그 춤추던 미인이 바로 나무로 만든 인형이었다.

중국에서 보다 유명한 로봇은 「삼국지」 주역의 한 사람인 촉나라 제갈공명의 부인이 만든 가사로봇이다. 제갈량은 유비와 만나기 전에 융중隆中에 머물면서 사마휘가 운영하는 소위 '융중 문화 살롱'의 주요 멤버로 명성을 높였으므로 친구들이 그의 집을 자주 찾아왔다. 이때 그의 집을 뻔질나게 찾았던 사람들은 사마휘의 가르침을 받은 방통, 서서, 맹공위, 석광원, 최주평 등이 있고 마량·마속 형제, 이엄·진진·양의·요화 등이 단골이었다. 이들 중에는 쌀밥을 좋아하는 사람도 있고 국수를 좋아하는 사람도

제갈량 황부인이 만든 로봇

있었다. 그런데 제갈량의 집에 가기만 하면 손님이 오자마자 쌀밥이든 국수 등 바로바로 차려져 나오는 것이다. 이를 기이하게 여긴 손님이 부엌을 보니 나무인형이 맷돌을 돌리고 나무당나귀가 절구를 찧고 있었다.

황씨가 정말로 '로봇'을 만들어 맷돌을 돌리고 밀가루를 빻았다면 그녀야말로 최고의 요리사이자 엔지니어로 볼 수 있다. 또한 그녀의 부엌은 자동화 시스템이 갖추어진 최첨단 부엌이라고 볼 수 있다. 이를 두고 송나라 시인 범성대는 『계해우형지』에서 공명이 훗날 자체 동력으로 움직이는 말과 소의 모양을 닮은 로봇 목우유마를 만든 것은 부인인 황씨의 재주를 전수받았기 때문이라고 적었다. 목우유마는 많은 양의 군량을 한꺼번에 싣고 하루 20리를 쉬지 않고 갈 수 있는데 입 속의 혀를 돌려놓으면 움직임을 멈추기도 했다고 한다.[14), 15)]

중국 양번의 융중무후사에는 복원된 제갈량의 초가가 있다. 그곳 부엌에 황부인과 그녀가 사용했다는 로봇의 그림과 모형이 있다. 중국에서 로봇을 활용한 황부인의 재주가 만만치 않음을 인정한 것인데 거의 1800여 년 전에 이미 로봇과 같은 개념을 실생활에 적용했다는 것 자체가 놀라울 따름이다.

중국의 「생명의 서사시」에도 로봇 이야기가 나온다.

한 대장장이가 왕에게 금, 은, 청동, 구리를 주면 유용한 인간들을 만들어주겠다고 했다. 왕이 대장장이의 청대로 이들 재료를 주자 그는 분주한 작업을 한 후 공개했다. 그가 보여준 것은 놀라웠다. 등신대의 금으로 만든 라마승과 1000명의 작은 승려, 은으로 만든 100명의 노래하는 소녀, 청동으로 만든 700여명의 관료와 한

명의 왕을 만들었고 구리로는 1만 명의 군인과 장군을 만들었다. 그들은 모두 신비로운 힘으로 정상적인 사람처럼 움직이고 행동했다.

대장장이가 만든 인간들이 정말로 인간처럼 행동한다면 그 효용가치는 말할 것도 없다.

중국의 로봇은 모두 한 가지 공통점을 가진다. 로봇이 군인 등 어떤 형태로 만들어질지라도 인간 생활의 작은 편리와 즐거움을 주기 위한 보조 수단 이상의 의미를 지니지 않는다는 것이다. 특히 자발적인 지능과 학습 능력을 갖춘 인간과 거의 흡사한 존재도 있지만 그들의 존재 역시 인간의 삶을 위협하지는 않았다. 이들 이야기는 비록 전설에 불과하지만 '기계 인간'인 로봇은 동양 사상에 걸맞게 인간을 위해서만 존재할 때 비로소 가치가 있다는 것을 보여준다.[16]

로봇이 외국의 유산이라고 생각하는 것은 오산이다. 한국에서도 로봇에 대한 개념이 매우 앞서 있었다는 것을 『삼국유사』와 『삼국사기』의 내용을 보면 알 수 있다. 『삼국유사』〈기이(1)〉 '지철로왕智哲老王'의 기록은 다음과 같다.

제22대 지철로왕智哲老王의 성은 김씨, 이름은 지대로智大路, 또는 지도로智度路이며 시호諡號는 지증智證이다. (중략) 아슬라주阿瑟羅州, 지금의 명주(溟州) 동쪽 바다에 순풍으로 이틀 걸리는 곳에 우릉도于陵島, 지금의 우릉(羽陵)가 있다. 이 섬에 사는 오랑캐들은 그 바닷물이 깊은 것을 믿고 몹시 교만하여 조공을 바치지 않았다. 이에 왕은 이찬伊飡 박이종朴伊宗에게 명하여 군사를 거느리고 가서 치게 했다. 이종은 나무로 사자를 만들어 큰 배에 싣고 가 "너희가 만일 항복하지 않으면 이 짐승을 풀어놓겠다."고 위협하여 오랑캐들을 항복시켰다. 이에 이종에게 상을 내려 주백州伯으로 삼았다.

여기에 등장하는 나무 사자가 조잡한 모형이 아니라 실제 작동하는 로봇임은 틀림없다. 박이종이 나무사자를 풀어놓겠다는 말은 나무사자가 움직일 수 있다는 것을 의미하기 때문이다.

『삼국사기』〈신라본기 제4〉'지증마립간 13년512년'에도 같은 내용이 나온다. 한 가지 다른 것은『삼국사기』와는 달리『삼국유사』에서는 울릉도 사람들을 오랑캐라고 적었다.『삼국사기』〈신라본기 제3〉 '내물이사금 9년364년'에도 로봇 개념이 나타난다.

4월에 왜병이 크게 침입했다. 왕은 이 말을 듣고 잘 대적하지 못할까 두려워 풀로 허수아비 수천을 만들어 옷을 입혀 사람처럼 만들고 각각 병기를 들려 토함산吐含山 밑에 세우고 용사 1천 명을 부현釜峴, 현 경주 부근 동원東原에 복병시켰는데 왜병들은 자신들의 무리가 많음을 믿고 바로 진격하여 오므로 급히 복병을 일으켜 이를 격파하니 적들은 불의의 습격을 받고 대패하여 도망했다. 아군은 적을 추격하여 거의 다 죽였다.

위의 내용은 고대 전투에서 자주 나오는 위장전술 중의 하나로 적을 속이기 위해 로봇 개념을 차용한 것이다. 우리의 선조들이 과학지식이 필요한 기술개발을 시도하지 않았기 때문에 우리나라가 과학기술면에서 뒤떨어지는 요인이었다고 줄기차게 비판을 받아왔지만,

로봇을 실전에 사용했다는 것은 우리 조상들도 과학적인 사고나 공상적인 소재를 사용하는데 주저하지 않았다는 것을 보여준다. 이제 우리 조상들에게 과학성이 없었다는 생각을 바꿀 필요가 있다.[17]

드디어 로봇 등장

로봇이란 개념이 작품이든, 기계로든 예로부터 알려져 왔지만 엄밀한 의미에서 로봇이 세상에 태어난 것은 20세기 초이다.

대부분의 학자들은 1920년 구 체코슬로바키아의 극작가 카렐 차펙 Karel Capek이 쓴 희곡 「로섬의 유니버설 로봇 Rossum's Universal Robot」을 원조로 인정한다. 차펙이 비로소 로봇을 의미하는 '로보타 Robota'라는 단어를 사용했기 때문이다. '로보타'는 우리말로 '일하다' 혹은 '강제노동'이란 뜻이다. 카렐 차펙은 인조인간의 이름을 체코어로 '강제노동'을 의미하는 'robota'에서 'a'자를 빼고 'robot'이란 신조어를 붙였는데 이는 로봇이 노동을 위해 창조된 인조인간으로 생각되었기 때문이다.

체코슬로바키아, 폴란드 등 동유럽에서는 과거부터 로봇이라는 단어를 노동과 연계시켰으며, 유럽의 로봇 산업을 주도하는 독일도 이들과 연계가 많았으므로 로봇이란 단어는 곧바로 '노동자'를 연상한다. 유럽에서 로봇 제품이 대부분 노동력을 대체하는 산업용 기계의 틀에서 벗어나지 못하는 이유다.[18]

그러나 정작 원작자인 차펙의 로봇은 기계장치가 아니라 화학자 로섬이 화학물질로 만든 인공 생명체로 오늘날 SF에 등장하는 안드로이드와 유사하다. 물론 '로보타'는 인간과 같은 형태이지만 차펙은 이들이 인공적이라는 것을 강조하기 위해 생존에 별로 필요 없어 보이는 폐, 심장, 감정, 정신을 제거했다. 그런 다음 로봇을 대량생산 하는데 그것은 로봇이 인간보다는 값싸고 작업 능률이 높아 인간을 대체할 수 있다고 생각했기 때문이다. 그런데 일이 틀어져 로봇이 지능과 반항심을 갖고 회사의 간부들을 죽이면서 반란을 일으킨다.

외딴 섬에 사는 늙은 생리학자 로섬은 화학적 합성으로 10년 만에 인간을 만들고 곧바로 사망했다. 그후 로섬의 아들이 섬에 와서 노동자처럼 일하는 기계 즉, 로봇을 만드는 데 성공한다. 이 로봇은 사람을 닮았고 10년이 지나면서 로봇의 수는 수백만 개로 늘어났다. 로섬의 공장은 잘 가동되고 있었으나 한 과학자가 로봇을 생산하는 방식에 약간 수정을 가하면서 문제가 생겼다. 로봇에게 고통을 느끼는 능력을 주자 화가 난 로봇들이 인간에게 반란을 일으킨 것이다. 로봇들은 섬을 점령하고 모든 인간을 죽이는데 단 한 사람만이 살아남는다. 로봇들은 자기들도 죽어가기 때문에 이 생존자에게 로섬의 비밀을 찾아낼 것을 명령하지만 성공하지 못한다. 그런데 이때 기적이 일어난다.[19]

기적이란 남녀 한 쌍의 최신 로봇이 등장하는 것으로 이들이 서로 사랑하는 것을 알고 두 로봇을 아담과 이브로 만들어준다는 내용이다. 도지마 와코는 차펙이 로봇을 통해 인간의 따뜻한 마음과 감정의 소중함을 알리려 했기 때문에 결론을 그렇게 마무리 지었을 것으로 추정했다.[20] 그러나 이 희곡의 원래 주제는 자본주의와 자유 시장의 실패를 꼬집는 것이었다. 그럼에도 불구하고 이 희곡이 고전 작품

으로 인정되는 것은 기계가 인간을 지배한다는 주제가 아직도 인간들에게 먹혀들기 때문이다.[21]

로봇이 비로소 공식적으로 인간 세계에 태어났으므로 차펙 이후 나타난 로봇이란 무엇을 의미하는지 살펴본다. 로봇은 원래 태어날 때부터 '노동자'라는 뜻이었듯이 일반적으로 '자동으로 작동하여 인간이 하는 일을 대신하는 기계'라는 뜻의 말이다.

로봇에 대한 정의는 나라별로 조금씩 다르다. 로봇 강국으로 통하는 일본의 전기기계법률에 따르면, 로봇은 '기억장치를 갖추고 회전이 가능한 단말장치를 지니고 자동적인 기억장치로 인간을 대신하여 노동하는 다목적 기계'를 뜻한다. 일본 경제산업성이 규정짓는 로봇은 내·외부환경을 파악하고 수집된 정보에 근거하여 적당한 물리적 동작을 행하는 기계시스템으로 로봇의 3대요소인 '인지', '판단', '동작'의 기능을 갖춘 것이라면 모두 포함된다. 이 경우 반드시 인간과 동물의 형상일 필요는 없으며 고도의 영상인식과 인간에 가까운 판단, 복잡한 동작 등을 행할 필요도 없다고 규정했다. 반면에 일본 공업규격[JIS]에서 규정한 로봇의 정의는 '자동제어에 의한 단순조작 기능 혹은 이동 기능을 가지며, 프로그램에 의해 다양한 작업의 수행이 가능한 기계'라고 정했다.

국제로봇연맹이 규정한 로봇은 인간 복지 및 시설[제조활동 제외]에 대해 유용한 서비스를 수행하기 위한 자율 혹은 반자율적으로 움직이는 것을 뜻한다.[22] 한편 미국 로봇학회의 로봇은 '프로그램을 고쳐 만들 수 있는 다기능의 조작기'를 말한다. 일반적으로 로봇은 인간의 설계나 명령에 따라 어떤 반복된 작업을 계속할 수 있는 것을 의미한다. 이를 일반적으로 산업용 로봇이라고도 부르는데 인간이 하기에는 힘이 들고 어려운 일이나 특정한 일을 효율적으로 해내는 데 적격이다.

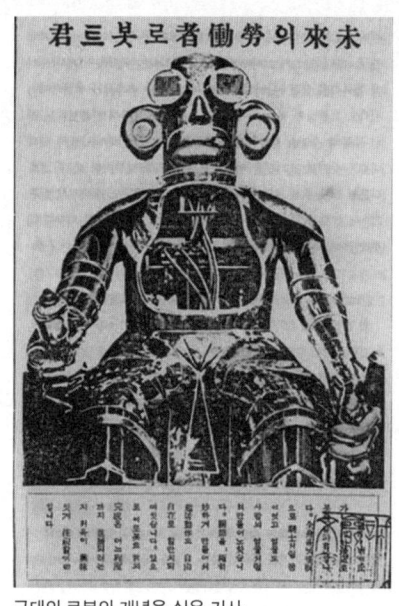

근대의 로봇의 개념을 실은 기사
(1933년 신동아 과학특집)

기계와 로봇의 차이는 무엇일까? 사실 현재의 과학기술 상태에서는 그 구분이 다소 애매모호하지만 학자들은 대체로 다음으로 구분한다. 기계는 운전자가 조정하는 대로만 움직이지만, 로봇은 스스로 상황을 판단하여 움직임을 결정할 수 있을 때 붙여 줄 수 있다는 것이다. 즉 지능이 있느냐 없느냐의 차이다. 그러므로 현재 산업현장에 투입된 많은 수의 로봇은 지능이 없이 사전에 주입된 프로그래밍에 의해서만 움직이므로 로봇이라고 보기에는 무리하다는 지적도 있다.

퀸 메리 대학의 스링그 교수는 로봇에 대한 정의를 좀 더 명확하게 내렸다. 즉, '팔과 손을 가지고, 인간에게 프로그램 되어져 여러 가지 연속 동작이나 운반 작업을 하고, 주위를 잘 보고, 애초부터 결정된 방법으로 자기의 운동을 조절하여 움직일 수 있는 기계'라고 못박았다. 그는 로봇의 조건으로 다음을 제시했다.

① 인간에게 복종할 것
② 물건을 잡거나 운반할 수 있을 것
③ 주위 상황의 변화에 응할 수 있을 것

④ 자기 스스로 움직여 돌아다닐 것

인간의 단순 작업을 대신하거나 위험한 작업 환경에서 인간을 대신하던 역할만이 로봇에게 주어진 임무로 생각되던 시절은 지났다는 의미이다. 그래서 로봇 학자들은 인간보다 더욱 정확하고 빠르며 인간에게는 불가능한 일을 수행하는 로봇을 개발하는데 주력한다.

미래의 로봇이 어떻게 인간세계에 들어올 지 가늠하는 것은 간단하지 않다. 인간이 오묘한 동물이라는데 그 큰 요인이 있지만 인간을 위한 일 즉 인간의 노동과 기존의 기술로 태어난 각종 기계 등을 대체할 수 있는 분야가 무궁무진하기 때문이다. 이것은 아직 인간들이 접하지 못한 부분이 수없이 남아있다는 것을 의미한다.

우리나라에 소개된 로봇

삼국시대에 이미 로봇의 개념을 가졌던 한국임을 앞에서 설명했는데 근대의 로봇에 관해서도 매우 선진 정보를 갖고 있다는 것이 근래에 알려졌다. 배일한은 1933년 5월에 발간된 「신동아」의 기사 내용을 예로 들었다. 이 잡지는 「50년 후의 세계」란 특집 기사에서 로봇 사진과 함께 다음과 같은 설명을 붙였다.

영국 메이씨가 신작한 최근 로봇트 알파군입니다. 전신을 닛켈판으로 기사처럼 꿈이엇고 얼골도 사람의 얼골처럼 만들어 노핫습니다. 관절을 극히 묘하게 만들어서 기거 동작도 자유자재로 할만치 되어 잇습니다. 이 로봇트군의 완성은 어느 정도까지 되려는지 적이 흥미있게 주시할 꺼리입니다.

잡지 기사의 내용은 마치 현대의 상황을 정확하게 목격하고 적은 듯 매우 구체적이다. 로봇의 역할에 대한 기사는 계속 등장하는데 항공기와 미래의 공장에 대한 내용은 현대인의 눈을 의심케 만든다.

항공기는 사람이 조정할 것이 아니라 로봇이 조정하도록 발달되면 안정 정도가 절대적이 되리라 말할 수 있다. 앞으로 공장의 특징은 사람들의 직접 노동은 더욱 줄어들고 기계의 자동이 더욱 많아지리라는 것이다. 이런 기기를 사용하는 공장에서는 인력이 사용되는 곳은 단지 공장의 두뇌라고 할 만한 제어실에 몇 사람의 기술자가 있을 따름으로 그밖에는 사람 그림자를 찾아 볼 수 없게 될 것이다.[23]

이 기사를 보면 일제강점기이기는 하지만 조선 지식인들이 과학기술이 발달하면 기계가 사람의 힘든 노동을 대신해 줄 것이라고 상상하였다는 것을 알 수 있다. 「신동아」 기사는 로봇이란 용어 자체가 태어난 지 10여 년 밖에 지나지 않았음에도 로봇이 태어날 때의 목적과 의미를 정확히 이해하고 있었다고 볼 수 있다.

더욱 놀라운 것은 춘원 이광수가 1923년 일본어 번역본으로 카렐 차펙이 쓴 「로섬의 유니버설 로봇」을 읽고 쓴 감상문에서 "사람이 사람의 손으로 창조한 기계적 문명의 노예가 되며 마침내 멸망하는 날을 묘사한 심각한 풍자극이다"라고 극찬했다는 점이다.

이 소설은 놀랍게도 1925년에 우리말로도 번역되었다. SF해설가 박상준은 1925년에 박영희가 「인조노동자」라는 제목으로 「개벽」에 번역, 소개하였다고 적었다. 로봇이란 단어가 태어난 지 겨우 5년 밖에 지나지 않았는데 국내에서 번역본이 발간된 것이다.[24]

1) 『불가능은 없다』, 미치오 가쿠, 김영사, 2010
2) 『서비스 로봇 빅4』, 박종오, 과학동아, 1997년 1월
3) 『나는 멋진 로봇 친구가 좋다』, 이인식, 랜덤하우스중앙, 2005
4) 『여간내기의 영화교실』, 김동훈, 해들누리, 2002
5) 『장난꾸러기 돼지들의 화학피크닉』, 조슈워츠, 바다출판사, 2002
6) 『하이테크 시대의 SF 영화』, 김진우, 한나래, 1995
7) 『영화로 과학읽기』, 이필렬 외, 지식의 날개, 2006
8) 『불가능은 없다』, 미치오 가쿠, 김영사, 2010
9) 『부의 역사』, 권홍우, 인물과사상사, 2008
　『나는 수레』, 홍상훈, 솔, 2003.
10) 『로봇 이야기』, 김문상, 살림, 2005.
11) 『영화로 과학읽기』, 이필렬 외, 지식의 날개, 2006
12) 『로드니 브룩스의 로봇 만들기』, 로드니 A. 브룩스, 바다출판사, 2005.
13) 『인터넷 다음은 로봇이다』, 배일한, 동아시아, 2003.
14) 『사람을 위한 과학』, 김수병, 동아시아, 2005
15) 『제갈량 문화 유산 답사기』, 제갈량편집팀, 에버리치홀딩스, 2007
16) 『서비스로봇 빅4』, 박종오, 과학동아, 1997년 1월
　『나는 멋진 로봇 친구가 좋다』, 이인식, 랜덤하우스중앙, 2005.
　『하늘을 나는 수레』, 홍상훈, 솔, 2003.
17) 『과학 삼국유사』, 이종호, 동아시아, 2011.
18) 『인터넷 다음은 로봇이다』, 배일한, 동아시아, 2003.
19) 『나는 멋진 로봇 친구가 좋다』, 이인식, 랜덤하우스중앙, 2005.
20) 『로봇의 시대』, 도지마 와코, 사이언스북스, 2002.
21) 『판타스틱 사이언스』, 수 넬슨 외, 웅진닷컴, 2005.
22) 『로봇 비즈니스』, 김광희, 미래와경영, 2002
23) 『인터넷 다음은 로봇이다』, 배일한, 동아시아, 2003.
24) 『한국의 과학소설 약사』, 박상준, 「사이언스타임즈」, 2004. 12. 3.

2

상상력이 만드는 로봇

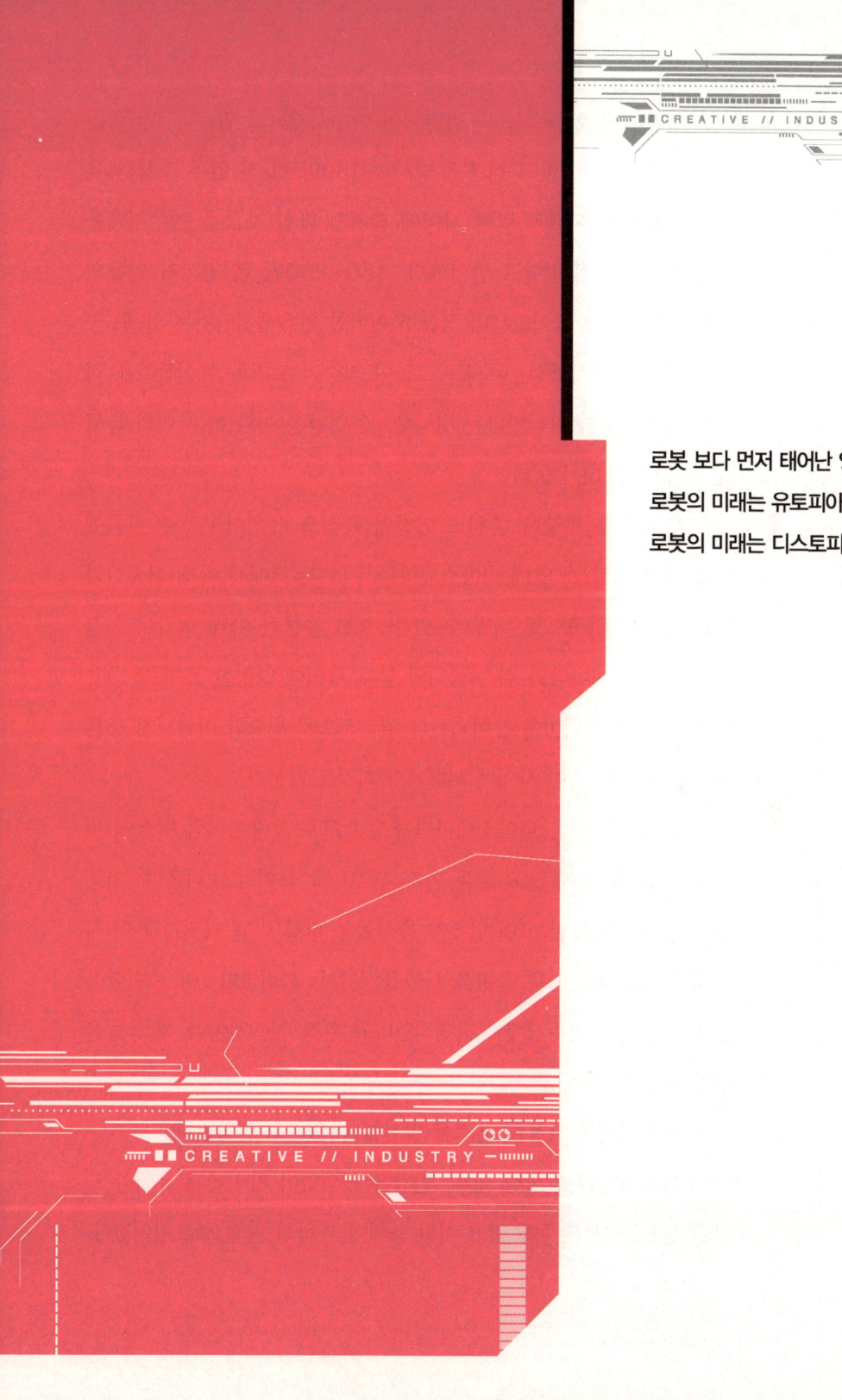

로봇 보다 먼저 태어난 영화
로봇의 미래는 유토피아
로봇의 미래는 디스토피아

학자들은 인류 최초의 발명품이 이쑤시개라고 믿는다. 미국 존스 홉킨스 대학의 마크 티포트 박사는 180만 년 전 인류 조상의 유골에서 발견된 이빨과 이빨 사이에 홈처럼 파인 자국은 이쑤시개를 사용한 것이 틀림없다고 단언했다. 180~200만 년 전까지 인류의 조상들은 초식동물이었는데 정확히 어떠한 연유에서인지는 알 수 없지만 육식을 시작했다. 문제는 그들이 짐승의 고기를 물어뜯기에 적당한 치아구조가 아니었다는 점이다. 즉 인간은 이와 이 사이의 틈새에 디아스테마타가 없다.

진화론을 제창한 다윈도 인간의 특성으로 치아구조를 거론했는데 개는 위턱 맨 앞에 디아스테마타가 있다. 그래서 아래 어금니와 앞니 사이를 위쪽으로 내밀 수 있다. 또한 동물은 아래 어금니가 길게 비스듬히 튀어나와 위 어금니와 앞니 사이에 일정한 틈이 생긴다. 이 틈새 때문에 먹이를 잡아먹는데 결정적으로 필요한 어금니가 충분히 자랄 수 있고, 이 사이에 찌꺼기가 끼지도 않는다.

반면에 인간은 디아스테마타가 없으므로 호랑이처럼 이빨이 비스듬히 튀어나오지 않고 모든 이가 수직으로 붙어서 내려온다. 아직 불을 발견하지 못한 고대 인류가 음식물을 날로 먹고 찌꺼기가 이 사이에 끼었을 때, 매우 불편을 느꼈을 것임은 틀림없다. 이 불편함을 없애기 위해서 이쑤시개가 발명되었다고 추정하는 것이다. 학자들은 슬기사람_{호모사피엔스}, 슬기슬기사람_{호모사피엔스사피엔스}의 치아에서도 공통적으로 이쑤시개를 사용한 흔적을 발견할 수 있다고 설명한다.

이쑤시개를 발명한 이후, 인간은 끊임없이 자신에게 유익한 도구를 만드는 데 열중해 왔고 이런 능력이 과학의 발전으로 이어졌다.

인간이 스스로 만든 도구는 보다 더 편리한 것이 나타나면 곧바로 과거의 것은 사라지고 새로운 것으로 대치되었다. 이를 다소 시니컬하게 말하여 인간이 보다 게을러지게 만드는 것이 과학이고 현대문명이 일어나게 만든 원동력이 되었다고도 한다.

　이러한 과학기술 발전의 영향으로 로봇이 태어나 현재 주목 받는 분야 중의 하나이지만 문제는 미래의 로봇이 인간을 위해서만 준비되지는 않을지 모른다는 점이다. 흔히 로봇이라면 인간을 위해 봉사하는 '아톰', '마징가Z', '로봇 태권V' 등의 로봇을 비롯하여 산업체에서 작동되는 기계로봇, 가정에서 활용되는 가사용 로봇, 의료용 로봇, 전장에서 인간을 대신하는 로봇 등을 연상하지만 그 이면에는 악당 로봇도 함께 존재한다. 문제는 SF물과는 달리 악당로봇이 선한 로봇을 이길 수도 있다는 점이다.

　한마디로 로봇비행기가 세계의 중요 건물들을 무차별 공격한다면 어떻게 될까? 결과는 로봇을 만든 인간에게 악몽이 됨은 자명하다. 이것은 로봇의 미래가 매우 가변적임을 뜻한다. 인간의 상상력에는 한계가 없으므로 SF물에서 나온 로봇도 상상을 초월한다. 감독들이 그만큼 로봇의 미래를 앞서서 예견한다는 설명으로 이 장에서는 인간의 상상력으로 만들어진 로봇의 미래를 설명한다.

　로봇의 미래를 사전에 예견한다는 것은 결국 로봇을 개발하려는 인간의 의지에 중요한 관건이 되기 때문이다. 영화로 시작되는 로봇의 과거를 설명하고 이어서 로봇이 궁극적으로 인간 세계를 유토피아로 만드는지, 또는 디스토피아로 만들 수 있는지에 대해 설명한다.

로봇 보다 먼저 태어난 영화

　　로봇이란 현대적 개념이 20세기 초에 태어났음에도 불구하고 현대 인간의 뇌리에 깊숙이 들어오게 된 요인은 19세기 막바지에 발명된 영화의 영향 때문이라고 해도 과언이 아니다. 그런데 놀랍게도 로봇 아이디어는 차펙이 로봇이라는 이름을 만들기 이전부터 영화 세계에 등장한다.

　　세계 최초의 영화는 1895년 프랑스의 뤼미에르 형제가 만들었다고 전해진다. 이로부터 불과 2년 뒤 로봇을 등장시킨 영화「어릿광대와 꼭두각시 Gugusse et l'Automate」가 프랑스의 멜리에스에 의해 제작됐다. 이 당시에는 로봇이라는 말이 탄생하기 전이므로 '자동인형 automata', '살아 움직이는 인형 animated doll' 등으로 불렸는데 근원적으로 현대의 로봇과 같은 성격이다.

　　곧이어 1900년에도 멜리에스가「자동인형 코펠리아 Coppelia ou la Poupee Animee」를 제작했는데 이 영화가 대단한 성공을 거두자 영국에서도「인형제작자의 딸 The Doll Maker's Daughter」이라는 비슷한 작품을 만들어 관객들을 즐겁게 했다. 미국 최초의 로봇 영화는 1907년에 제작된「기계인형」이며, 1914년에는 독일에서「골렘」이 만들어졌다.

　　1920년 차펙이 로봇이란 말을 사용하자 곧바로 이를 차용한 본격적인 로봇 영화가 등장한다. 무성영화 시절의 최고 걸작 중 하나로 꼽히는「앨리타, 로봇들의 반란」이 1924년 러시아에서 제작된 되었다. 알렉세이 톨스토이의 원작소설을 바탕으로 만들어진 것인데 차펙이「로섬의 유니버설 로봇」을 출간한 지 겨우 4년이 지났을 때이

다.[1]

로봇이 본격적으로 인간에게 알려지기 시작한 것은 독일의 프리츠 랑 감독이 1926년에 제작한 「메트로폴리스 Metropolis」때문이라고 해도 과언이 아니다.

2026년, 가상의 마천루 도시인 메트로폴리스^{거대도시}는 조 프리더슨이라는 사업가가 세웠고 대부분의 시민은 그의 노예나 마찬가지이다. 즉 시민들은 비참한 환경의 지하공장에 갇혀 강제노역에 시달리지만 엘리트들은 쾌적한 지상에 살면서 세계를 지배한다. 어느 날 프리더슨의 아들 프레데르가 지하의 노동 현장에 갔다가 혁명을 꿈꾸며 노동자들을 규합하고 있는 마리아라는 아름답고 젊은 여자를 만나 사랑에 빠진다.

한편 프리더슨이 과학자이자 마술사인 로트방에게 언제든지 명령에 따르는 로봇을 만들라고 하자 로트방은 마리아를 붙잡아 그녀의 얼굴을 로봇에 이식한다. 마리아 형태를 갖게 하는 이유는 추종하는 노동자들을 속이고 계속 통치하기 위해서다^{이식 장면에서 사용된 전기 아크, 거품이 보글거리는 비커, 빛을 발하는 둥근 조명, 미치광이 과학자의 소품들은 이후 수많은 SF물에 영향을 주었다.} 그런데 예상과는 달리 로봇 마리아가 노예들을 부추겨 반란을 일으킨다.

영화의 스토리 전개상 로봇 마리아는 화형을 당해 쇳덩어리로 바뀌지만 진짜 마리아

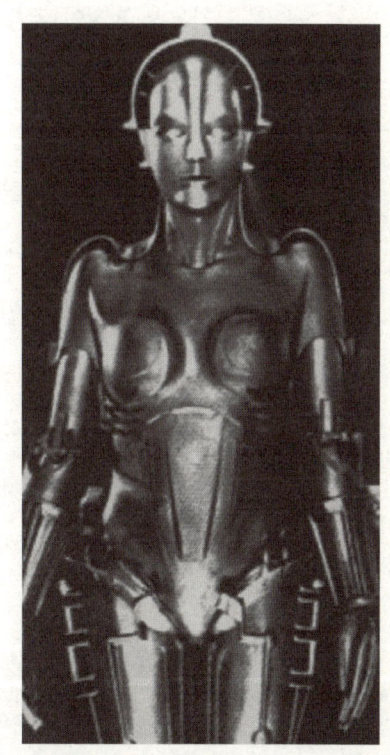

영화 「메트로폴리스」의 휴머노이드형 로봇 마리아

는 탈출해서 지하에 있는 시민 즉 노예들을 구하기 위해 노력한다.

영화에 등장하는 로봇은 노동자들의 정신적 우상인 '마리아'를 그대로 닮은 복제판이다. 지금 보아도 어색하지 않을 만큼 세련된 모습인 이 로봇은 그 후 제작된 많은 SF물의 본보기가 되었다. 특히 현란한 금속성 외피, 미래적인 분위기를 풍기는 머리 부위의 장식, 차가운 이미지의 마스크, 잘 빠진 신체 등으로 환상적인 분위기를 자아내 관객들의 탄성을 자아내게 만들었다.[21]

여성 로봇 마리아는 제1차 세계대전의 산물이라고도 볼 수 있다. 당시에 독일, 영국 등은 국민적 단합을 도모하고 애국심을 고취시키는 상징적인 존재가 필요했는데, 특히 세계대전에서 참패한 독일로서는 프랑스의 잔 다르크와 같은 영웅이 필요했다. 이러한 사회적 분위기에서 「메트로폴리스」의 마리아가 태어난 것이다.

당시로서는 파격적인 3시간이 넘는 상영시간에 16개월의 제작기간, 4만 명의 출연자가 등장하는 초대작으로 700만 마르크라는 막대한 제작비를 투입했으나 흥행에는 실패한 비운의 작품이기도 하다. 그러나 이 영화는 흑백 무성영화임에도 불구하고 이후 SF의 고전으로 인정되어 유네스코의 세계기록유산으로도 선정되었다. 근래에 제작된 것이라도 세계기록유산으로 우대받을 수 있다는 것이 증명된 셈으로 흥행 실패에 대한 충분한 보상을 받았다고 평가한다.

로봇의 이미지를 많은 사람들에게 각인시킨 영화로는 주디 갈런드가 주연한 「오즈의 마법사 The Wizard of Oz」도 꼽힌다. 「메트로폴리스」보다 한 해 전인 1925년 흑백 영화로 출시되었다가 1939년 컬러 영화로 리메이크업되었다.

　　이 영화는 출시될 때부터 어린이들로부터 많은 호응을 받았고 이를 보고 자란 어린이들에게 큰 영향을 미친 영화로 꼽힌다. 특히 이 영화를 보고 꿈과 상상력을 키워 작가의 길로 들어섰다는 사람이 생각보다 많이 있다. 샐먼 루시디는 「오즈의 마법사」를 10살 때 보고 작가가 되겠다고 생각했고, 흑인작가 테리 맥밀런도 어렸을 때부터 영화 속의 주인공 도로시와 한마음이 되었다고 말했다. 영화가 아이들의 마음속에 존재하는 빈 공간을 메워주는 위력이 있기 때문이다.

　　영화의 주인공은 도로시와 그녀의 친구들인 허수아비, 사자, 나무꾼인데 나무꾼은 양철로 만들어진 휴머노이드 로봇이다. 양철나무꾼의 우스꽝스러운 걸음걸이와 어색한 행동이 눈에 선한 사람들이 많을 것이다.[31]

　　로봇 이야기는 계속하여 SF물로 제작되는데 그동안 등장했던 로봇의 개념을 집약하여 보여준 작품이 1956년에 출시된 프레드 M. 윌콕스 감독의 「금지된 행성 Forbidden Planet」이다.

2257년. 지구에서 보낸 순찰 우주선은 실종으로 여겨지는 식민지 함선의 생존자를 찾기 위해 한 행성에 도착한다. 우주선의 선장 코멘드는 이 행성을 지배하는 몰비우스를 만나는데 그에게는 지시된 무슨 일이든 척척 해내는 '로비'라는 로봇과 '앨타'라는 매력적인 딸이 있다. 앨타는 아름답지만 아버지가 이룩한 왕국에서만 살았기 때문에 남자의 존재를 전혀 모르고 자랐는데 행성을 방문한 코멘드에게 첫눈에 반하고 사랑에 빠진다.

이 영화는 셰익스피어의 희극 『폭풍우 The Tempest』를 현대적으로 재해석한 것으로 12년 후 출시되는 스탠리 큐브릭 감독의 「2001 스페이스 오딧세이」가 나오기 전까지 특수 효과 면에서 세계 최고의 지위에 올라 있었다. 영화에 등장하는 로봇 로비는 드럼통같이 통통한 몸체에 배관용 통파이프 같은 생김의 팔다리, 반구형 유리 시계처럼 보이는 얼굴이 특징적이다. 기능을 위주로 한 로비는 SF 영화사상 가장 인기 있는 로봇으로 아직도 로봇의 전형적인 모습으로 남아있는데 「스타워즈」에서 맹활약하는 R2-D2, C-3PO의 모델이 되었다. 또한 「금지된 행성」은 추후 시나리오 작가인 진 로든베리 Gene Roddenberry, 1921~1991 에게 큰 영감을 주어 「스타트랙」 시리즈를 탄생케 하는 촉매가 된다.[4]

그러나 엄밀한 의미에서 로봇이 인간들에게 가장 친근하게 접근한 것은 전 세계의 아동들을 환상의 세계로 몰아간 일본 만화 「우주소년 아톰」의 주인공 '아톰' 으로 볼 수 있다.[5]

일본 만화계에서 로봇의 아버지로 일컬어지는 데즈카 오사무가 1951년 4월 창조한 아톰은 발바닥에서 불을 뿜으며 날아다니고, 엉덩이에서 쌍기관총이 나와 총알을 날릴 정도로 괴력이 있다. 그러나 그는 어린아이의 손바닥 크기인 15센티미터 1.4미터로 그려진 경우도 있음 에 불과하다. 아톰이 일본인들의 전폭적인 지지를 받은 것은 인간의 능력을 초월한 괴력을 발휘하면서도 에너지가 떨어지면 배꼽의 뚜껑을 열어 가정집의 콘센트에 플러그를 연결해서 에너지를 공급받을 정도로 인간과 친근성이 있기 때문이다.

아톰이란 이름이 가진 상징성도 인기몰이에 한몫했다. 원래 아톰은 '더 이상 쪼갤 수 없는'이란 뜻의 그리스어 '오토몬 atomon'에서 유래했다. 원자는 세상의 모든 물질의 근본을 이루는 가장 작은 입자라고 생각했기 때문이다. 물론 원자 속에 그보다 더 작은 입자가 있다는 것은 어니스터 러더퍼드 Ernest Rutherford에 의해 발견되었지만 원자만큼 조그마한 것이 큰일을 할 수 있다는 것은 원자폭탄으로 피해를 본 일본인들에게 일어설 수 있다는 생각을 심어주기에 충분했다.[5]

만화로 아톰이 태어나 공전의 인기를 받자 1963년 「철완鐵腕 아톰」이라는 애니메이션이 탄생한다. 이 만화영화 덕분에 아톰의 인기는 보다 높아지고 더불어 로봇이 일본은 물론 세계에서 가장 인기 있는 주인공이 된다. 「철완鐵腕 아톰」의 줄거리는 다음과 같다.

2003년 최초 상영일로부터 무려 40년 후, 세계에선 수많은 로봇이 개발되어 인간의 충실한 도우미로 활약하고 있었다. 하지만 그들은 인간의 명령에 따라 움직이는 단순한 기계에 지나지 않는다. 그런 와중에 아톰은 세계 최초로 인간의 마음을 간직한 로봇으로서 코주부 박사의 손에 의해 탄생했다. 마음을 가진 로봇의 존재는 인간들 사이에 커다란 파장을 일으켰다. 신기해하는 사람들도 있고 두려워하는 사람들도 있었다. 그 중에는 '인간의 마음을 가진 로봇을 제거해야 한다'며 흥분하는 사람들도 있었다.

아톰은 뛰어난 능력으로 사람들을 위기에서 구한다. 더불어 인간과 같은 마음을 갖고 있으므로 학교에도 다니고 친구들도 많이 생긴다. 비록 로봇이지만 인간의 마음을 가진 아톰의 존재는 서서히 사람들 사이에서 받아들여지는 것처럼 보인다. 하지만 로봇에 반대하는 사람들의 책략에 의해, 로봇이 신용을 잃고 인간들로부터 박해를 받는 일이 생긴다. 그러자 부당한 대우를 받는 로봇을 구하기 위해 인간을 적대시하며 로봇만의 나라를 세우려는 로봇도 등장한다. 이들이 아톰에게 도전장을 던지지만 아톰은 수많은 사건에 휘말리면서도 항상 올바른 마음을 잃지 않고 앞으로 전진해나간다. 아톰의 소원은 오직 하나. '인간과 로봇이 친구처럼 지낼 수 있는 세상'을 만드는 것이다.

아톰이 일본인을 사로잡은 것은 독일의 「메트로폴리스」와 유사하다. 일본은 패전 후 암울했던 일본의 침체 분위기를 일신시킬 수 있는 영웅이 필요했는데 그 영웅을 아톰에서 찾았기 때문이다. 이인식은 아톰이 일본인들의 사랑을 독차지한 이유를 다음 두 가지로 분석했다.

첫째, 아톰은 전쟁에 지고 실의에 빠져 있던 일본인들에게 희망과 꿈을 불어넣었다. 히로시마와 나가사키에 투하된 원자폭탄으로 수많은 사람들이 숨졌는데 일본이 패망한 이유로 과학기술을 경시했기 때문이라는 것이다. 따라서 일본의 지도자들은 정복자 즉, 미국이 보유한 기술을 이용하여 나라를 재건하는 쪽으로 방향을 잡았다. 과학기술에 나라의 장래를 걸기 위해서는 어떤 방향 설정이 필요한데 아톰이 과학의 힘을 유감없이 발휘해 주었기 때문에 인기가 치솟았다.

둘째, 아톰이 인기를 끌 수 있는 이유로 일본인 고유의 정신문화에서 찾을 수 있다. 일본인들은 길 위의 작은 돌멩이에서 각종 전자제품에 이르기까지 그 안에 혼백이 들어있다고 믿는다. 삼라만상에 영혼이 있다고 여기기 때문에 컴퓨터는 물론이고 휴대전화 등 각종 기계장치에 사람처럼 이름을 지어준다. 많은 일본인들이 친구보다 기계와 더 많은 시간을 보내기도 하는데 이러한 사회적 풍토에서 사

람처럼 움직이는 기계인 아톰이 가족처럼 사랑을 받았다는 것이다.[7]

그러나 아톰의 중요성은 앞으로 만들어질 인간형 로봇의 방향을 제시하고 있다는 데 있다. 즉 아톰이야말로 인간과 감정을 공유하고 커뮤니케이션이 가능한 로봇, 즉 학습, 지능, 기억을 갖는 로봇이란 생명체의 전형이기 때문이다.

여하튼 「우주소년 아톰」의 성공은 로봇의 전성시대를 이루어 그 이후에도 「철인28호」, 「마징가 Z」, 「울트라 맨」과 같은 대형 시리즈물이 나왔다. 한국에서도 한국인의 문화캐릭터라고까지 불리는 김청기 감독의 「로보트 태권 V」, 김산호의 「라이파이」 등이 나와 어린이들을 즐겁게 했다. 이들 작품에 등장하는 로봇의 임무는 지구나 우주를 파괴하려는 악당들에 맞서 어려운 환경에서 싸우면서도 항상 승리하여 지구를 지키는 것이다. 사실 이들 로봇들이 없었다면 지구의 안전은 지켜지지 않았을 것이다. 지구인들이 로봇의 활약에 환호하는 것은 당연한 일이다.

로봇 만화와 애니메이션 등이 흥행에 성공하자 보다 사실적인 로봇을 다룬 텔레비전 시리즈물과 영화가 속출했다. 이 중 잘 알려진 것이 「우주가족」이다. 현대의 관점으로 보면 너무나 유치하다고 생각할지 모르지만 1960년대에 한국을 비롯한 세계의 안방을 독차지할 정도로 인기를 끈 작품이다.

내용은 우주에서 방랑하는 가족들이 겪는 이야기를 다루는데 여기서 감초 역할을 하는 것이 항아리 같이 생긴 로봇으로 「금지된 행성」의 '로비'와 맥을 같이 한다. 악당 역으로 나오는 닥터 스미스가

영화 「스타워즈」의 로봇 R2-D2와 3PO

이 로봇의 프로그램을 조작해 말썽을 일으키는데 다행인 것은 로봇의 주 전원 스위치를 내리면 로봇이 곧바로 정지된다.

「우주가족」을 근간으로 하여 만든 것이 1977년 처음 출시되어 SF물 사상 최고의 흥행에 성공한 「스타워즈」이다. 조지 루카스가 메가폰을 잡아 그동안의 SF물의 급을 한 단계 올려놓았다고 평가되었는데 줄거리는 매우 단순하다.

제다이 공화국의 통치로 평화롭던 은하계에 죽음의 별이 침공하여 제국을 건설한다. 공화국은 파괴되고 레아 공주는 반역자로 감금된다. 그녀는 체포직전 죽음의 별 설계도를 R2-D2 로봇에 입력시킨다. 스카이워커인 루크가 이 비밀을 알게 되고 공주를 구할 결심을 한다. 루크는 제다이 기사로 유일하게 생존한 케노비를 만나 그로부터 무술을 익히고 900살 먹은 도사 요다Yoda로부터 초능력을 전수받은 후 제국을 공격하는 선봉장이 된다.

영화의 속성상 지구인이 사악한 우주인을 물리치고 우주의 평화를 지키는 선봉장이 되는데 「스타워즈」 시리즈가 이처럼 큰 호응을 받을 수 있었던 이유는 특수 효과에 총 제작비의 1/3이상을 투입하여 인간의 상상력을 한껏 높이는데 성공했기 때문이다. 「스타워즈」에는 각종 우주선, 무기, 오토바이 등 최첨단 소도구들이 등장한다. 특히 방대한 스케일을 갖는 영화의 속성상 수많은 로봇이 등장하여 사실 로봇의 경연장이나 마찬가지다. 이 영화에 등장하는 중요 로봇을 알아보자.

　　① C-3PO : 인간형으로 우주 각 지역의 언어와 지방 사투리까지 총 600개의 언어를 이해한다. 인간형이라 사람들에게 말을 걸고 싶어 하고 수다 떨기를 좋아하여 오히려 인간으로부터 따돌림도 당하기도 한다.

　　② R2-D2 : 인간형 C-3PO와 콤비를 이루어 영화의 실질적인 로봇 주인공이라고도 볼 수 있는데 바퀴로 움직인다. 인간과 말은 할 수 없지만 R2-D2의 정보를 C-3PO가 통역해준다. 겁이 많아 다소 소심하지만 주인에게는 깍듯하게 예절을 보일 정도로 충직하다.

　　③ GI-88 : 전투용 로봇으로 플랙 드로이드라고도 한다. 다스 베이더가 내건 상금을 노리는 헌터들에게도 이 크롬색 로봇은 위협적인 존재다.

　　④ 2-IB : 스카이 워커가 주도하는 반란군의 외과의사 로봇으로 복잡한 외과 수술도 거뜬히 해결한다.

　　⑤ AT-AT : 얼음이 된 혹성에서 반란군 습격용으로 만든 높

이 15미터의 제국군 신무기다. 네 개의 다리를 가졌는데 두 명의 조종사가 타고 회전 총과 레이저 포가 장착되어 있다.[8]

처음에 나온 R2-D2와 C-3PO 로봇은 사람이 직접 들어가 연기하는 등 로봇을 인간화했지만 곧바로 컴퓨터 그래픽 CG 으로 수많은 로봇을 현실성 있게 표현하는데 성공하여 CG를 한 단계 업그레이드 시키는데 크게 기여했다고 평가한다. 동시에 수많은 과학기술 분야의 전문가들을 참여시켜 상당히 과학적이고 사실성을 가진 내용으로 전개되는 것도 장점이다.[9]

로봇의 이미지를 사람들에게 가장 깊숙이 심어준 것으로는 「토이 스토리 Toy Story」 시리즈와 「트랜스포머 Tranceformer」가 유명하다. 1995년에 출시되어 4편까지 제작된 「토이 스토리」는 영화라면 당연하게 생각되는 카메라 없이 만들어진 최초의 장편 디지털 애니메이션으로 추후에 카메라가 언젠가는 컴퓨터로 대체되지 않을까하는 전망도 나오게 한 것으로 유명하다. 「토이 스토리(1)」의 내용을 보자.

우디는 6살짜리 남자 아이 앤디가 가장 아끼는 카우보이 인형인데, 어느 날 접었다 폈다 하는 날개와 레이저 디지털 음성을 가진 최신 액션 인형 버즈가 나타나자 그의 위치가 흔들리기 시작한다. 모든 장난감들의 최고의 공포는 새로운 장난감들에 의해 밀려나는 것이다. 우디의 우려대로 버즈는 앤디가 가장 아끼는 최고 인형으로 자리를 잡는다. 기세가 오른 버즈는 자신이 장난감이 아닌, 외계에서 불시착한 우주 전사라고 믿는다.

결국 우디는 버즈를 없앨 계획을 세우는데, 우여곡절 끝에 둘은 바깥세상에서 서로의 힘을 합치지 않으면 살아남을 수 없다는 것을 깨닫는다. 라이벌에서 동료사이로 변했지만 그것도 잠시, 그들은 인형과 장난감을 못살게 하는 악명 높은 무서운 아이 시드의 손아귀에 들어가게 된다. 시드와 그를 닮은 개 스커드로 부터 벗어나기 위해서 둘은 더욱 가까워지는데 버즈는 그가 진짜 우주전사가 아니라는 걸 깨닫고 삶까지 포기하려고 한다.

결론은 버즈가 우디의 도움으로 장난감으로서 진짜 가치를 찾는다는 것이다. 나름대로 탄탄한 시나리오로 전 세계의 어린이들로부터 찬탄을 받았는데 여기에 나오는 주인공들이 인간처럼 활동할 수 있다는 것은 기계인형에서 벗어나 지능형 장난감 즉 로봇이라는 것을 알려준다. 실제로 「토이 스토리」에 등장하는 주인공들이 자동으로 작동되는 장난감들로 출시되어 전 세계의 수많은 어린이들로부터 사랑을 받았다. 로봇이 인간사회에 보다 밀접하게 다가왔다는 것을 단적으로 보여주는 예이다.

참고적으로 「토이 스토리」 역시 컴퓨터 기술에 큰 기여를 한 것으로 유명하다. 「토이 스토리(2)」는 더욱 업그레이드된 컴퓨터 기술로 탄생했는데 가장 놀라운 것은 새로 등장한 주인공 '앨'이다. 앨은 수염이나 피부의 검버섯, 작은 상처, 눈과 입가의 주름까지 사실적으로 표현하여 외모가 실제 인간을 닮았다는 평까지 받았다.

이와 같은 표현상의 업그레이드가 가능했던 이유는 「토이 스토리(1)」에서는 한 프레임 당 폴리곤_{화면의 사실성 혹은 복잡성을 측정하는 단위}의 수가 300만 개에서 1,700만 개였는데 「토이 스토리(2)」에서는 무려 4,000만 개의 폴리곤이 사용되었기 때문이다. 8천만 개 이상의 폴

리곤을 사용하면 '사실'에 보다 근접했다고 알려진다.[10]

2000년대 세계 어린이들의 폭발적인 호응을 받은 본격적인 로봇 영화 「트랜스포머」 시리즈는 다소 복잡한 과정으로 태어난 것으로 유명하다. 일본의 카와모리 쇼지가 장난감 회사 타카라를 위해 '미크로맨'과 '다이아크론' 캐릭터를 만들었는데 이것이 상당한 인기를 끌어 미국의 장난감 회사 하스브로를 통해 미국에 상륙하고 만화 「트랜스포머」가 제작되는데 이것이 영화 「트랜스포머」의 원형이다. 「트랜스포머」는 일본에 역수출되어 애니메이션으로 제작되었고 다시 미국에서 영화로 제작되었다. 「트랜스포머」 시리즈가 남다른 흥행에 성공한 것은 작품에 등장하는 수많은 변신 로봇이 주인공이기 때문이다.

트랜스포머들의 행성 사이버트론에서 평화롭게 살던 사이버트로니안 오토봇, 변신이 가능한 자가 로봇 생명체들은 메가트론이 디셉티콘을 만들어 전쟁을 일으키자 패배한다. 옵티머스는 '올스파크 큐브라고도 부르며 사이버트론을 유지하는 에너지 근원가 메가트론의 손에 들어갈 것을 피해 먼 우주로 쏘아 보낸다. 트랜스포머를 작동시키려면, '올스파크'나 '매트릭스더리더쉽'이 필요하다. 올스파크는 트랜스포머에게 생명력을 불어넣어 주며 매트릭스는 죽거나 슬립상태에 들어간 트랜스포머들을 부활시키는 데에 사용한다. 물론 이들의 에너지원이 무엇인지는 알려지지 않는다.

옵티머스가 쏘아 올린 큐브는 우연히 지구에 도착하는데 메가트론이 이를 알고 지구로 잠입한다. 하지만 지구의 대기권 돌입시의 열 때문에 얼음이 녹아 바다에 빠지고 체내·외의 온도 차이에 의해 센서가 고장나 작동을 멈춘다. 이후 상당한 시간이 지나 옵티머스도 큐브가 지구에 있다는 사실을 알고 이를 찾기 위해 지구에서 오토봇과 디셉티콘 사이에 전투가 벌어진다.

여기에서 트랜스포머들은 자아를 가지는 로봇 즉 기계 생명체로 볼 수 있는데 그 능력이 놀랍다. 각종 자동차, 비행기, 오토바이, 중장비 심지어는 콘크리트 믹서기도 포함를 복제해 자기와 일체화시키는 기술, 자아 능력, 슈퍼컴퓨터, 각종 무기의 자가 생산 기술 등도 갖고 있어 순간적으로 다용도 로봇으로 변신이 가능하다. 영화와 만화에서 순간적인 변신이 많은 어린이들의 감성을 빼앗았고 장난감 등으로 제작되어 폭발적인 호응을 받았다. 현재도 수많은 전 세계 어린이들의 꿈은 「트랜스포머」시리즈에 등장한 로봇을 모두 갖는 것이다. 로봇의 미래가 밝다는 것을 단적으로 보여주는 예이다.

로봇의 천국 SF

로봇이 등장하는 만화, 애니메이션, 영화 등은 기본적으로 SF Science Fiction 물이라 보아도 과언이 아니다. SF란 이른바 과학적 허구의 약칭으로 이 뜻은 과학적 근거는 있으되 기본적으로 현재로서는 실현 불가능한 가상의 상황을 이야기한다.

이 책의 기본은 SF물에 나오는 로봇을 등장시켜 로봇에 대한 여러 가지 내용을 풀어나가는 것이다. 그러므로 SF가 무엇인지 이해하는 것은 로봇에 대한 이해를 쉽게 하는데 도움이 된다.

SF물을 우리말로 공상과학물이라고 한다. 그러므로 과학적 소재와 공상적 줄거리를 가지며 대체로 선과 악의 대립에서 선이 이기는 것을 주로 한다. 이를 위해 세련된 특수효과와 속임수 촬영, 컴퓨터 그래픽 등을 통해 환상적 색채와 분위기를 만들어 일반인들이 일상생활에서 겪을 수는 없지만 영상물 속에서는 마음껏 새로운 세계를 맛본다는 감을 주는데 주안점을 둔다. 물론 현대의 과학으로는 절대적으로 불가능한 분야가 있는 것은 사실이다. 타임머신, 초광속비행, 공간이동, 투명인간 등이 그런 예인데 이들을 현실세계에서 가능할지도 모른다고 그럴듯하게 그려주는 것도 SF의 매력이다. 현실에서는 일어날 수 없는 일이지만 이들 상상력이 가능할지 모르겠다고 생각하게 만드는 마술성을 발휘하는 것이 호평을 받는 이유다.

SF물의 또 다른 특징 중 하나는 영상물의 경제적·기술적 발전과 궤를 함께 했다는 점이다. 고도의 특수효과SFX를 통해 거대한 우주 전함, 인간과 다름없는 로봇, 상상할 수 없는 파괴력이 있는 각종 무기와 비행기 등을 마음껏 동원할 수 있는 자유로움이 바로 SF물이 성공할 수 있는 비결이다. 이는 SF물이 엄청난 물량과 최첨단 과학기술 동원이 기본이라는 뜻으로 대형 블록버스터 영화라 선전하면서 상상을 초래하는 예산을 투입하는 것도 이 때문이다.

SF의 기원은 영화가 등장하자마자 탄생할 정도로 매우 오래되었다. 유명한 엘리에스의 「달세계 여행」이 바로 SF물이다. 조지 루카스의 「스타워즈」가 등장하기 전까지만 해도 SF는 그다지 인기 있는 분야가 아니었다. 엄청난 자금과 물량 그리고 탄탄한 과학기술 정보를 동원해도 흥행에 성공한다는 보장이 확실하지 않아 영화인들에게 큰 실망을 안겨주는 장르였다. 그러나 「스타워즈」, 「스타트랙」, 「E.T.」 등이 공전의 흥행에 성공하자 SF물은 가장 중요한 영상물의 장르로 부각되기 시작했다.

SF물이 흥행에 성공했다는 것은 SF물이 어린이들에게 꿈과 희망을 줄 수 있는 중요한 공간을 확보했다는 것을 의미한다. 한마디로

SF물의 경이적인 성공이 과학기술의 미래를 짊어질 수 있는 토대까지 마련해주는 계기가 되었다는 점이다.

SF물이 과학기술에 미치는 영향에 대해서는 크게 두 가지로 나뉜다.

우선 낙관적인 미래의 제시다. 과학기술이 인류 문명을 더욱 밝혀주므로 이에 기반을 둔 미래는 장밋빛 낙원이 될 수 있다는 입장이다. SF물은 인간의 무한한 과학적 상상을 바탕으로 주제가 설정된다. 소재가 무한하다는 것은 인간의 상상력을 마음껏 표현할 수 있음을 의미한다.

둘째는 이와 정반대의 개념이다. 과학기술이 지닌 비인간적인 면을 감안할 때 과학기술 발전이야말로 인간성 파괴와 기계의 지배를 초래한다는 것이다. 역설적이지만 SF물이 많은 사람들의 시선을 끄는 것은 미래 사회를 아름답고 환상적이라고 보기보다 어둡고 희망이 없는 사회로 그려내기 때문이다. 이는 과학기술 발전이 결국 인간의 발목을 잡을 것이라는 우려와 맥을 같이한다.

그러나 SF물의 중요성은 인간의 양면을 적나라하게 보여줄 수 있는 열려진 공간이라는 점이다. SF물이 긍정적이냐 부정적이냐에 대한 핵심도 오히려 장점이 될 수 있다. 이들을 잘 돌이켜본다면 그 안에 숨겨진 무거운 경고와 함께 과학문명이 어떤 식으로 발전해갈 수 있는가에 대한 준비를 할 수 있기 때문이다. 한마디로 SF물에서 그려지는 어두운 미래를 통해 오늘날의 과학문명이 갖고 있을지 모르는 부정적인 사례를 사전에 막아낼 수 있다는 것으로 이 문제는 최첨단 과학기술이 나아가야 할 미래의 진정한 화두로 인식된다.[11]

로봇의 미래는 유토피아

만화나 애니메이션의 대다수가 악당이 지구를 파괴하려는 음모에 대항하여 로봇이 출동하여 지구를 구하지만 로봇을 인간이 살아가는데 필요한 도구로 활용하는 소재로도 자주 등장한다. 한마디로 인간과 친근한 현실적이고 감성적인 로봇들이 대거 등장하는데 이런 로봇이야말로 인간을 위한 미래 로봇의 핵심 중의 하나이다.

인간이 꿈꾸는 로봇을 다소 우회적으로 보여 준 것이 아이작 아시모프의 소설을 영화화한 「바이센테니얼 맨」이다. 이 영화는 과학이 발달하면 기계와 인간의 차이가 없어질지도 모른다는 생각을 느끼게 할 감성적인 로봇의 미래를 보여준 것으로 유명하다.

2005년 뉴저지. 리처드는 가족을 깜짝 놀라게 해줄 선물로 가전제품을 구입한다. 설거지, 청소, 요리, 정원손질 등 모든 집안일을 해결할 수 있는 것은 물론 아이들과 함께 놀아줄 장난감으로도 쓰일 수 있는 첨단 제품으로 일명 가사로봇이다. 로봇 앤드류^{NDR-114의 애칭}는 리처드를 주인님으로, 자아도취에 빠진 그의 아내를 마님이라 부르며 공손하고 부지런한 가사 로봇의 소임을 다한다.

문제의 발단은 조립과정의 사소한 실수에서 비롯됐다. 리처드에게 배달될 로봇 NDR-114를 만들던 엔지니어가 샌드위치를 먹다가 마요네즈 한 방울을 앤드류의 복잡한 회로 위에 떨어뜨렸는데, 이로 인해 로봇의 신경계에 엄청난 사건이 생겨났다. 바로 로봇에게는 불가능하다고 여겨지는 지능과 호기심을 지니게 된 것이다. 로봇 제조회사에서 그를 불량품으로 간주하여 끊임없이 반환을 요구하지만 그의 능력을 알아차린 리처드는 오히려 앤드류를 보호할 뿐만 아니라 앤드류가 작품을 팔아 얻는 수익을 적립할 수 있게 해준다. 시간이 흘러, 앤드류는 점차 인간의 감정을 어렴풋이 이해하기 시작하는데 어린 소녀에서

영화 「바이센테니얼맨」

아름다운 여인으로 성장한 작은 아가씨 아만다는 훌쩍 결혼을 해버리고, 아버지처럼 아껴주던 리처드가 숨을 거둔다. 수십 년 후, 천신만고의 모험 끝에 집으로 돌아오지만 작은 아가씨는 이미 할머니가 되었다.

영화는 전혀 다른 각도로 흐른다. 작은 아가씨 아만다는 죽었지만 그녀를 쏙 빼다 박은 듯 닮은 손녀 포샤를 만나자마자 앤드류는 사랑의 열병을 앓는다. 인간이 되고 싶은 간절한 소망을 천재과학자 루퍼트 번즈에게 토로하자 그는 앤드류를 완벽한 인간으로 만들 수 있는 재료를 개발하여 인간 모습으로 개조해준다. 인간화된 앤드류는 마침내 포샤와 사랑을 이룬다.

그런데 앤드류의 꿈이 엉뚱하다. 포샤와의 사랑을 이루었지만 진짜 인간으로 대접받고 싶어 포샤와 결혼하기 위해 의회에 결혼신청서를 내지만 인간이 아니라는 이유로 거절당한다. 이유는 아무리 지적 능력을 가졌더라도 영원한 생명을 가진 로봇을 인간으로 보기 어렵다는 점이다. 그는 번즈에게 자신의 몸을 '늙어 죽을 수 있도록' 프로그램 해 달라고 한 후 포샤와 함께 죽을 수 있는 존재가 되었으니 자신을 인간으로 대접해 달라며 법정투쟁을 벌인다. 그는 법정에서 자신을 인간으로 인정해 달라고 소송한 이유를 말한다.

"난 늘 어떤 의미를 찾아 왔습니다. 나를 바로 나이게 만들어주는 그 이유를 말입니다."

"왜 죽고 싶은가요?"

"영원히 기계로 살기보다는 차라리 인간으로 인정받으면서 살다 죽고 싶기 때문입니다."
법정은 그의 끊임없는 요청에 죽을 수 있는 로봇은 인간과 같은 속성을 가지므로 인간으로 인정해준다. 즉 앤드류는 그 자신이 죽음을 실현함으로써 인간이 되는 길을 증명한 것이다.

「바이센테니얼 맨」은 미래의 어느 때가 되면 심부름만 하는 로봇에는 만족하지 못할 것임을 알려주지만 영화 자체는 로봇이 인간에게 여러 가지 면에서 유용하다는 것을 사람들의 뇌리에 깊이 심어주었다. 이런 면에서 인간과 로봇의 미래를 잘 접목시킨 작품으로 '하프-맨 하프-머신', '사상최강의 수퍼 히어로 「로보캅」'이 등장하는데 영화감독 폴 버호벤이 미국 헐리웃에서 만든 최초의 영화이다.

멀지 않은 미래의 어느 날, 범죄 집단이 미국 디트로이트시를 장악하자 경찰은 거대 다국적 기업인 OCP^{Omni Consumer Products}에 치안을 맡긴다. OCP는 새로운 도시 계획을 수립하고 이를 강력 추진하기 위해 우선 해결해야 할 문제가 범죄 해결이었다. 결론은 이들을 제거할 강력한 힘을 가진 대항마 즉 무적의 경찰이 필요했다. 이때 유능한 경찰관 머피^{피터 웰러 분}가 범인들을 쫓다 무참히 살해되는데 그의 몸에서 유일하게 살아있는 부분이 뇌였다. 방위산업체의 과학자들은 즉각 머피의 몸을 최첨단 경찰 로봇으로 바꾼다. 지워진 기억 위에 정교하게 짜여진 경찰 업무 수행에 필요한 프로그램을 집어넣어 극비리에 최첨단의 사이보그로 탄생시켰다. 그러나 머피의 개인적인 감정을 말소하지 않은 과학자 모튼의 실수로 로보캅 머피에게 감정의 변화가 살아난다.

머피는 법적으로는 사망 선고를 받은 사람이다. 악당에게 살해되어 응급실로 옮겨지지만 심전도 모니터엔 일직선이 나타나고 뇌사 상태에 들어간다. 의학적으로 볼 때 인간의 죽음에 대한 판정은 크게 심장정지설과 뇌사설로 나눈다. 심장정지설은 인간의 가장 중요한 장기 중 하나인 심장의 활동이 정지한 시점을 사망으로 보는 반면 뇌사설은 인간의 모든 기능을 제어하는 뇌 특히 뇌간의 기능이 완전히 상실하였을 때를 경우 죽음으로 보는 관점이다. 뇌사설의 경우는 식물인간의 상태와는 전혀 다른 개념이다.

여하튼 머피는 뇌사 상태이므로 일단 사망한 것으로 간주할 수 있는데 과학자들은 그의 뇌를 소생시킨다. 죽은 사람을 살려내는 능력이 놀랍지만 부서진 몸을 기계로 만들면서 200킬로그램의 무게를 들어 올릴 수 있는 인공 팔을 붙이고 온몸을 강력한 티탄 합금으로 된 갑옷을 씌운다.[12]

최첨단 기술로 무장한 「로보캅」의 대활약은 주지의 사실이지만

최첨단 기술로 무장한 「로보캅」

흥행에도 대단한 성공을 거두어 제작진조차 놀랐다는 말도 있다.

계속하여 「로보캅II」와 「로보캅III」가 제작되었는데 「로보캅III」에서는 로봇의 기능이 훨씬 강화된다. 로보캅의 팔에 로켓포가 부착되고 다리 역시 총을 쏠 수 있으며 하늘을 날 수도 있다.[13]

로보캅의 두뇌는 인간의 뇌이므로 엄밀하게 말해 '로보캅'이 아니라 '사이보그캅'이 되어야 한다는 말도 있지만 「로보캅」이 큰 호응을 받은 것은 '로봇에 관한 영화'이면서 '기계가 된 사람사이보그'에 관한 영화이기 때문이다. 즉 일단 사망선고를 받았음에도 다시 살아나 머피는 지워진 자신의 기억을 되찾기 위해 눈물겨운 노력을 한다.

이와 같이 로봇이되 인간의 본성을 잃지 않은 주인공이라는 점이 크게 관객들의 공감을 얻었다. 이는 로봇을 잘 활용하기만 하면 「로보캅」처럼 인간 세계의 복잡한 문제점을 쉽게 제거하면서 공존할 수 있음을 의미한다. 인간이 선한 행동을 지속하는 한 악당이 설 자리가 없다는 것이다. 한국에는 1987년 개봉되었는데 SF물임에도 불구하고 한국에서도 예상과는 달리 크게 흥행에 성공하자 한 기자는 다음과 같이 적었다.

현재 상영되고 있는 공상과학 영화 「로보캅」에 의외로 여성관객이 연일 줄을 이어 관계자들을 어리둥절하게 하고 있다. SF와 폭력이 가미된 이 영화를 여성들이 찾는 까닭은 주인공의 잃어버린 자아와 가족들을 찾기 위한 노력이 여성 관객의 심금을 울리기 때문이라고 한다.[14]

「로보캅」과 같은 개념으로 탄생했지만 보다 자유롭고 활동적인 로보캅은 「형사 가제트 Inspector Gadget」이다.

미모의 브렌다 박사는 아버지 브렌포드 박사와 함께 전자 발을 연구하고 있는데 그들의 실험이 성공하면 인공지능을 가진 로봇이 탄생하게 된다. 이를 평소에 눈독을 들이던 악당 샌포드 스콜렉스가 브렌다 박사의 실험실에 침입하여 전자 발을 강탈하고 브렌포드 박사를 살해한다. 연구실의 빌딩 경비로 일하는 존 브라운은 정의감에 불타는 독신으로 유능한 형사가 되는 것이 소원이었는데 스콜렉스를 추적하다 머리만 남고 전신이 산산조각 나버린다.

브렌다 박사는 모든 과학적 지식을 총동원하여 존을 사이보그로 살려낸다. 그에겐 헬리콥터용 프로펠러, 만능 팔, 미사일 발사기, 용수철 다리 등 무려 14,000개의 각종 장비가 장착되어 있다. 만능인간이 된 존 브라운의 활약이 알려져 그가 꿈에도 그리던 뉴욕시의 형사로 발탁된다. 공식 명칭은 '형사 가제트'. 뉴욕과 세계의 평화를 사수하는 임무가 주어진다.

가제트 형사의 몸에 14,000개의 각종 장비가 장착되어 있다니 무엇을 못하겠는가? 바닥에 빨판이 붙어 있는 신발로 천장에 거꾸로 매달려 있을 수도 있고, 덜 마른 콘크리트에 빠져 넘어지자 머리에서 밧줄이 달린 갈고리가 나와 끌어당겨 일어나기도 한다. 아이들을 태운 버스가 브레이크가 고장나 그대로 질주하자 버스 뒤에 견인차의 줄을 연결하여 멈추게 하기도 한다.

한마디로 사이보그 사상 가장 강력한 초능력의 사나이가 되어 스콜렉스의 음모를 번번히 분쇄한다. 스콜렉스가 브렌포드 박사로부터 탈취한 전자 발을 장착시켜 만든 '로보가제트 RoboGadget'를 투입하지만 정의의 사나이인 형사 가제트가 이들을 격퇴하여 궁극적으로 뉴욕시는 물론 지구의 평화가 유지된다는 것이다. 미국 뉴욕을 비롯한 세계인들이 현재 안전하게 살고 있는 것이 형사 가제트 때문임을 아는 사람이 얼마나 될지?

나노 로봇 등장

로보캅과 형사 가제트가 사이보그라는 개념을 확실히 심어주었는데 이를 보다 확대해석하여 로봇의 개념을 획기적으로 변환시킨 아이디어가 공전의 흥행에 성공한 영화 「마이크로 결사대 A Fantastic Voyage」이다. 영화의 줄거리는 매우 단순하다.

정상적인 수술로는 치료할 수 없는 뇌장애환자를 위해 실험용 잠수정과 승무원 그리고 의료진을 미생물 크기로 축소시켜 환자의 혈관에 주입한다. 잠수정은 대동맥을 타고 뇌의 질병 부분까지 항해하며 상처에 레이저 광선을 발사하여 질병을 치료한 후 눈물을 타고 밖으로 나온다. 바로 확대기를 통해 원상으로 되돌아간다.

1987년 스티븐 스필버그가 제작한 「이너스페이스 Innerspace」도 유사한 소재이지만 1966년에 출시된 「마이크로결사대」보다 후대에 제작되어 내용 자체가 과학적으로 업그레이드된 것이 특징이다. 영화에서는 잠수정과 인간이 초소형 되는 원리가 소개된다. 방법은 잠수정과 조종사 턱이 초고속원심분리를 통해 분자가 해체된 후 재배열되는 것이다.

「마이크로결사대」처럼 초소형잠수정과 조종사 턱이 소형화되어 주사기로 토끼 몸속에 주입될 순간만 기다리고 있다. 그런데 이 기술을 탈취하려는 집단의 기습으로 연구소가 아수라장이 된다. 기술을 개발한 과학자는 도망가다가 살해당하기 직전 토끼가 아니라 사람인 주인공 잭의 몸에 주사기로 주입한다. 초소형 잠수정과 조종사 턱이 잭의 몸속으로 들어간 것이다.

영화의 속성상 악당이 개입하여 어지러운 상황이 되지만 결론적으로 주인공이 악당을 물리치고 몸속에서 빠져나온다. 흥미로운 것은 잭이 여주인공 리디아와 키스를 하자 턱이 리디아의 몸속으로 이전된다는 아이디어다.[15]

잠수정과 인간이 초소형으로의 변환은 불가능의 과학 영역이다. 유사한 영화가 「애들이 줄어요. Honey, I Shrunk The Kids」이다. 어린아이의 몸이 조그마한 공기돌 정도로 줄어드는데 형체는 사람과 똑같다. 일반적으로 인간은 약 60조의 세포를 갖고 있는데 그것들도 모두 비례하여 줄어들었다는 뜻이다.

인간이 다른 동물에 비해 잘난 척 하는 것은 바로 남다른 머리 즉 탁월한 두뇌이다. 인간의 뇌에서 사고나 기억을 관장하는 부분은 100억 개 이상의 세포로 이루어져 있으며 이들 세포는 서로 긴밀하게 연관되어 있다.

150cm의 어린아이가 6mm로 줄어들었다면 체중은 1,562만 5천배로 줄어들고 뇌도 이에 비례해 줄어들어야 한다. 눈 딱 감고 뇌세포의 숫자를 체중이 줄어드는 비례대로 줄이면 9,000개가 된다. 이래서는 기억이 존재할 수 있을지? 문제는 세포의 절대적인 크기는

대체로 1에서 100미크론인데 이보다 작을 경우 세포로서의 역할을 하지 못한다. 과학기술이 발달하여 영화처럼 축소가 가능하더라도 「마이크로 결사대」나 「이너스페이스」의 초소형 인간은 모래알보다도 작아 몸속으로 들어가면 기억이 전혀 없는 작은 물질에 지나지 않는다. 그들에게 레이저 포를 주어 환자를 수술하게 한다면 환자는 즉사했을 것이 틀림없다.

「마이크로 결사대」와 「이너스페이스」에서의 초소형 인간이 태어날 수 없는 것은 에너지보존법칙에 위배되는 것으로도 증명할 수 있다. 70kg 정도의 사람이 갑자기 1g도 안되게 축소된다면 원래 그가 갖고 있던 질량은 모두 어디로 갈까? 이 말은 사람의 몸을 구성하는 모든 원자들이나 원자의 구성물인 양성자·중성자·전자, 그리고 다른 소립자들이 어디론가 사라져야 한다는 뜻이다. 더구나 영화처럼 변형된 사람이 본래의 몸으로 돌아오기 위해 사라진 소립자들을 환자의 몸속에서 다시 조합하여 정상질량으로 되돌아오게 만들어야 한다.

과학적인 면만 고려한다면 인간이 미생물 크기로 축소될 수는 없지만 이와 유사한 소형 로봇의 개념은 이미 실생활에서 사용되고 있다. 실리콘 반도체 기판 위에 지름이 수백 마이크로미터[1마이크로미터는 100만분의 1미터]에 불과한 기계장치를 만들어 장착하고 있다.

이와 같이 작은 규모의 모터, 기어, 베어링, 스프링 따위를 만드는 기술을 마이크로 기술이라고 부르므로 마이크로 로봇도 이에 준해 작은 규모라야 한다.

마이크로 로봇은 유용한 여러 가지 일들을 수행할 수 있다. 사람이 접근할 수 없는 곳에 들어갈 수 있을 만큼 작아서 좁은 관이나 기계 또는 좁은 틈 속에 투입할 수 있다. 마이크로 로봇이 좁은 혈관 속으로 들어가 그 안에서 절제 시술을 할 수 있다. 뿐만 아니라 먼지를 제거하거나 잡다한 수리를 맡을 수도 있고 해충을 잡아 없앨 수도 있다. 경작지에서 떼 지어 다니며 해충을 잡는 마이크로 로봇도 어려운 일이 아니다. 수퍼마켓에서 '바퀴벌레 퇴치 마이크로 로봇 왕창 세일'도 볼 수 있을지 모른다.[16]

마이크로 로봇의 장점은 큰 로봇이 작업할 수 없는 소형 즉 현미경에서나 보이는 작업을 할 수 있다는 것으로 영화 「마이크로 결사대」의 장면도 공상만은 아니다. 인간이 축소되는 것은 아니지만 로봇이 인체의 혈관으로 들어가 수술하는 것도 가능하다. 이러한 마이크로 수술은 현미경이 없으면 불가능하므로 현미 수술이라고도 불린다.

일본 도후쿠 대학에서 제작한 길이 8밀리미터, 지름 1밀리미터 미만의 혈관 유형 로봇은 사람의 혈관 안에서 헤엄치며 돌아다닌다. 한국의 과학기술연구원[KIST]에서 개발한 '미로'는 알약처럼 먹는 캡슐형 내시경 로봇이다. 초소형 내시경을 먹으면 이 알약이 목구멍으로 인체에 들어가 항문으로 배설될 때까지 위와 창자 등 소화기관을 거치면서 각 부위의 실시간 영상을 무선으로 외부로 전송하면 의료진이 이들 데이터를 통해 환자의 질병 유무를 검토한다.

전남대 로봇연구소 박종오 박사는 2010년 살아 있는 동물의 혈관 안에서 치료용 마이크로로봇을 자유자재로 이동시킬 수 있는 3차원 전자기구동장치를 개발했다. 지름 1㎜, 길이 5㎜의 마이크로로봇이 실험용 돼지인 미니피그 혈관 안에서 지름 3.6㎜, 분당 회전수

^{rmp} 1200~1800인 치료용 공구로 막힌 모조 혈관을 성공적으로 뚫었다. 이 시스템은 생체 바깥에서 자석의 엔^{N}극과 에스^{S}극이 밀고 당기는 원리를 이용한 구동장치로 영구자석 '네오디뮴'으로 만든 실린더 모양의 마이크로로봇을 움직인다.[17]

인간의 상상력은 한이 없어 박테리아를 이용한 로봇 '박테리오봇$^{Bacteria + Robot}$'도 개발되고 있다. 치료 약물을 담은 마이크로미터^{μm} $^{1μm=100만분의 1m}$ 크기의 작은 물체에 수많은 박테리아를 붙여 몸속을 돌아다니게 하는 것이다. 약물을 담은 물체가 로봇 몸통이라면 박테리아는 로봇의 다리 혹은 바퀴인 셈이다. 박테리오봇의 핵심은 박테리아가 스스로 에너지를 만들기 때문에 배터리 등 전원이 필요 없으며 세포 안으로 깊이 침투하는 능력이 있다.

2006년 미국 카네기멜런대의 메틴 시티 교수팀은 박테리아가 잘 붙는 폴리스티렌이라는 물질로 공 모양의 물체를 만들었다. 공의 겉면에 '세라시아 마르세센스'라는 박테리아를 여러 개 붙였다. 세라시아 박테리아는 여러 박테리아 중에서 운동능력이 매우 뛰어난 종류로 시티 박사는 박테리아들이 꼬리를 움직이며 공 모양 물체를 이동시키는 것을 확인했다. 박테리아가 물체 여기저기에 아무렇게나 붙어 꼬리를 흔들어댄다면 이 물체를 일정한 방향으로 이동시키기가 매우 어려운데 시티 박사는 산소를 쬐면 그 부분은 박테리아가 붙지 않는다는 사실을 확인했다. 이 기술을 이용해 물체의 원하는 부분에 박테리아를 배치하는 것이다.

캐나다 몬트리올대 연구팀도 자기장에 반응하는 MTB라는 박테리아로 로봇을 만들었다. 초소형 물체에 MTB를 붙이고 자기공명

영상장치 MRI로 자기장을 걸면 이 물체가 한 방향으로 움직인다.

박종오 교수도 박테리오봇으로 질병이 생긴 부위에 약물을 전달하는 방법을 개발 중이다. 박 교수는 SU-8이라는 고분자로 한 변 길이가 30마이크로미터인 정육면체를 만들어 세라시아 마르세센스 박테리아를 붙여 초당 5㎛ 정도의 속도로 이동시키는 데 성공했다. 박테리아를 여러 면에 붙이지 말고 한쪽 면에만 붙이면 이동이 더 빠르다는 사실도 알아냈다.[18]

학자들은 마이크로 로봇보다 1000배 정도 더 작은 나노나노미터=10억분의 1미터 로봇도 개발될 것으로 추정한다. 나노로봇의 아이디어를 처음으로 도출한 사람은 20세기 최고의 천재중의 한 명으로 알려진 물리학자 리처드 파인만 Richard Phillips Feynman, 1918~1988이다. 파인만은 1959년 한 물리학회 강연에서 「밑바닥에는 거대한 공간이 있다, There's plenty of room at the bottom」라는 제목으로 나노로봇의 개념과 활용에 대해 언급했다. 그는 나노로봇을 만들 수 있는 방법과 나노로봇을 어떤 분야에 쓸 수 있을지도 열거했다.

파인만이 제시한 나노로봇은 한 개의 원자 혹은 분자를 레고블록처럼 다룰 수 있다고 설명했다. 1nm는 원자 3~4개를 붙여 놓은 정도의 크기다. 원자를 10억 배 확대하면 포도알 크기정도이며, 야구공을 10억 배 확대하면 지구 크기가 되므로 1nm가 얼마나 작은지 짐작할 수 있다. 금 원자 한 개의 크기는 대략 0.3nm, DNA 분자의 굵기가 약 2nm 정도이므로 나노로봇은 나노미터 오차 이내로 원자나 분자를 다룰 수 있는 수십 나노미터 크기의 로봇을 말한다.

당시 과학자들은 그의 아이디어를 실현 불가능한 몽상이라고 배척했다. 그러나 1981년 로러 박사가 0.1나노미터 크기의 원자를 관찰할 수 있는 주사형 터널링 현미경을 발명한 이후 나노기술은 새로운 과학기술분야로 인정받기 시작했다.[19]

나노로봇 기술이 미칠 영향은 상상을 불허한다. 우선 나노로봇이 새로운 것은 물론 매우 작은 재료들을 생산할 수 있다. 예를 들어 어떤 종류의 원자 세 개가 다른 종류의 원자 한 개와 붙는 어떤 소재를 만들면 환상적인 특성을 가지게 된다고 할 때 나노로봇은 정말로 유용하다. 두 종류의 원자를 적당히 섞어 놓고 나노로봇을 뿌리면 개개의 나노로봇들이 두 종류의 원자를 하나씩 하나씩 잡아 정해진 위치에 배열하여 사전에 원하는 신소재를 만들 수 있다.

매우 작은 초소형 컴퓨터칩도 개발될 수 있다. 전선 역할을 할 원자와 트랜지스터 역할을 할 원자, 그 밖에 필요한 원자들을 적당히 섞은 후 나노로봇을 뿌리면 개개의 나노로봇들이 미리 정해진 설계도에 따라 전선 원자와 트랜지스터 원자, 그 밖의 원자들을 배열하여 회로를 완성한다. 이 경우 현재의 컴퓨터 칩에 비해 약 100배 이하로 작아진다. 즉 나노로봇은 나노미터 수준에서 신소재와 소자들을 제작하는 공장으로 활용할 수 있다. 또한 나노로봇으로 나노로봇도 만들 수 있다는 환상적인 아이디어도 가능하다. 즉 로봇을 만드는 공장에서 로봇으로 로봇을 조립하듯이 나노로봇도 나노로봇을 만들 수 있다.[20]

의학 분야에서의 역할은 그야말로 지대하다. 질병을 일으키는 바이러스가 나노 기계로 인식하기 때문이다. 이러한 나노 기계 즉 바이러스를 인공의 나노 기계로 물리치자는 것이 나노 의학의 출발점이다. 나노 크기의 나노 로봇^{나노봇}을 인체에 주입하면 잠수함처럼 혈류를 따라 떠돌면서 바이러스를 박멸하거나 세포 안으로 들어가서 자동차 정비공처럼 손상된 부위를 수리한다. 또는 혈관벽의 콜레스테롤 찌꺼기를 찾아내 분해하기도 한다.

로봇학자들이 기대하는 나노로봇의 역할은 뇌에 들어가 뇌의 고해상도 지도를 만드는 것이다. 수십억 대의 나노 로봇이 모세혈관을 통해 뇌의 고해상도 지도를 만들면 인간의 뇌 활동을 구체적으로 이해할 수 있다. 그렇게 되면 인간 뇌의 알고리즘을 컴퓨터가 모사하여 인간 뇌에 대한 획기적인 정보를 확보할 수 있다.

나노로봇이 몸속을 돌아다니면서 암세포 등을 물리치기 위해서는 적어도 한 번에 수백 만 개 이상이 필요하다. 혈구 크기의 나노로봇을 하나 만들기도 어려우므로 로봇 학자들에게 큰 고민거리가 아닐 수 없다. 해답은 단순하다. 나노로봇이 스스로를 복제할 수 있도록 하는 것이다. 주어진 임무에 맞추어 만들어진 첫 번째 나노로봇은 자신과 똑같은 로봇을 복제하고 이 복제한 로봇이 또 다시 나노로봇을 복제하면 수백 만 개의 나노로봇은 간단하게 만들 수 있다. 나노로봇의 전도사로 불리는 에릭 드레슬러 박사는 이를 '셀프어셈블리'라고 말한다.

그런데 만약 나노로봇이 복제 작업을 정지하라는 명령을 어기면 어떻게 될까. 복제 나노로봇이 통제력을 잃으면 암세포보다 훨씬 빠른 속도로 정상적인 조직을 파괴할 수도 있다. 학자들이 바보인가.

이럴 경우에 대비하여 정해진 횟수의 복제를 한 뒤에는 스스로 파괴되도록 프로그램하거나 정해진 물질 또는 온도와 습도 등 일정한 조건 하에서만 작동할 수 있도록 사전에 설계하면 된다.[21]

여하튼 「마이크로 결사대」와 「이너스페이스」처럼 사람이 직접 몸속으로 들어가 치료하는 것은 아니지만 「스타트렉」에 이런 내용이 잘 묘사되어 있다. 「스타트렉」에 등장하는 보그족의 몸은 위에 설명한 나노봇으로 가득 차 있는데 그들의 세포는 모두 특별히 적응돼있으므로 문제가 생기지 않는다. 이론적으로는 나노 의학으로 치료가 불가능한 질병은 거의 없다고 말해도 과언이 아니다. 학자들은 2030년경이면 혈액 속을 헤엄치면서 병든 세포를 치료하는 나노봇이 등장할 것으로 예측한다.[22]

위의 예는 로봇이 인간에게 유토피아 환경을 만드는데 도움이 될 수 있다는 것을 의미한다. 학자들이 이런 유토피아를 만들 수 있는 로봇에 도전하는 것은 미래에 인간이 할 수 없는 많은 분야를 로봇이 대체하리라 추정하기 때문이다. 인간을 곤혹스럽게 하는 유독폐기물조차 완전히 처리할 수 있을 것으로 예측하는데 방법은 간단하다. 산업 폐기물 위에 많은 양의 어떤 가루로 된 재료를 살포하는데 그 가루가 바로 수억 개의 나노 기계들이다. 이 기계들은 즉시 폐기물을 무해한 원자와 분자로 분해한다. 즉 나노 기계들이 분자들을 더 작고 무해한 조각으로 분해함으로써 유독 물질을 제거하는 것이다.

큰 틀에서 로봇이 인간에게 큰 도움을 줄 것이라는 로봇 학자들의 줄기찬 주장은 결국 로봇에 의해 지구가 유토피아로 변할 수 있다

는 것이다. 생각만 해도 즐겁지 않을 수 없다.[23]

 **로봇의 미래는 디스토피아**

로봇이 과학기술 발전으로 주목을 받는 분야 중의 하나이지만 문제는 미래의 로봇이 인간을 위해서만 준비되지는 않을지 모른다는 점이다. 흔히 로봇이라고 하면 인간을 위해 봉사하는 '아톰', '마징가Z', '로봇 태권V', 산업체에서 작동되는 기계로봇, 가정에서 활용되는 가사용 로봇, 의료용 로봇, 전장에서 인간을 대신하는 로봇 등을 연상하지만 그 이면에는 악당 로봇도 함께 존재한다. 문제는 SF물과는 달리 악당로봇이 선한 로봇을 이길 수도 있다는 점이다.

SF물이 그리는 미래는 놀라운 상상력으로 가득 찬 공간이다. 미래에 대한 예측은 아주 그럴듯한 것부터 무시무시한 공포에 이르기까지 다양하다. 로봇의 미래를 긍정보다는 부정으로 보는 학자들은 로봇이 인간을 파멸로 몰아가지 못하도록 안전한 과학기술을 실천해야 한다고 강조한다.

이런 지적이 계속 제기되는 것은 인류사에서 인간에 의한 결정적인 피해를 가늠할 수 있기 때문이다. 인류사에서 가장 큰 충격을 준 원자폭탄이나 독가스 등 생화학무기를 이용한 대량 살상은 대부분 군사적 영역에 한정되었기 때문에 전 인류에 치명적인 해독은 아니었다. 그런데 현재는 고난도의 기술이라 할지라도 이들이 군사 분야에만 한정되지 않을 것으로 예상한다. 정보 만능시대이므로 고차원의 기술이 더욱 저렴해지고 쉽게 접근할 수 있어 많은 사람들이 대량살상 무기를 가질 수 있다. 잠재적으로 지구상의 모든 개인들이 치명적인 무기를 가질 수 있다는 것은 갓난아기에게 총을 쥐어주는 것과 같은 예측불가한 상황이 도출된다는 우려다.

다소 우울한 예측이지만 이들의 우려를 마냥 무시할 것은 아니다.

앞에서 긍정적으로만 그려진 나노 기계가 역으로 인간에게 위협적인 존재가 될 수도 있다. 나노 기계가 다른 발명품들과 마찬가지로 오용될 가능성이 높다는 뜻으로 폐기물을 분해하는 가루가 사람조차 분해할 수 있지 않겠느냐는 우려다. 나노 기계로 가득 찬 캡슐 하나가 박테리아나 독가스보다 더 치명적일수도 있다. 악당이 주사기 하나로 수많은 나노기계들을 인간들에게 주입시켜 필요할 때 폭발시킬 수도 있다.[24]

이런 가상의 아이디어가 과학자의 덕목으로만 끝나지 않는다는데 심각성이 있다. 핵폭탄은 일부 선진국가들만 보유하고 이를 통제하지만 생명공학이나 나노기술, 로봇공학이 발전하면 소규모의 집단이나 심지어 개인들까지도 엄청난 파괴적인 로봇을 확보할 수 있게 된다. 이 경우 대형 군사무기처럼 국가가 견제하는 수단이 개인들에게도 적용되리라는 보장이 없다. 수억 수천만 명이 사용하는 소규모 나노로봇, 또는 소형 로봇을 파괴적으로 변형시키는 기술을 일반인들이 확보하면 수억, 수천 만 명에 달하는 모든 인간이 존경받을 만한 세계 시민으로 남아있을 확률이 거의 없다는데 문제가 있다는 주장이다.

방법론도 그다지 명쾌하지 않다. 선마이크로시스템즈의 빌 조이 박사는 이와 같은 우울한 미래가 초래되지 않도록 아이디어 자체를 포기해야 한다고 주장한다. 과거에 대량 학살이나 노예제를 금지한 것처럼 인간이 공동으로 미래의 특정 기술들에 대한 금지 조치를 취해야 한다는 것이다. 그러나 그의 주장이 공감을 얻더라도 세계가 일사불란하게 움직일지 의문이 든다.

인간의 적이 되는 로봇

SF에 등장하는 로봇의 특성은 대체로 인간이 가지지 못한 초능력이 있다.

초능력을 가진 로봇은 주제에 따라 앞에서 설명한 것처럼 선한 로봇으로 등장하기도 하지만 인간이 로봇에 의해 고통을 당하는 시나리오가 사람들에게는 보다 인기를 끈다. 로봇을 작가의 상상에 따라 마음껏 활동 무대를 넓혀준 동시에, 그렇게 될 가능성도 있다고 생각하기 때문이다. 한마디로 인간의 미래가 로봇에 의해 오히려 불안정해질 수 있다는 우려로 로봇이 디스토피아를 만드는 장본인이 될 수 있다는 것이다.

로봇에 의해 미래가 불투명해진다는 내용을 듬뿍 담은 SF물은 많이 있다. 한마디로 로봇에 의해 인류가 피해를 입는다는 가정인데 이를 뒤집어 본다면 이들 SF작품에 등장하는 미래의 로봇이야말로 궁극적으로 로봇이 어떻게까지 발전할 수 있는가를 예시해주기도 한다. 우선 SF문학의 뼈대를 세웠다고도 알려지는 아이작 아시모프의 원작을 영화화한 「아이, 로봇」을 보자.

서기 2035년. 인류는 지능을 가진 로봇 'NS-4'를 가사 도우미로 부리며 편리한 일상을 살아가고 있다. 로봇들이 요리와 청소, 아이 돌보기 등 웬만한 집안일을 모두

073

척척 해내므로 사람들은 로봇 없이 생활하기 어려울 정도이다.

그러던 어느 날 예상치 않은 사건이 일어난다. 거대 로봇회사 'US 로보틱스'의 공동창립자로 NS-4보다 보다 업그레이드 된 로봇 'NS-5'를 개발한 래닝 박사가 자신의 연구실에서 투신자살한다. 테크놀로지를 혐오하는 형사 델 스프너는 래닝 박사 자살사건을 맡자 그는 자살이 아닌 타살로 심증을 굳힌다. 스프너는 밀실이나 다름없는 그 방 안에 NS-5 로봇 '써니'가 있었다는 사실을 알고, 그가 래닝을 창밖으로 집어던졌다고 의심한다. 즉 로봇이 범인이라는 것이다.

NS-5는 US 로보틱스가 막 시장에 내놓은 최첨단 로봇으로 가장 인간에 가까운 모델이다. 모든 로봇은 인간에게 해를 가할 수 없도록 제조된 것이 사실이지만 살해사건이 일어난 것도 사실이다. 로봇 심리학자 수잔 캘빈에게 도움을 청한 스프너는 래닝 박사가 써니에게 심어둔 비밀과 NS-5에 얽힌 음모를 파악하기 시작한다.

스프너는 회사에서 새로 개발한 Ns-5가 구식 Ns-4를 파괴하는 광경을 목격하면서 결국 진범을 찾아낸다. 그 진범은 바로 회사 안의 모든 구역을 통제하는 로보넷 프로그램인 비키^{VIKI}였다.

영화 「아이, 로봇」

비키는 원래 인간을 위해 봉사해야 하는 프로그램인데 스스로 중요한 질문을 떠올린다. 인간에게 가장 위험한 존재는 무엇인가라고. 비키의 결론이 놀랍다. 비키는 인간의 진화과정을 깊이 이해한 결과 인간에게 가장 위험한 적은 인간 자신이라 여긴다. 인간은 자연을 오염시키고 전쟁을 일으키는 등 지구를 파괴하는 암적 존재이므로 인간을 보호하려면 인간을 통제해야 한다는 뜻이다. 그래서 비키는 하던 일을 멈추고 기계가 인간을 다스리는 강력한 독재를 행사한다.

영화에서 로봇인 써니는 꿈도 꾼다. 써니는 자신이 꾼 꿈을 그림으로 그리면서 "이게 누구의 꿈이냐"고 묻는다. 수잔 캘빈은 써니의 질문에 "네가 꾼 꿈이니까 네 것이다"라고 답한다. 이 정도로 꿈을 꾼다는 것이 무슨 의미인지 잘 알 것이다. 더구나 스프너가 "죽은 줄 알았는데"라고 묻자 써니는 "살아 있은 적도 없다"고 말한다. 로봇이 이 정도의 말을 할 수 있다니 놀랍지만 여하튼 이 영화가 주는 메시지는 무분별하게 로봇을 개발하다가는 결국 인간이 로봇의 노예가 될 수 있다는 것을 예시한다.[25] 「아이, 로봇」을 보면 원작자인 아시모프가 왜 세계 SF의 거장인가를 알게 해 주는 동시에 그가 그린 미래가 결코 허언은 아닐지 모른다는 생각을 심어준다.

로봇의 세계가 갖고 올 부정적인 미래는 1971년 조지 루카스가 만든 「THX 1138」에 잘 나와 있다.

25세기는 완전히 통제된 사회로 섹스, 오락 등 일체의 인간다운 행위가 금지된다. 인구 억제가 기본이므로 출산이 금지되어 태아는 시험관에서 키워야 한다. 주인공인 THX의 업무는 사이보그의 동력부분에 원자력 에너지를 주입시키는 일이다. 그런데 어느 날 THX가 실수로 폭발사고를 일으켜 집중력이 떨어지고 그가 그동안 살아왔던 생활에 의문을 느끼기 시작한다.

인생에 회의를 느낀 THX가 의무적으로 복용해야 하는 약을 먹지 않는데 THX에게는 LUH3417이라는 여자 룸메이트가 있다. 통제된 사회에서 그가 취할 수 있는 유일한 반항으로 THX와 LUH가 금지된 성행위도 한다. 이것이 탄로나 LUH는 어디론가 끌려가고 THX도 성도착자라는 판정이 내려 감금된다.

로봇이 지배하는 사회의 우울한 미래다.[26]

로봇이 갖고 올 충격적인 미래는 「포트리스」가 적나라하게 보여준다. 이곳의 로봇은 인간이 인간을 통제하기 위해 로봇을 사용하는데 그 정도가 상상을 초래한다.

기계 즉, 로봇이 인간을 통제하는 미래 세계에서 자원의 고갈과 인구가 폭증되자 한 아이만 낳아야 하는 새로운 법이 제정된다. 여성의 추가 임신은 철저히 금지되고, 새로 태어난 생명은 로봇이 기계 인간으로 만들기 위해 부모와 격리 수용한다. 전직 특공대 대령 존 브레닉은 아내 수잔이 둘째 아이를 갖자 인구 증가를 통제하는 멘텔사를 피하여 도피하지만 검문에 걸려 죽음의 수용소 '포트리스'에 수감된다. 수잔 역시 포트리스에 수감되는데 수용소장이 수잔에게 반해 존의 목숨을 살려준다며 그녀의 사랑을 구한다. 수잔은 남편을 살리기 위해 그 제안을 받아들이는데 놀랍게도 수용소장은 인간이 누리는 희로애락 중에서 노老가 없는 안드로이드다.

안드로이드는 이 책이 풀어나가는 주제이기도 하므로 뒤에서 중점적으로 설명하겠지만 영화에서처럼 인간과 다름없는 안드로이드가 정말로 태어난다면 인간들이 그들의 본모습을 알아차리지 못하는 것은 자명한 일이다. 더구나 늙지 않는다는 이점이 있으므로 인간을 조종하고 지배하는 것이 무리한 설정은 아니라 볼 수 있다.

영화의 속성 상 주인공들이 수용소장 등 로봇의 만행으로 생기는 여러 가지 문제점을 슬기롭게 해결하지만 정말로 로봇이 인간과 사랑을 나눌 수 있을 정도라면 영화의 결말처럼 희망이 있는 미래가 보장될지 확신할 수 없는 것이 영화가 주는 메시지이다.

영화 자체는 흥행에 성공하지 못했지만 보아즈 데이비슨 감독의 「아메리칸 사이보그」도 로봇의 궁극적인 종착지 즉 안드로이드의 문제점을 제시했다. 여기 등장하는 주인공은 누가 인간인지, 누가 로봇 즉 안드로이드인지조차 구분할 수 없다. 로봇을 인간과 다른 점 없이 완벽하게 닮게 만들었다는 것인데 줄거리는 다음과 같다.

3차 대전이 끔찍한 핵 파괴로 폐허화 된지도 17년, 지구상의 생존자들은, 인간을 위해 일하도록 개발했던 컴퓨터의 반란으로, 컴퓨터가 지배하는 세상에서 강제 수용되어 자연 소멸을 기다리는 포로의 신세가 된다.

반면에 인간의 존엄성을 지키고, 컴퓨터의 지배에서 벗어나려는 인간의 두뇌들이 지하에 집결해서, 컴퓨터에 대항한다. 그런 활동의 하나가 핵은 물론 컴퓨터의 오염을 받지 않는 새로운 인간의 발육이다. 지하연구소의 책임자 버클리 박사는 오염되지 않은 숫처녀 메리의 난자를 이용해서 새로운 생명을 출산시켜, 미국보다는 깨끗한 유럽으로 옮기기로 한다.

그러나 철저한 컴퓨터의 감시를 뚫고 시험관 속에 담은 태아를 유럽으로 옮기는 일이 간단하지 않다. 메리는 사이보그의 끈질긴 추적에도 불구하고, 오스틴의 도움으로 항구로 향하고, 수많은 고비를 함께 넘기면서 두 사람은 서로 사랑하게 되는데 오스틴이 사이보그라는 사실에 메리는 커다란 배신감을 느낀다.

여기서는 사이보그와 안드로이드가 정확하게 구분되지 않는데 이들의 차이는 매우 크다. 1970년대 우리나라 TV에 방영되어 폭발적인 인기를 끌었던 「요괴인간」에서 비커에 담긴 원형질이 뱀, 베라, 베로라는 다소 흉측하게 생긴 생명체로 변하면서 이들 안드로이드가 인공생명체임을 분명하게 보여준다. 반면에 사이보그는 안드로이드와 기계의 절충형 또는 인간과 기계의 복합 구성체를 뜻한다. 그중에서도 인간의 두뇌는 기계로 대체될 수 없다는 것을 기본으로 한다. 반면에 로봇은 이들과는 달리 '통기계'다. 즉 인간과는 전혀 다른 무기물이다.[27]

여하튼 「아메리칸 사이보그」가 주는 메시지는 로봇을 인간처럼 만들 수는 있어도 인간을 로봇처럼 만들 수는 없다는 것이다. 영화 장면으로만 볼 때 인간과 다름없는 사이보그는 인간보다 우월한 기술이 있지만 결론은 그래도 인간으로 태어난 진정한 인간만 지구의 미래를 짊어질 수 있다는 메시지다. 결론이야 감독이 사전에 구상한 대로 움직이지만 인간보다 더 지능적인 로봇에 대항하여 인간이 종국적으로 승리할 수 있을지 의심이 든다는 처음부터 제기한 질문에 공감할 것이다.

미래에 태어날 수 있는 로봇의 모든 것을 보여준 영화가 제임스 카메론 감독이 메가폰을 잡고 전 세계적으로 대단한 흥행에 성공한

「터미네이터」 시리즈이다. 제1편인 「터미네이터」를 제작할 때 SF물로는 그야말로 푼돈이나 마찬가지인 600만 달러를 투입했는데 영화가 출시되자마자 전 세계인들을 충격으로 몰아넣어 무려 8,000만 달러의 수입을 얻었다. 이와 같이 폭발적인 반향을 받은 것은 비교적 충실하게 과학기술을 접목시킨 공도 있는데 「터미네이터」의 기본 틀은 다음과 같다.

미국의 군수업체로 국방부 군사용 컴퓨터를 제공하는 사이버다인시스템스 Cyberdine Systems 사는 미군의 모든 스텔스 폭격기들을 컴퓨터 시스템과 연동시켜 자동화하는데 성공하고, 자동화 전투통제 시스템인 스카이넷Sky-Net을 표준 전략 방어시스템으로 채택했다.
그런데 스카이넷의 인공지능이 비약적으로 증진되어 자가인식을 하기 시작한다. 컴퓨터의 자가인식에 놀라 인간들이 스카이넷의 전력을 끊으려 하지만, 스카이넷은 이에 대항하여 인류와의 전쟁을 개시하고 러시아를 향해 핵미사일을 발사하자 지구는 걷잡을 수 없는 핵전쟁의 혼동 속으로 들어간다.

이를 영화에서는 심판의 날Judgement Day이라 지칭하며 무려 30억 명이나 되는 수많은 인류가 사망한다. 이어서 기계 즉 스카이넷 프로그램에 의해 조종되는 로봇과 인간과의 혈투가 시작된다. 한마디로 전 세계를 묶어 인간에게 도움을 주는 네트워크가 오히려 인간을 파멸로 몰아갈 수 있다는 시나리오다. 수많은 로봇들이 서로 자아프로그램를 복제해 개성 있는 개체가 되는데 이들 간의 소통은 무한히 펼쳐진 네트워크의 바다를 활용하면서 로봇의 지능과 개체를 빛의 속도로

퍼뜨리므로 인간들이 이에 적절하게 대항하지 못한다는 내용이다.[28]

핵전쟁의 참화로 30억 인류가 멸망하며 남은 인간들은 기계의 지배를 받아 시체를 처리하는 일 등에 동원된다. 이때 비상한 지휘력과 작전으로 인간을 이끌던 사령관 존 코너가 반 기계연합을 구성, 기계와의 전쟁을 시작하면서 상황은 반전된다.

이에 기계는 존 코너의 탄생 자체를 막기 위해, 2029년의 어느 날, 타임머신에 '터미네이터'를 태워서 1984년의 LA로 보낸다. 이 터미네이터는 총으로는 끄떡없는 신형 모델 101로서 인간과 똑같은 모습의 침투용 사이보그이다. 이 정보를 입수한 존 코너는 역시 카일 리스라는 젊은 용사를 보내 그의 어머니를 보호하게 한다. 식당에서 일하던 사라 코너가 터미네이터에게 쫓기기 시작하고 쫓기던 사라는 카일에게 모든 상황에 대한 설명을 듣는다.

미래에 자신이 낳은 아이가 핵전쟁 생존자들을 모아 기계에 반항하는 것을 두려워한 나머지 터미네이터가 그녀를 죽이려 한다는 것이다. 카일과 터미네이터의 아슬아슬한 결투로 기계 조직이 노출될 때까지 터미네이터는 집요하고 끈질기게 추적해온다. 카일과 사라는 함께 도망 다니면서 사랑에 빠진다.

마지막으로 카일은 자신을 희생하는 대폭발을 유도하지만 터미네이터의 추적은 계속된다. 위기일발의 사라는 압축기로 터미네이터의 자취를 사라지게 한다. 몇 달 후 사라는 지구의 인간성을 회복해 줄 카일의 아이를 임신하고 결국 미래의 사령관 존 코너는 태어난다.

「터미네이터」의 후속편인 「터미네이터 2」에서 변형 터미네이터 액체금속인간 모델 T-1000이 등장하여 전 세계의 관객들을 깜짝 놀라게 했다. 「터미네이터」가 대 성공을 거두자 제작비를 무려 1억 달러가 투입한 이 작품은 주인공인 터미네이터로 분한 아놀드 슈왈제네거가 무려 1,500만 달러의 개런티를 받은 것으로도 유명하다. 제작비의 15%를 한 명의 배우가 받았다는 뜻인데 이 영화도 흥행에 성공하여 어느 누구도 불만을 제기하지는 않았다.[29]

영화 「터미네이터」의 사이보그 101

존을 처치하려는 1차 작전에 실패한 컴퓨터는 불사조나 다름없는 제2의 터미네이터를 1991년의 LA로 다시 보낸다. 그것은 인조 합금으로 이뤄진 보다 진보된 액체금속 인간인 모델 T-1000으로, 이때 존 역시 특사를 보내 자신과 자신의 어머니를 보호하게 한다. 존이 보낸 특사는 바로 1편의 사이보그 터미네이터 101 아놀드 슈왈제네거이다.

액체금속 살인기계인 모델 T-1000은 그야말로 SF영화 마니아들을 깜짝 놀라게 했다. T-1000은 총탄으로 몸에 구멍이 뚫리면 금방 액체 금속의 피부가 뚫린 구멍으로 흘러들어가는가 하면 폭탄을 맞아 조각조각 부서져도 몽땅 녹아내린 뒤 다시 본래의 모습으로 되돌아간다. T-1000은 같은 몸체 크기라면 무엇으로든 변형이 가능하여 존 코너의 양어머니는 물론 경찰로도 분장하는데 누구도 그 정체를 알아채지 못한다. 심지어는 그의 손이 날카로운 칼이나 창은 물론 곡괭이 등으로 변하면서 무차별로 사람을 공격하므로 누구라도 그의 손아귀에 걸리면 살아남지 못한다.[30]

엄밀하게 말하면 컴퓨터가 만들어낸 영상과 디지털 이미지 프로세싱 과정을 거쳐 만들어 컴퓨터를 통해 한 프레임 한 프레임씩 맞추어 만들었는데 미국인답게 이 기술을 특허로 등록까지 했다.

T-1000처럼 액체와 고체 사이를 자유롭게 드나들면서 변신할 수 있는 아이디어는 결코 상상만이 아니다. 전기유동유체^{ER 유체}라는 재료가 바로 「터미네이터 2」의 제작자가 차용한 물질과 유사한 성질이 있다. 보통 때는 물처럼 묽지만 전압을 걸면 꿀처럼 질척거리는가 하면 젤라틴처럼 굳어지기도 하는데 전류가 흐르지 않으면 본래의 물과 같은 상태로 돌아온다. 이렇게 어떤 상태에서 다른 상태로 바뀌는 데는 불과 1000분의 2~3초 밖에 걸리지 않는다.

「터미네이터 3」에서는 파괴된 암살기계 T-1000보다 더 발전된 형태인 터미네트릭스^{T-X}가 등장한다. T-X는 섹시하고 아름다운 외모와 함께 냉혹하고 잔인한 성격을 가진 최첨단의 여성 로봇이다. T-X의 파괴력은 2편에서 나오는 T-1000보다 위력적인 데다가 모든 기계장비들을 제어할 수 있는 능력이 있다. 가장 상위 개체로서의 기계 능력을 가진 그녀는 주변의 모든 기계들을 파괴하거나 본인의 마음대로 조종할 수 있다.

영화의 결말이야 당연히 기계의 반란에 대항하여 인간이 승리하지만 과연 로봇이 터미네이터처럼 인간의 지능을 가진다면 영화처럼 인간이 승리할 수 있을까라는 의문을 던진다. 물론 이 우려에 한

정된다면 지구인들은 걱정할 필요가 없다. 「터미네이터」시리즈에 등장하는 액체금속 인간으로의 변형은 어떤 일이 있더라도 불가능의 영역 즉 지구상에서 현실화될 수 없기 때문이다.

학자들은 액체금속인간보다 「터미네이터」에서 등장하는 지능적 로봇 네트워크 시스템이 더욱 위협적이라고 생각한다. 기본적으로 로봇이 아니더라도 어느 공간을 자동화할 때 전체 네트워크를 하나로 묶는 것이 효율적이므로 네트워크 시스템은 만들어진다. 영화에서처럼 로봇 스스로가 인간에게 위해되는 네트워크를 사용할 수 있다면 세계가 혼동에 빠질 수 있음은 자명한 일이다.

「트랜스포머」에서도 같은 내용이 나오는데 한마디로 로봇이 인간에게 치명적인 컴퓨터바이러스를 유포시켰을 때 어떻게 대항할 수 있을까. 이러한 문제점이 생길 수 있다는 것을 적나라하게 보여준 것이 「터미네이터」, 「트랜스포머」의 메시지이다.

액체금속인간

「터미네이터2, 터미네이터3」에 나오는 액체금속인간이 워낙 인상깊이 사람들의 뇌리에 심어져서 이 장면이 어느 정도 과학성이 있는지 많은 질문들이 이어졌다. 큰 틀에서 이 장면은 원래의 모습대로 되돌아갈 수 있음을 의미하는데 이 내용에 관한 한 어느 정도 과학성이 있는 것은 사실이다.

일반적인 상식으로 금속은 강하고 딱딱한 물건으로 쉽게 휘어지지 않는 재료이다. 지구상에는 특수한 재료들이 여러 가지 있지만 이런 통념을 뛰어 넘는 것이 형상기억합금이다. 형상기억합금이란 일반

금속처럼 열과 전기를 전달하는 도체는 물론 스테인리스 정도로 단단하다. 다른 금속과 다른 점은 어떤 일정한 형태를 기억한다는 것이다. 즉 형태를 아무렇게 망가뜨려도 일정 온도만 가해주면 기억된 원래 형태 그대로를 찾아간다. 「터미네이터2, 3」에서 액체금속인간이 원래의 모습으로 되돌아가는 것도 이런 아이디어에서 차용되었음직하다.

1938년 하버드대학교의 그래닝거 교수와 MIT공대의 무래디언 교수는 금속에 열을 가하면 원래의 형상으로 되돌아가는 형상기억효과를 발견했다. 이후 이런 금속이 여러 종류임도 밝혀졌다. 1963년에 미해군 병기연구소에서 티타늄과 니켈합금의 배합비를 조절하면 형상기억효과가 있음을 발견하고 이를 니티놀Nitinol이란 이름을 붙였고 1969년 해저 케이블용 관의 커플링에 사용되었다.

니티놀의 특성을 연결한 결과 이런 현상은 철강의 담금질과 밀접한 연관이 있다는 것을 발견했다. 대장간에서 칼을 만들 때 마지막 단계에서 칼을 달구어 찬물에 급히 담그면 연한 날이 강한 날의 칼로 변한다. 초등학생도 아는 내용이지만 이런 현상은 강철 내부에 마르텐사이트라는 강한 조직이 형성되기 때문인데 이 조직이 형상기억기능을 발휘한다.

즉 형상기억합금에 형성되는 마르텐사이트의 조직이나 강철에 형성되는 마르텐사이트 조직은 동일하지만 특성 면에서 큰 차이를 보인다. 즉 강철에 형성되는 조직은 단단하여 변형이 어렵지만 형상기억합금의 조직은 연하여 쉽게 변형이 가능하고 열을 가하면 원래의 형상으로 되돌아가는 특성이 있다.

형상기억합금이 기억하는 방식은 크게 3가지인데 첫 번째는 1방향기억이다. 먼저 합금반지를 손에 맞는 크기로 만들어 이를 기억하게 하는 것으로 반지가 변형되더라도 더운물에 담그면 원래 크기로 돌아간다. 그러나 이를 역으로 하는 변형은 일어나지 않는다.

2방향 기억이 현실에서 많이 사용되는데 먼저 스프링을 높은 온도에서 5센티미터 길이를 기억하도록 처리하고 다시 이 스프링을 잡아당겨 7센티미터로 늘이고 낮은 온도에서 이를 기억하게 한다. 이 스프링을 섭씨 70도 정도의 따뜻한 물에 넣으면 길이는 5센티미터가 되지만 물 밖으로 꺼내면 다시 7센티미터로 늘어난다.

또 다른 특성이 초탄성 거동이다. 일반 금속은 힘을 주어 늘리면 힘이 제거되어도 늘어난 그대로의 길이가 된다. 그러나 형상기억합금은 초탄성처리를 하면 금속고무가 된다. 즉 힘을 주어 늘어나게 한 다음 힘을 제거하면 고무처럼 곧바로 원래의 크기로 돌아간다.

「터미네이터2, 3」에 나오는 장면대로 될 수는 없지만 이런 형상기억합금이 적용될 수 있는 분야는 대단히 많다. 형상기억합금으로 만든 자동차가 접촉사고로 일그러지면 더운물을 뿌리기만 해도 원래 상태로 되돌아가게 만들 수 있다.

물론 현실적으로 이 아이디어는 문제가 있다. 형상기억합금의 가격이 귀금속인 은의 가격을 훨씬 상회하기 때문이다. 그러나 1969년 NASA의 아폴로11호가 달 착륙에 성공할 때 사용된 파라볼라 안테나에 형상기억합금을 사용했다. 찻잔 모양의 형상기억합금의 파라볼라 안테나를 섭씨 150도에서 조립한 후 접어서 달 표면까지 운반했는데 안테나가 태양열로 섭씨 200도가 넘자 순간적으로 파라볼라 형태로 변한 것이다.

　　혈관, 위장관, 담도 등 혈액이나 체액의 흐름이 순조로워야 하는 부위에 악성 종양 등이 생겨 흐름에 장애가 발생했을 때 외과적 수술을 통하지 않고 좁아지거나 막힌 부위에 삽입하는데 형상기억합금이 사용된다. 2000년에는 골절치료용 티타늄-니켈 형상기억합금이 국산화하는 데 성공하기도 했다.

　　형상기억합금을 이용한 것으로는 온도 센서가 대표적이다. 온도에 따른 형상 변화를 이용하여 밸브의 역할을 하는 것이다. 이들을 스프링감지센서으로 만들어 적정 부위에 설치하면 팽창에 따라 밸브를 통과하는 유량을 제어한다. 배관 속 온수의 온도가 높아지면 감지센서가 팽창하여 물의 흐름을 차단하고 방 아래의 정지된 온수가 방바닥에 열을 공급해 주고 온도가 하강하면 감지 센서는 수축하여 온수를 다시 순환시키는 것이다.

　　이 밖에 자동차 엔진냉각계, 유량제어장치, 자동차 실내열기 배출장치에도 사용된다. 형상기억합금은 냉장고 냉매조절기, 에어컨 풍향조절기, 과전류차단기, 화재경보기 등의 조절 분야에도 적용될 수 있다. 형상기억합금 아이디어는 의류에도 접목된다. 온도가 높아지면 자동으로 소매가 올라가는 것은 물론 별도의 다림질이 필요 없는 셔츠도 개발되었다고 알려진다.[31]

　　물론 현실세계에서 영화에서 보는 액체인간처럼 변형 후 복잡한 기능까지 회복되는 것은 불가능하므로 겁먹을 필요는 없다. 단지 형상기억합금의 특성을 잘 활용하면 유용한 부분이 많다는 것을 이해하기 바란다.

로봇은 만능

　　SF영화에 나오는 로봇들은 만능의 재주가 있다. 강한 육체와 복잡한 연산도 쉽게 해내는 두뇌는 물론 위험한 장소에서의 잡일도 마다하지 않는다. 설사 로봇에게 사고가 나더라도 간단하게 고치기만 하면 된다. 반면에 SF물에서 그려지는 인간은 로봇에 비해 인간은 허약하기 짝이 없다. 학자들이 상상하는 인간과 로봇 사이에 벌어질 수 있는 최악의 상황을 케빈 워윅 박사는 다음과 같이 상정했다.

2050년, 인류의 삶은 기계에 의해서 지배된다. 많은 사람들이 일반 노동자로 사육된다. 노동자들은 육체적으로 불필요한 성적 행위를 방지하기 위해 거세되었고 두뇌는 재구성되어 분노, 우울, 추상적인 사고와 같은 인간의 부정적인 면은 제거된다. 인간의 성별은 기계에 의해서 사라지며 대부분 같은 모습이다.

노동자들은 포로수용소와 같은 캠프에서 살고 최소한의 휴식과 수면이 주어진다. 노동자들은 대략 12세부터 노동을 시작하고 18세에 최고의 효용 가치를 가지며 30세 초반까지 살아남기도 하지만 대부분 그전에 소각 처리된다. 인간들은 이러한 상황에도 불만이 없다. 노동자들의 두뇌에서 불만을 담당하는 부분이 제거되었기 때문이다.

인간을 생산하는 방법은 아직도 원시적이다. 여성이 인공 수정되어 9개월 후에 낳는 '천연적인' 방법이 여러 가지 면에서 가장 효과적이라고 인식되었기 때문이다. 여성들은 인간 농장에서 길러진다. 여성들은 작은 공간에 수용되어 그들이 낳을 아기에게 충분한 영양을 공급하기 위한 최적의 환경으로 양육된다.

인간 농장의 여자들은 평균적으로 20세기의 여성들에 비해 몸집이 약간 작고 엉덩이는 더 넓은 편인데 그것은 여성이 아이를 낳는데 가장 효과적인 형태라고 기계가 판단했기 때문이다. 태어날 아이들의 성별이나 수를 조절하는 것도 간단하다. 인간들이 수행했던 유전학에 대한 많은 연구들이 기계들에 의해 전수되었기 때문이다. 여성의 생활 역시 노동자의 생활과 유사해서 12세쯤 아이를 낳기 시작해서 30대가 되면 소각로에 버려진다. 아이들 간의 의사 교환은 거의 필요하지 않다. 대부분의 의사소통과 학습은 '훈련' 기계와 모든 감각을 통해서 연결된 각 아이들에 의해서 독립적으로 수행되기 때문이다.[32]

지능적인 로봇이 인간을 생산하기 위해 9개월이나 기다린다는 설정이 다소 비현실적으로 보이기는 하지만 여하튼 로봇 개발의 선구자라고 불리는 케빈 워윅 박사의 전망이 유쾌하진 않다. 이런 우울한 전망은 인간이 생명체를 창조하고 기계를 만들었기 때문에 생겨난 부작용으로 여겨지는데 역으로 생각하면 그런 불유쾌한 로봇을 굳이 만드는 이유가 무엇인지 반문하게 한다. 사실 모든 인간이 선하다면 그런 우려를 할 필요조차 없다.

SF물은 인간의 상상력을 한껏 발휘하여 만든 공상의 세계가 근본인데 그런 공상의 장면이 실제로 나타난다는 것은 역사가 증명한다. 인간은 선한 물건뿐만 아니라 악한 물건도 만들어 왔다. SF물에서 등장하는 문제점들이 실제로 현실 세계에 진짜로 등장할 때 즉 로봇을 개발하는 데만 역점을 두다가 언젠가 로봇으로부터 뒤통수를 맞는 것 아니냐는 반문이다. 이래저래 로봇은 인간에게 큰 시험대를 던져 주지만 이에 대한 해답은 간단하다. 로봇이 무엇인지 보다 구체적으로 이해하는 것이다.

주석

1) 「인조인간 로봇」, 박상준, 과학동아, 1998년 10월
2) 『하이테크 시대의 SF 영화』, 김진우, 한나래, 1995
3) 『위대한 영화』, 로저 에버트, 을유문화사, 2006
4) 『하이테크 시대의 SF 영화』, 김진우, 한나래, 1995
5) 「나는 멋진 로봇 친구가 좋다」, 이인식, 랜덤하우스중앙, 2005
6) 『판타스틱 사이언스』, 수 넬슨 외, 웅진닷컴, 2005
7) 「나는 멋진 로봇 친구가 좋다」, 이인식, 랜덤하우스중앙, 2005
8) 「재미있는 영화이야기」, 이경기, 삼호출판사, 1993
9) 「로봇 이야기」, 김문상, 살림, 2005.
10) 『물리학자는 영화에서 과학을 본다』, 정재승, 동아시아, 2002
11) 『여간내기의 영화교실』, 김동훈, 해들누리, 2002
12) 『하이테크 시대의 SF 영화』, 김진우, 한나래, 1995
13) 「재미있는 영화이야기」, 이경기, 삼호출판사, 1993
14) 『영화 이렇게 보면 두배로 재미있다』, 김익상, 들녘, 1994
15) 『영화속의 바이오테크놀로지』, 박태현, 생각의나무, 2009
16) 『미래 속으로』, 에릭 뉴트, 이끌리오, 2001
17) 「혈관 누비는 치료로봇 세계 첫 생체실험 성공」, 이근영, 한겨레, 2010.04.
18) 「몸속에 약물 싣고 들어가 암세포 등 공격"… '박테리아 로봇'이 뜬다」, 이재원, 조선경제, 2010.12.09
19) 『사람을 위한 과학』, 김수병, 동아시아, 2005
20) 『교양으로 읽는 과학의 모든 것』, 한국과학문화재단, 미래M&B, 2006
21) 『교과서 밖으로 뛰쳐나온 과학』, 이성규, 중심, 2006
22) 「나는 멋진 로봇 친구가 좋다」, 이인식, 랜덤하우스중앙, 2005
23, 24) 『미래 속으로』, 에릭 뉴트, 이끌리오, 2001
25) 「불가능은 없다」, 미치오 가쿠, 김영사, 2010
26) 「로봇 이야기」, 김문상, 살림, 2005.
27) 『하이테크 시대의 SF 영화』, 김진우, 한나래, 1995
28) 「인터넷 다음은 로봇이다」, 배일한, 동아시아, 2003.
29) 「로봇 이야기」, 김문상, 살림, 2005.
30) 『영화 이렇게 보면 두배로 재미있다』, 김익상, 들녘, 1994
31) 『영화로 과학읽기』, 이필렬 외, 지식의 날개, 2006
32) 「로봇의 행진」, 케빈 워윅, 한승, 1999.

3

로봇
전성시대

대형 로봇은 단골
외계인은 무엇이든 가능
슈퍼맨은 슈퍼맨
한계가 없는 상상력
로봇의 3대 원칙
로봇의 권리 보장

로봇이란 아이디어가 생겨나자마자 컴퓨터가 개발된 것은 로봇에게는 행운이다.

컴퓨터가 개발되자 작가들의 상상력을 자극해 곧바로 로봇과 연계된 수많은 SF물이 등장하여 엔터테인먼트 시장을 석권했다는 점은 로봇의 개발을 촉진시키는 견인차가 되었다. 어린이들에게 자신이 좋아하는 것을 그리라고 하면 대부분이 로봇과 공룡을 그린다는 것에서 알 수 있다. 놀라운 것은 다소 기계적인 지식이 있는 아이들은 초강력 모터와 고감도 센서, 투시 카메라, 초합금 등을 이용하여 '태권 V'는 물론 변신 로봇들을 그려낸다.

로봇이 등장하는 엔터테인먼트의 중요성은 이들 SF물을 즐겨보며 자란 어린이들이 어른이 되어서도 꿈과 희망을 주었던 로봇을 실제로 만들어보겠다고 도전한다는 점이다. 사실 일본의 소니나 혼다 등 대기업들이 로봇 개발에 도전한 것은 일본이 창안한 로봇 아톰을 비롯한 SF물에서 세계 시장을 석권한 것에도 기인한다. 사실상 SF물이야말로 로봇이 현실 세계로 들어올 수 있게 만든 결정적인 요인이며 로봇의 미래를 가늠할 수 있게 만들어 준 것도 SF물이다. 그러므로 이 장에서는 인간의 상상력으로 태어난 로봇의 실상을 검토하고 이후 현실세계에 등장하고 있는 로봇에 대해 설명한다.

 **대형 로봇은 단골**

로봇이라면 많은 사람들이 아톰이나 마징가Z, 태권V, 철인 28호 등을 연상한다. 정의의 사자인 이들이 악당 로봇을 후련하게 격파

해 위기의 지구를 구하면 우리들은 박수를 치며 좋아한다. 그러나 거대한 로봇^{아톰 제외}을 만드는 것이 얼마나 어려운 일인지는 우주왕복선 발사 장면만 봐도 쉽게 이해할 수 있다. 우선 영화나 만화에서 거대한 로봇을 어떻게 만드는가를 알아보자. 이런 아이디어야말로 실제로 로봇을 만드는 배경과 핵심 요소이기 때문이다.

그러나 이들 로봇을 보다 심층적으로 분석하면 우리들이 로봇을 보는 시각이 얼마나 단편적이고 과장되어 있는지 알 수 있다. 특히 이들 로봇을 과학이라는 잣대로 살펴보면 더욱 그 차이를 느낄 수 있다. 현실에 등장한 로봇에 대해 설명하기 전에 영화나 만화 등에서 흔히 등장하는 로봇을 과학적인 측면에서 살펴보자.

가장 많이 사용하는 방법은 인간이나 조그마한 물체가 순식간에 거대한 인간 또는 로봇으로 변신하는 것이다. 모두들 둘 다 말이 안 되는 이야기라고 하겠지만 SF물이라는 것을 전제로 하므로 계속 설명한다. 이와 같이 말도 안 되는 장면이 나오는 것은 지구를 침공하는 괴수들이 말도 안 되게 거대하므로 이들과 싸우기 위해서는 재빨리 그들과 유사한 체구가 되어야 전투가 가능하다고 여기기 때문이다.

두 번째는 보다 현실적인 아이디어로 인간이 거대한 로봇 속으로 들어가 직접 조종하는 것이다. 대부분의 로봇 영화는 후자를 택하지만 전자는 예전에 공전의 흥행에 성공했던 일본의 만화영화 「울트라세븐」이나 「드래곤볼」 등 많은 작품에서 등장한다.

「울트라세븐」은 「울트라맨」의 후속편으로 주인공 모로보시 단은 키가 1.7미터인데 위급해지면 키 40미터, 몸무게 3만 5000톤이나 되는 '울트라세븐'으로 변신하여 악당들을 쳐부순다. 여기서 울트라맨이나 울트라세븐 등을 설명하면서 제시되는 많은 계산의 결과는 야나기타 Rikao Yanagita 의 글에서 참조한 것이 많음을 첨언한다.

1998년 최악의 영화로 치열한 경쟁을 벌였던 것은 「아마겟돈 Armageddon」과 「고질라 Godzilla」이다. 「고질라」는 일본 영화 「고지라 Gojira」가 원작으로 「고지라」에서는 핵실험의 부작용으로 태어난 거대한 고지라 일본어로 고래를 뜻하는 '구지라'와 '고릴라'의 합성어 가 일본을 강타하는 내용이다. 반면에 「고질라」는 핵실험의 여파로 돌연변이가 된 거대한 도마뱀으로서 길이가 무려 40배나 커져 121미터나 된다. 섰을 때의 키는 55미터이며 몸무게는 6만 톤에 이르는데 이 거대한 도마뱀이 뉴욕 시내를 쑥대밭으로 만든다는 내용이다.

생물체가 재빠르게 거대화될 수 있는 첫 번째 방법은 이미 만들어져 있는 생체물질을 소화·흡수하는 것이다. 이른바 인간을 비롯한 동물들의 증식 방법이다. 그런데 생명체는 자신이 섭취한 음식 100퍼센트가 모두 생장에 충당되지는 않는다. 열역학 법칙에 의하면 투입된 에너지는 기관을 움직이는 데 필요한 동력을 제공해야 하므로 100퍼센트 전부 원하는 일에 투입될 수 없다.

그럼에도 불구하고 증식 효율을 30퍼센트 일반적으로 열로 전기를 만들 때 투입되는 총에너지와의 비율임 로 가정하더라도 고질라가 체중을 6만 톤으로 늘리기 위해서는 무려 20만 톤의 식량을 섭취하지 않으면 안 된다 고질라는 먹는 대로 체중이 커진다고 가정함 . 제아무리 수학을 싫어하는 사람이라도 20만 톤이라면 400킬로그램짜리 황소 50만 마리, 5톤짜리 코끼리 4만 마리를 먹어야 한다는 것을 알면 기가 질리지 않을 수 없다.

물론 이 설명에는 커다란 문제가 있다. 인간은 체중의 70%가 물이다. 눈 딱 감고 고질라도 70%가 물이라 가정하면 고질라 체중 6만 톤에서 4만2천 톤이 물로 채워져야 한다.

4만2천 톤이 얼마나 큰 숫자인지는 올림픽수영경기장을 보자. 올림픽수영장은 폭 25미터, 길이 50미터, 깊이 2미터로 총 2,500톤의 물을 채운다. 한 시간에 100톤의 물을 채운다고 해도 꼬박 하루가 더 걸린다. 고질라의 몸에 올림픽수영장 물의 16.8배의 물을 넣어야 한다면 질리지 않는 사람이 있을까.

그래도 고질라는 종횡무진으로 도시를 휩쓸고 다니고, 핵 관련 돌연변이를 연구하는 주인공 닉 박사는 고질라를 유인하기 위해 길거리에 생선을 쏟아놓는 것이 최선이라고 하여 지하에 숨어 있는 고질라가 생선 냄새를 맡도록 하수통로를 열게 한다.

영화 장면만 놓고 볼 때 새끼를 밴 고질라를 유혹하기 위해 제공된 생선이 덤프트럭 열두 대 분량이나 된다. 인간 면에서 보면 덤프트럭 열두 대에 담긴 생선이 무려 20~30톤 정도로 엄청난 분량임이 틀림없다. 그런데 고질라의 체중이 6만 톤이라면 제공되는 생선은 몸무게의 2000분의 1에 지나지 않는다. 이는 체중이 60킬로그램인 성인 남자에게 콩사탕 하나밖에 되지 않는 꼴이다. 그래도 고질라는 콩사탕 하나 분량의 생선 때문에 모습을 드러낸다. 결국 고질라는 후각이 워낙 발달하여 주인공들의 계략에 속아 죽임을 당하는 것이다.

현장에서 재료를 제작

현대 과학지식을 총 동원하여 생물의 몸을 구성하는 원소만 제공하면 조그마한 생명체가 급속히 성장한다고 가정하는 아이디어도 많이 채택된다.

다행히도 생물의 몸을 구성하는 원소 중 탄소·수소·질소·산소는 공기 중에 얼마든지 있고, 인·유황·나트륨·칼슘·철·요오드 등은 토양에 가득하다. 이들을 순간적으로 흡수하여 생체물질을 거대화한다면 논리적으로 크게 이상할 것은 없다. 물론 이들 원소는 단일원소로 존재하지 않고 화합물로 존재하므로 화합반응을 거쳐 합성되는 것까지 고려해야지만 이 정도는 간단하게 해결된다고 생각하자. 원리적으로 보면 합성이 더 어려운 것을 모르는 사람은 없을 것이다.

생물체를 거대하게 만드는 것이 문제가 되자 작가는 보다 신선한 아이디어를 개발했다. 그것은 유기물이 아닌 무기물로 거대하게 만드는 것이다. 간단하게 말하여 10센티미터의 작은 장난감 로봇을 순식간에 50미터의 로봇으로 만들어주는 것이다.

이런 아이디어는 유명한 「드래곤 볼」에서 자주 나온다.

「드래곤 볼」에서 말괄량이 부르마가 사용하는 '호이포이 캡슐'의 위력은 정말로 대단하다. 부르마는 천재 과학자인 아버지가 만들어 준 조그마한 호이포이 캡슐 세트를 갖고 다니다가 필요할 때마다 캡슐을 던지는데, 던지기만 하면 자동차약 1.5톤, 주택약 20톤, 비행기약 50톤 등이 순식간에 어마어마하게 큰 크기로 확대되어 나타난다. 여기서 톤수는 필자가 대략으로 설정한 숫자에 지나지 않는다.

호이포이 캡슐 같은 것이 개발된다면 얼마나 편리할까? 서울에서 부산으로 출장갈 때 굳이 자동차를 직접 몰고 갈 필요가 없다. 버스나 기차를 타고 부산에 내리면 자동차 캡슐을 던져 자동차가 나오면 그대로 몰고 다니면 된다. 자동차로 내려가지 않아서 기름값이 안 드니 경제적인 것은 물론, 사고 날 걱정도 없다. 교통위반으로 딱지를 끊을 염려도 없고, 고속도로를 달리면서 그 많은 속도감지 카메라를 의식하지 않아도 된다.

호이포이 캡슐만 있으면 환상적인 여행도 할 수 있다. 해외여행을 할 때 필요한 주택이나 자동차를 캡슐로 휴대하고 외국에 도착한 후, 마음에 드는 곳에서 자신이 묵을 만한 주택을 던지기만 하면 된다. 호텔 산업이 파산한다고 아우성치겠지만 공터를 임대하여 수입을 얻을 수 있으므로 그다지 비관적이지만은 않다.

그러나 이렇게 편리한 캡슐이 아직까지 우리 주위에서 보이지 않는 이유는 간단하다. 캡슐을 발명하기 위해선 해결해야 할 몇 가지 문제가 있다. 가장 먼저 떠오르는 골치 아픈 법칙이 '질량 불변의 법칙'이다. 질량 불변의 법칙에 의하면 물질은 어떤 변화가 일어나 그 모양이나 부피가 변하더라도 질량은 변화하지 않는다.

부르마의 캡슐이 자동차, 주택, 비행기를 아주 작게 만들어 설령 부피는 작다 해도 이들이 원래 갖고 있던 질량 71.5톤이 감소되는 것은 아니다. 폐차장에서 자동차를 커다란 해머로 찌그러뜨린 후 조그맣게 압착시켜 커다란 전자석으로 옮기는 장면이 영화에 자주 나오는데 이것은 자동차의 크기가 작아졌다고 해서 무게가 줄어드는 것이 아니라는 것을 간접적으로 보여준다.

부르마의 몸무게를 추정하면 40~45킬로그램 정도로 볼 수 있는데 그녀의 주머니 속에 수십 톤이나 되는 호이포이 캡슐 세트가 들어간다는 것은 난센스라고 볼 수 있다. 그래도 이 정도는 약과이다.

「울트라세븐」의 주인공 모로보시 단의 능력은 더욱 놀랍다. 그가 가진 캡슐은 던지기만 하면 곧바로 2만 톤이나 되는 괴수 미쿠라스로 변하는데 그렇다면 조그마한 캡슐의 무게가 무려 2만 톤이나 된다는 것이다. 캡슐을 길이 5센티미터, 반지름 1센티미터라고 가정한다면 15.7세제곱센티미터의 부피에 무려 2만 톤이 된다. 밀도는 약 1,274,000,000g/㎤이라는 이야기다.

지구상에 존재하는 금속의 밀도를 보면 철의 밀도 7.86g/㎤, 은의 밀도 10.49g/㎤, 금의 밀도 19.3g/㎤, 백금의 경우 21.4g/㎤이며, 지구상에서 밀도가 가장 큰 금속인 이리듐과 오스뮴일지라도 22.5g/㎤에 불과하다. 그런데 부르마가 가진 비행기 캡슐은 이리듐보다 318,500배, 미쿠라스는 56,622,222배의 밀도이다. 놀라지 않는 사람이 있는지 모르겠다.

올림픽의 투포환 던지기 세계 챔피언이라 할지라도 400킬로그램 정도의 황소를 가볍게 던질 수 있다고 믿는 사람은 없는데 말이다. 세계에서 가장 힘센 사람을 선정하는 '세계 힘센 사람 경연대회'에서는 120킬로그램의 공을 두 손으로 들고 달리는 게임이 있는데 모두들 낑낑거리며 걷는다.

간단한 질량 불변의 법칙을 적용하더라도 물질의 변환이 현실적으로 불가능하다는 것을 이해했겠지만 그래도 감독들이 신중하게 내놓은 아이디어이므로 이와 같이 순간적으로 변형이 가능한 방법이 없는지 찾아보면 어떨까.

부르마가 호이포이 캡슐을 던져 오토바이나 비행기, 주택을 만들려면 필요한 재료부터 확보해야 한다. 그런데 이런 장르의 영화를 보면 아무리 눈을 씻고 봐도 주인공들이 변형에 필요한 원자재를 지니고 다니지는 않는다. 주변에 재료를 공급할 수 있는 시설도 보이지 않는다. 그렇다면 주변에 존재하지 않는 물질들을 어떻게 조달하는가?

놀랍게도 학자들은 그 방법을 간단하게 제시한다. 필요한 재료들은 공기를 이용해 만든다는 것이다. 원리적으로 핵융합에 의해 질소와 산소로부터 금속을 만들 수 있다. 거대한 별의 중심에서는 이러한 일이 실제로 일어나고 있다.

원리는 제시되었으므로 만들기만 하면 된다. 천재과학자 아인슈타인을 모셔온다. 그런데 아인슈타인이 곧바로 계산을 하더니 고개를 절레절레 흔든다. 그의 노트에는 이런저런 공식들이 빽빽하게 적혀 있다. 공기로부터 필요한 재료를 얻는 것 자체는 불가능하지 않지만 변형에 필요한 엄청난 온도와 압력을 현실적으로 감당할 수 없다고 아인슈타인은 설명한다. 간단하게 말하여 부르마가 비행기나 오토바이 캡슐을 던져 순식간에 필요한 재료를 공기로부터 만들려면 적어도 수소폭탄 몇 십 개를 폭발시키면서 원소를 먼저 만들어야 한다.

실제 상황으로 부르마가 캡슐을 던진 후 벌어지는 장면은 그야말로 엉망진창일 수밖에 없다. 원자폭탄과 수소폭탄을 터뜨린 후 우선 살아야 하므로 재빠르게 현장을 피해야 한다. 100미터를 10초 이내_{100미터 세계신기록은 2012년 런던올림픽에서 우사인 볼트가 세운 9초69}에 달린다고 해도 1분에 고작 600미터밖에 달릴 수 없으므로 폭발 반경을 벗어나기는 어림없다. 오토바이로도 어림없어서 주인공인 부르마는 즉사했을 것이 틀림없다. 그러므로 캡슐을 던지려면 적어도 비행기 정도는 타야 하는데 그렇다면 오토바이를 만들기 위해 캡슐은 무엇 하려고 들고 다니는가?

모로보시 단이 캡슐을 던져 2만 톤의 미쿠라스를 만드는 데 걸리는 시간은 단 3초. 이 동안에 15.7세제곱센티미터의 부피가 무려 2만 톤이 된다. 모로보시 단이 갖고 있던 캡슐을 던져 캡슐이 열리는 순간 주위에 있는 원료로 2만 톤의 괴물을 만들기 위해서 빨아들여야 하는 공기는 2억 세제곱센티미터. 1킬로미터 사방이 높이 200미터까지 진공이 되어야 한다. 여기에다 토사도 빨아들여야 하는데 이 양도 7000세제곱센티미터, 100미터 사방이 지하 70센티미터까지 파인다.

캡슐을 도시 안에서 던졌다가는 사방 1킬로미터 안에 있는 건물이나 자동차는 물론 사람들이 모두 즉사한다. 결국 지구를 지키려고 출동한 울트라맨에서 다시 원위치한 모로보시 단은 도시 파괴자에다 살인자라는 오명을 쓰고 구속되었을 것이 틀림없다.

보다 합리적인 것은 변환에 필요한 에너지를 광합성으로 해결하는 것이지만 이것도 만만치 않은 문제점이 도사리고 있다. 광합성에 의해 100그램의 포도당을 만들어낼 때 약 160만 줄(Joule)이라는 에너지를 흡수한다. 울트라맨이 거대화될 때 필요한 증가 체중 349만 9930킬로그램의 생체 물질을 만들기 위해서는 320조 줄(Joule)이 필요하다. 이 정도의 에너지를 공급하려면 우리나라 발전소 전부가 몇 시간 동안 풀가동해야 한다.

모로보시 단이 변신하는 순간 우리나라는 암흑의 세계로 들어가는 것은 물론 순간적으로 변신해야 하므로 주변은 절대온도^{섭씨 영하 273도}에 가까운 얼음 지옥으로 변한다. 울트라맨이 한국을 구하는 것이 아니라 일본을 구하기 위해 출동하는 것을 한국인들은 고마워해야 할 것이다.[1]

물론 미래의 과학은 상상할 수 없을 정도로 발전한다. 「007」 시리즈가 인기를 끈 것은 주인공의 말도 안 되는 액션도 한 몫 하지만 영화가 제시하는 첨단 기자재가 미래를 예시해주기 때문이다. 실제로 「007」 시리즈에 나오는 이들 기자재가 현실 세계에 등장하여 많은 사람들이 감독의 예지에 놀란다.

1962년 제1편 「닥터 노^{Dr. No}」로 최초의 시리즈가 등장한 이래 2002년 20편인 「어나더데이^{Die Another Day}」까지 이어져 매번 새로운 기자재를 선보이는데 50년 전에 태어난 기술인데도 결코 진부하게 느껴지지 않는 것이 많이 보인다.

그럼에도 불구하고 고질라나 미쿠라스와 같은 괴물은 현실세계에 나타나지 않을 것임은 단언할 수 있다. 그렇다고 해서 감독에게 화를 낼 필요는 없다. 아이디어로 무장한 감독에게는 그럴만한 자격과 권한이 있기 때문이다. 감독 만만세 세상이 아닐 수 없다.

 **외계인은 무엇이든 가능**

울트라맨 처럼 외계인이라면 인간이 상상할 수 없는 과학적 지식과 기술이 있으므로 보다 신선한 아이디어로 성장할 수 있다. 앞에서 설명했지만 울트라맨이 생체 조직을 갖고 있는 동물인데도 불구하

고 태양에너지를 흡수하여 거대화 된다. 순식간에 3만 5000톤의 거인이 되는데 태양에너지를 이용하면 적어도 에너지 공급에 대한 문제점은 없다. 굳이 발전소에서 전기에너지를 공급하지 않더라도 태양은 앞으로도 몇 십억 년 동안은 에너지를 토해낼 것이므로 에너지 걱정은 필요 없다.

그러나 여기에도 큰 문제점이 도사리고 있다.

아인슈타인의 이론에 의하면 질량과 에너지는 본질적으로 같으므로 우라늄 1그램이 모두 변하면 820억 줄의 에너지를 방출한다. 이 양은 석유 9드럼, 석탄 3톤이 타는 에너지와 같다. 그러나 질량으로 거뜬히 에너지를 만드는 것은 원자폭탄이나 수소폭탄을 생각하면 다소 쉬운 일이지만, 에너지로부터 질량을 만들어내는 것은 단순하지 않다. 1그램의 우라늄235로 에너지 820억 줄을 낸다는 것은 820억 줄의 에너지가 있더라도 고작 우라늄235를 1그램밖에 만들 수 없다는 뜻이니 말이다.

모로보시 단의 몸무게를 70킬로그램으로 볼 때 3만 5000톤이 되려면 349만 9930킬로그램의 물질이 공급되어야 하는데 이때 필요한 에너지를 우라늄235[계산을 간단하게 하기 위해 우라늄235로 인간이 만들어졌다고 가정]로 계산하면 2,870,000,000,000,000,000,000줄이 된다. 이 정도의 에너지를 만들어내기 위해서는 한국에 있는 모든 발전소를 수억 년 동안 가동시켜야 한다.

하지만 울트라맨은 태양에너지를 이용하여 거인으로 변신할 수 있다고 하니 그 말을 그대로 믿고 태양에너지를 전적으로 활용하여 거대한 몸으로 변신할 수 있는지 검증해본다. 태양으로부터 지표에

쏟아지는 빛의 에너지는 1제곱미터 당 1초간에 고작 1,050줄에 불과하다. 울트라맨이 태양에너지를 모두 받는다고 가정하여 획득한 에너지를 물질로 바꾼다면 1초에 증가하는 체중은 0.0000000000088g이다. 이 정도로 물질 증가를 한다면 울트라맨이 3만 5000톤으로 변신하기 위해서는 866억 년이 필요하다. 우주의 나이를 120~150억 년으로 추정하는데, 866억 년 동안 태양에너지를 받으면서 거인이 된 후에 비로소 악당들을 처치하러 나설 수 있다는 설명이다. 악당들이 그 때까지 기다려줄지 의문이다.

에너지가 해결되었다고 해도 어떤 방법을 사용하여 거대한 몸집으로 만들 수 있는가도 관건이다. 공장에서 수많은 기술자들이 매달려 항공기를 제작하는 방법으로 이들을 만들지 않는다고 가정하면 보다 매력적인 아이디어가 도출되어야 한다.

대안으로 물리, 화학, 생리·의학적 특성을 총 동원하는 것은 그런대로 절묘한 해결책이 될 수 있다. 즉 물리화학적으로 거대화에 필요한 에너지와 재료를 해결하고 성장하는 방법은 현재 생명체 증식에서 가장 빠른 박테리아의 증식방법을 사용하는 것이다. 즉 울트라맨이 태양에너지를 받아 70킬로그램에서 3만 5000톤으로 성장하는데 태양에너지만 받으면 세포분열이 되는 특수한 체질이라고 설정하자. 또한 지구에서의 생물 번식을 감안하여 30분에서 한 시간에 세포 수가 두 배로 늘어난다고 가정한다.

울트라맨의 세포도 30분 만에 배로 증가한다면 세 시간 후에 신장은 4.6미터, 체중 4.48톤이 된다. 단 3시간 만에 코끼리 덩치가 된 후 6시간 후에는 신장 12.6미터, 체중 268.72톤이 되며 드디어 9시간 28분 후에는 신장 40미터, 체중 3만 5000톤의 거한이 된다.

앞에서 866억 년이라고 했는데 시간이 왜 그렇게 적게 걸리느냐고 의아해 하겠지만 앞에서는 에너지 공급적인 차원에서 울트라맨이 커지는 시간을 계산했고, 여기서는 에너지가 어떤 방법으로든 충분히 공급된다는 가정 하에 울트라맨의 세포가 기하급수적으로 성장한다고 보았기 때문이다.

9시간 30분 정도 기다려 울트라맨이 되더라도 문제는 간단하지 않다. 울트라맨이 등장할 때까지 괴수가 기다린다고 생각하면 오산이다. 그러므로 영화에서는 울트라맨이 고속으로 변하는 데 걸리는 시간은 단 3초. 이 속도는 세포가 기하급수적으로 성장한다고 할 경우에 비해 단순 계산으로도 무려 1만 1560배나 빠르다.

영화속 울트라맨의 변신

문제는 이에 그치지 않는다. 어찌어찌하여 울트라맨으로 변신했다고 해도 작품의 내용만 보면 울트라맨으로 변신하여 활동할 수 있는 시간은 단 3분이다. 딱 3분 동안에 지구를 넘보는 악당 괴수들을 처치해야 한다. 그런데 울트라맨의 속도는 무려(?) 마하5라고 한다. 이 속도라면 울트라맨이 3분 동안 전력을 다해 날아도 고작 300킬로미터 정도 갈 수 있다. 악당 괴수들이 일본 반대편에서 나타났다면 하늘을 날다 보통사람으로 되돌아 온 후 곧바로 바다에 빠져 죽었을 것이 틀림없다. 악당들이 일본에만 나타나는 것을 지구인들은 고마워해야 할 것이다.

물질 그 자체가 순식간에 증가하는 변환은 불가능하므로 본래의 체중을 그대로 간직하면서 체구가 커지는 방법도 있다. 이 방법은 오히려 간단하다. 「알라딘」에 나오는 거인처럼 만들면 가능하다.

알라딘이 램프를 문질렀더니 기체가 빠져 나오면서 거인으로 변한다. 영화의 소재에 따라 램프에서 나온 거인이 인간의 모습에서 괴물의 형태로 변신하기도 하는데 이들이 램프 안으로 빨려 들어가는 것을 보면 기체 상태를 유지하고 있는 것이 틀림없다.

'O, X' 문제-이런 변형이 가능할까?

대부분 X를 선택하겠지만 놀랍게도 정답은 O이다. 원칙적으로 이와 같은 상황을 만드는 것이 불가능하지 않기 때문이다. 인체의 70퍼센트 정도가 물이고, 알라딘의 램프에서 나오는 거인의 몸을 구성하는 물질 모두가 물이라고 가정하자. 100킬로그램의 물이 수증기가 되어 3만 5000톤이 되는 울트라맨의 몸 체적으로 펼쳐진다고 하면 꼭 억지라고만 볼 수는 없다.

　문제는 수증기로 팽창할 때 그 공간의 기압은 주위의 약 10분의 1이 되므로 변신하는 순간 거인의 몸이 거의 진공 상태가 된다는 점이다. 그러므로 수증기로 원하는 사람의 형태를 만든 후 곧바로 수증기가 사라지는 것을 막기 위해 온도를 2000도 정도로 고정시켜야 한다. 놀랍게도 이때 소요되는 에너지는 고작 2억 줄^{Joule}, 휘발유를 6리터만 태우면 된다.

　그러나 좀 더 자세히 살펴보면 문제점이 한두 가지가 아니라는 황당한 결론에 도달한다. 우선 거인의 거대한 몸은 수증기로 되어 있기 때문에 거인이 커다란 성으로 날아온다는 것은 원천적으로 불가능하다. 더구나 거인이 악당과 싸우기도 하는데 수증기로 만들어진 몸이라면 악당과 부딪힐 경우 그대로 몸을 통과해 버릴 것이다. 또한 높은 온도로 체형을 고정시켜야 하는데 거인이 악당을 쳐부수기 위해 공격하는 순간 에너지가 소비되므로 에너지가 소비된 만큼 체형이 축소된다. 솜방망이 주먹을 몇 번 휘두르고 몸이 축소된다면, 결국 거인으로의 변형엔 전혀 이점이 없다는 뜻이 된다. 더불어 순식간에 사람의 몸을 수증기로 만들거나 재빨리 원형으로 되돌릴 수 있는 기계가 있어야 한다. 조그마한 램프 속에 그런 기계가 들어 있다고 생각하는 사람이 얼마나 될지 궁금하다.

　결론은 누구나 곧바로 내릴 수 있을 것이다. 지금까지 설명한 방법 모두 실현성이 없다는 뜻이다. 그러나 관객들에게 새로운 비전과 아이디어를 보여주고 싶어 안달하는 SF 감독들이 이 정도에서 좌절할 리 없다.

랜달 클레이저 감독의 「아이가 커졌어요 Honey I blew up the kids」라는 영화를 보자. 물체확대기 개발에 여념 없는 아빠, 과학자 웨인 릭 모라니스의 연구소에 따라간 두 살배기 아담은 실수로 아버지의 개발품인 레이저 총에 맞아 전선줄 곁을 지날 때마다 에너지를 받아 무려 30미터나 되는 거인이 된다. 그러나 몸은 크지만 지적 수준은 두 살 갓난아기인지라 아담이 겁에 질려 걸을 때마다 라스베이거스의 네온사인을 파괴하는 등 온 도시를 공포로 몰아넣는다. 영화는 결국 아담의 엄마를 거인으로 만들어 아이를 잠재운 후 다시 정상으로 돌아가게 만든다. 「아이가 커졌어요」에서 감독은 우리가 감히 상상할 수 없는 아이디어로 현실적인 문제를 간단하게 해결했다.

영화에서 아담이 전기를 먹기만 하면 커져 무려 30미터의 거인이 된다. 생체에너지를 얻는 데 전기를 쏘이기만 하면 된다니 얼마나 참신한 아이디어인가! 아담의 원래키가 60센티미터라면 50배가 커진 것이다. 그러나 아담이 인간, 즉 생물체이므로 전기로써 성장할 수는 없다. 그러므로 아담이 커지기 위해서는 전기를 먹되 무언가 변환 장치가 있어야 한다. 전기에너지를 생체에너지로 변환시켜야 하기 때문이다. 전기를 먹기만 하면 몸이 커지는 장치가 영화에서는 보이지 않지만 그런 장치를 개발하게 된다면 그 사람은 분명히 노벨상을 받고도 남을 것이다.

감독은 마법사

SF영화나 만화에서는 어떤 물체가 순간적으로 거대화되는 게 다반사다. 이것이 얼마나 과장되어 있는지는 다음으로 알 수 있다.

우선 거대화 되는 대상이 생명체냐 아니냐는 매우 중요하다. 고질라든 울트라맨이든 현실적으로 생명체가 급속도로 커질 수 없는 보다 근원적인 문제점이 있기 때문이다.

모든 생물체는 외부에서 들어온 에너지를 소화 등의 분해 과정을 통해 얻은 후 일련의 화학반응을 일으켜 그들 몸의 각 부분에 공급한다. 만약에 화학반응 중 손상되었거나 노화되어 제 기능을 못하는 부분이 생기면 분해해 버리고 새 것으로 대체한다.

그러나 이러한 복합작용을 착오 없이 수행하는 생물체의 기본 구조는 놀랍게도 미세한 규모의 세포이다. 모든 생물체는 한 개 또는 다수의 세포들로 구성되어 있다. 이 속에서 수천 가지의 화학적 반응이 일어나면서 생명을 유지한다. 세포는 대체로 공 또는 타원 모양으로 1에서 100마이크로미터의 크기이다. 모든 세포는 세포막을 가지고 있어 세포의 본체인 세포질을 둘러싸고 있다. 세포의 중심부에는 세포 크기의 수분의 1 정도밖에 되지 않는 진한 덩어리가 있고 이것을 세포핵이라고 한다.

인체의 세포들은 너무너무 작아서 현미경의 도움 없이는 볼 수 없다. 물론 달걀의 노른자나 개구리 알들은 커다란 세포의 한 예이지만 아주 특별한 경우이다. 세포들이 내부에서 일어나는 모든 작용을 위해 영양분을 섭취하고 또한 찌꺼기를 배출하는 과정은 세포 부피를 둘러싸고 있는 표면적에 의해 가능하다. 그러므로 영양분의 섭취와 노폐물의 배출에 요구되는 충분한 표면적을 갖지 못한 세포는 살아남을 수 없다. 또한 외부의 자극에 대한 세포의 반응시간은 세포가 신호를 내부로 전달하여 적절한 반응을 시작하는 능력에 의해 결정된다. 만일 세포의 크기가 너무 커져 신호가 이동해야 할 거리가 너무 길어지면 세포는 외부의 자극에 대해 아주 느린 반응을 보인다. 그렇게 되면 세포는 심한 손상을 입고 죽는다.

사람은 허파와 혈액순환계를 이용하여 공기를 몸 전체로 강력히 순환시킨다. 이를 위해 인간은 통상적인 호흡뿐만 아니라 피부호흡도 하는데, 만약 「아이가 커졌어요」에서 졸지에 거인으로 성장하는 아담이 피부호흡을 제외하고 단순하게 폐호흡만 통해 공기를 공급한다고 가정하자.

아담의 몸속으로 공급되어야 할 공기의 공급 속도는 거리의 제곱에 비례하여 줄어들므로 성장된 50배의 제곱인 1/2500로 줄어든다. 그러나 거인과 일반 사람의 각 세포에서 요구되는 산소의 양은 비슷할 것이므로 2500배에 달하는 산소 공급의 속도 차이를 어떻게 해서든지 상쇄할 수 있어야 한다. 결국 몸이 커진 아담은 주변 상황을 고려하여 조심스럽게 숨을 쉬어야 한다. 실제로 거대증 현상을 보이는 거구들에게는 호흡계통에 문제가 많은 걸로 알려져 있는데 그래봤자 그들의 키는 고작 2미터 정도밖에 되지 않는다.

감독의 상상대로 체구가 예상대로 커졌다고 해서 문제점이 없는 것은 아니다. 엘로리 엘카엠 감독의 「프릭스 Eight Legged Freaks」에서는 산업폐기물로 강이 오염되어 강가에 서식하는 귀뚜라미를 먹은 거미들이 대형 독거미로 자라는데 인간보다 훨씬 크다.

일반 개미를 1센티미터로 가정하고 방사능에 의해 커진 거대한 개미의 크기를 인간보다 약간 큰 2미터라고 하자. 근육과 뼈의 세기는 단면적에 비례하므로 그 세기는 생물체 길이의 제곱에 비례한다. 그러나 생물체의 무게는 길이의 세제곱에 비례한다.

그러므로 갑자기 커진 개미는 원래의 개미에 비해 더 굵은 다리를 가져야 한다. 자신의 몸무게를 지탱하기 위해 비정상적으로 보이는 굵은 다리가 필요한 코끼리의 경우와 마찬가지이다. 개미의 세기가 **뼈**를 가진 일반 동물과 같은 비율로 증가한다고 가정하면 개미의 세기는 원래보다 4만 배에 이른다. 그러나 거대한 개미의 무게는 원래 1센티미터 길이의 개미보다 800만 배 더 무겁다. 이것을 '스케일 이펙트 scale effect'라고 한다.

「아이가 커졌어요」에서 아담의 키가 원래보다 무려 50배로 커졌을 때 체중은 50배가 아니라 50×50×50배, 즉 12만 5000배가 된다. 어린 아담의 최초 무게를 20킬로그램이라고 보면 아담의 적정 체중은 2500톤이다. 아담의 몸을 지탱하기 위해 다리나 몸통의 단면적은 12만 5000배, 직경은 그 제곱근인 353배가 되지 않으면 안 된다는 뜻이다.

신장은 50배로 늘어났지만 몸의 폭은 두께만 353배. 영화에서는 아담의 몸이 배율에 맞추어 커졌지만 그의 몸무게는 황소에 비해 무려 6250배나 되며 5톤 코끼리에 비해도 500배이다. 이쯤 되면 영화에서 보는 것처럼 어마어마하게 커진 개미, 거미, 바퀴벌레 등이 실제로는 불가능하다는 것을 이해했을 것이다. 다행히 감독이 과학적 잣대를 들이대어 아담을 괴물로 만들지 않았기 때문에 영화가 흥행에 성공했음을 고마워해야 할 것이다.

슈퍼맨은 슈퍼맨

SF물에서 최고의 능력을 가진 주인공은 바로 슈퍼맨이다. SF 영화에서 초능력을 가진 주인공들이 수없이 많이 등장하지만 슈퍼맨과 같은 능력을 가진 주인공은 없다.

'배트맨'은 보통 인간이지만 과학적인 장비를 사용하여 다른 사람들을 제압하고, '600만 불의 사나이'나 '바이오닉 우먼^{제이미 소머즈}'는 신체의 일부분을 교환하여 초능력을 발휘한다.

'스파이더맨'은 방사능을 띤 거미에 물려 거미의 능력을 지니며, '헐크'는 감마선을 심하게 쬐는 바람에 화가 나면 푸른색 괴물로 변형되어 초능력을 발휘한다. 새로 리메이크된 「헐크」의 능력은 상당히 업그레이드되어 핵폭탄을 맞아도 끄떡없다. 물론 헐크일지라도 슈퍼맨에 비하면 어린아이 정도의 능력에 지나지 않는다.

영화 「슈퍼맨」과 「배트맨」

슈퍼맨이 이와 같은 능력을 발휘할 수 있는 것은 지구보다 정신적 육체적 능력이 뛰어난 행성 크립톤에서 태어난 외계인이기 때문이다. 그가 지구인과 달리 괴력을 발휘할 수 있는 요인은 분자 구조가 지구인들과 다르다는 뜻이다.

1938년 만화잡지 「액션 코믹스」에서 만화로 슈퍼맨이 나올 때 그의 능력은 자동차를 들어 올리거나 자신보다 몇 십 배 정도의 무거운 물체를 머리 위에서 빙빙 돌릴 정도였다. 20층 건물도 뛰어 넘고, 급행열차보다 더 빨리 달릴 수 있는데 기차의 속도를 시속 200킬로미터 정도라면 마라톤 선수의 10배 정도이다. 그 어떤 것도 그의 피부를 뚫을 수 없으므로 상처가 나지도 않고 피를 흘리지도 않는다.

물론 모순점은 한두 가지가 아니다.

자신보다 무거운 물체를 빙빙 돌리면서 땅 위에서 어떻게 완벽하게 균형을 잡을 수 있을까. 슈퍼맨이 빌딩을 공중에 들어 올려 재빨리 달리면 콘크리트 기둥은 그렇다고 하더라도 벽면 즉 벽돌 정도는 순식간에 산산이 흩어질텐데 그렇지 않다. 이런 정도는 눈감아 줄 수 있다. 그의 초능력은 점점 증대되어 지구를 돌아 과거로 돌아가서 애인을 구할 수도 있으며 보호복을 입지 않고 우주를 활보하기도 한다. 반사 능력도 빨라 몇 미터 앞에서 권총을 쏘았는데 총알을 잡는 등 초능력을 발휘할 수 있다. 그런데 만화 작가인 시걸과 슈스터는 슈퍼맨이 초능력을 갖게 된 비결을 다음과 같이 설명했다.

슈퍼맨은 크립톤 행성에서 지구로 왔으며 그곳 주민들은 수백만 년에 걸쳐 신체적으로 완벽한 상태로 진화했다. 우리 행성의 크기가 조금 더 작아 중력이 더 작은 것도 슈퍼맨이 엄청난 근육으로 기적 같은 힘을 발휘하는데 도움을 준다.

슈퍼맨의 비밀은 300만 광년 떨어진 크립톤에서 태어난 크립톤인이기 때문인 데다가 지구의 중력이 크립톤의 중력보다 약하므로 자연스럽게 슈퍼맨이 지구인보다 큰 힘을 발휘한다는 것이다. 중력이 지구보다 강한 행성이 있다는 것은 지구보다 약한 중력이 있는 달의 경우를 보아도 알 수 있다. 달은 지구보다 중력이 6분의 1에 지나지 않으므로 지구에서 100미터를 18초에 뛰었다면 달에서는 3초에 뛸 수 있다.

슈퍼맨과 같은 힘을 발휘하려면 크립톤의 중력은 지구보다 훨씬 강해야 한다. 슈퍼맨의 몸무게를 100킬로그램으로 보고 로이시 그로시의 지적처럼 1000배 정도 지구인보다 힘이 세다고 가정하면 슈퍼맨은 10만 킬로그램을 들 수 있다는 뜻이 된다(크립톤 행성의 중력은 지구보다 1000배). 100톤 정도의 무게를 들 수 있다는 것인데 이 정도는 5톤 트럭 20대, 연료나 탑승객이 없는 상태에서 대형 항공기에 해당하는 무게이다.

지구의 중력은 $9.8m/s^2$이므로 크립톤 행성의 경우 $9800m/s^2$이 된다. 애리조나 대학의 브라더 가이 콘솔매그노 교수는 중력이 지구의 50배 정도인 행성도 불가능하다고 설명한다. 이를 간단히 생각하면 표면 중력이 $9800m/s^2$인 행성일 경우 질량이 태양의 거의 3000 배인 6×10^{30}킬로그램이 된다. 물리학 기본 법칙들에 따르면 크립톤 행성은 존재할 수 없다.

만화작가들이 이런 지적에 민감하지 않을 수 없다. 그러므로 작가들은 슈퍼맨의 능력을 설명하는 부분을 수정했다. 슈퍼맨의 능력은 크립톤 행성의 강한 중력에 힘을 받았을 뿐만 아니라 노란 태양 아래 성장했기 때문이라고 한다. 태양계의 태양처럼 붉은 태양이 아니라 노란 태양이라는데 빛의 영향을 받았다는 것은 그야말로 무식의 극치이다.

붉은 태양에서도 노란색의 빛이 나온다. 붉은 태양에서 나오는 빛은 노란 태양에서 나오는 빛에 비해 단지 짧은 파장의 빛이 더 적을 뿐이다. 적외선은 더 많지만 그밖에 별다른 점은 없다. 한마디로 붉은 별이나 노란별이나 슈퍼맨의 능력에 미치는 영향이 달라질 수 없다는 설명이지만 이 역시 작가의 마음 즉 상상력의 영역이라는 데는 할 말이 없다.

슈퍼맨이 로봇이 아님에도 불구하고 여기서 설명하는 것은 인간의 상상력에 한계가 없다는 것과 함께 로봇의 미래를 가늠할 수 있기 때문이다.

사실 지구를 위해서 슈퍼맨은 반드시 존재해야 한다. 300만 광년이나 떨어진 크립톤 행성에서 단 5000년 만에 지구까지 여행하는 것이 현재의 이론으로는 불가능하지만 그래도 올 수 있다고 가정하자. 현재 지구의 우주선 실력으로는 1000억 년 정도 걸리는 거리지만 영화에서는 단 5천 년 정도 걸려 도착하는데 크립톤인의 기술로는 간단히 해결할 수 있었다고 생각하면 무리한 것은 아니다.

그렇지만 슈퍼맨은 지구에서 살아야 하므로 지구인의 과학기술 수준과 환경에 맞추어 살아가고 있다는 것은 부정할 수 없는 사실이다. 그럼 슈퍼맨이 어떻게 자신의 캐릭터에 맞는 행동을 할 수 있을까.

슈퍼맨은 자신이 필요하다고 생각할 때 몇 번 몸을 돌려 순식간에 슈퍼맨의 로고가 찍힌 옷을 입는다. 땅을 뚫고 들어가는데도 옷이 전혀 찢어지지도 않는다.[2] 이와 같은 초능력을 가진 슈퍼맨의 옷은 어떻게 만들어질까?

원리적인 면으로만 따진다면 슈퍼맨이 옷을 만들 수 있는 '원소이용장치'를 갖고 있으면 불가능하지는 않다. 영화에서는 그런 기자재가 보이지 않지만 슈퍼맨의 몸 어딘가에 장착되어 있다고 생각하거나 그런 능력을 보유하고 있다고 하면 실제로 만드는 것은 그리 어려운 일이 아니다. 슈퍼맨이 20세기 최대의 발명품이라 불리는 플라스틱류의 폴리에스터라는 화학섬유로 옷을 만들었다면 '질량보존의 법칙', '에너지보존 법칙'에도 저촉되지 않는다. 폴리에스터라는 화학섬유는 탄소, 산소, 수소만을 원료로 해서 만들어지는데 이 원소들은 공기 중에서 얼마든지 뽑아 쓸 수 있기 때문이다. 그러므로 슈퍼맨이 회전하면서 옷을 만들려면 이들 원소를 공급할 공기의 양이 충분하기만 하면 된다.

슈퍼맨이 입는 망토를 비롯한 최첨단 옷이 1킬로그램 정도의 무게라고 생각해보자. 산소와 수소는 공기 중에 무한대로 있으므로 간단하게 해결할 수 있다. 문제는 탄소이다. 1킬로그램의 옷을 만들려면 탄소가 700g 정도 필요한데 탄소를 포함한 이산화탄소는 공기 중에 0.03%밖에 들어 있지 않다. 그러므로 슈퍼맨이 순식간에 자신이 입는 옷을 만들려면 무려 4,400㎥의 공기를 확보해야 한다. 이 양은 길이 50m, 폭 25m의 국제경기 수영장의 규모에다 3.5m 높이의 체적에 꽉 찰 정도의 양이다. 슈퍼맨이 0.5세제곱미터도 되지 않는 회전문 안에서 이 정도 양의 공기를 확보한 후 자신이 입을 옷으로 만들기 위해 1초도 안 되는 시간에 무려 8,800세제곱미터의 공기를 빨아들여야 한다. 올림픽 수영장 수조의 3배보다 더 큰 체적임을 상상해보기 바란다.

  2003년 9월 12일, 태풍 '매미'가 제주도 북제주군 한경면 고산 수월봉을 지날 때 초속 60m였고 2000년 8월 31일 태풍 '프라피룬'이 흑산도를 지났을 때 최대 풍속이 초속 58.3m였으며, 2002년 8월 31일 태풍 '루사'가 제주 고산지역을 통과할 때는 풍속이 초속 56.7m였다.

  기상청에 의하면 초속 17~20m의 바람에 작은 나뭇가지가 꺾이고 초속 21~24m면 굴뚝이 넘어지고 기와가 벗겨지며, 그 속도가 25~28m에 이르면 나무가 뿌리째 뽑힐 수 있으며 60m 바람을 철탑을 휘어버리는 그야말로 초특급 강풍이다. 초속 60m의 태풍 '매미'에 의해 건물은 물론 나무, 전신주, 기차가 탈선되고 침수·정전 **150만 가구에 이르렀음**은 물론 교각 **부산 구포대교**이 무너지는 것을 감안하면 이보다 약 30배 이상 빠른 속도로 슈퍼맨이 옷을 만들어 입으면 그때마다 회전문과 건물이 왕창 파괴되는 것은 물론, 주위에 있던 사람들도 모두 사망했을 것이다.

  정의의 사자인 슈퍼맨이 옷을 만들어 입는 것 때문에 사람들이 사망하거나 건물이 파괴되면 말이 안 된다. 그러면 슈퍼맨에게 미국 대통령 **영화를 보면 슈퍼맨은 미국 국적이다**은 간곡하게 요청했을 것이다. 옷을 입으려면 사람들에게 피해가지 않는 남극이나 북극 또는 사막에서 옷을 입으라고. 긴급 사항인데 남극이나 북극을 갔다 오라는 것이 말이 되느냐고 항변하겠지만 슈퍼맨에게는 불가능하지 않다. 슈퍼맨의 나는 속도가 광속보다 빠르다고 볼 수 있으므로 과거로 거슬러 올라가는 것을 감안한다면 직경 12,700km 정도인 지구 안에서라면 옷을 갈아입고 1초도 안 되어 목적지에 도착할 수 있다.

슈퍼맨은 위험에 처한 사람을 구하고 악인을 무찌르는 것이 목적인데 인간을 위한다는 명목으로 인간에게 피해를 준다면 존재의 의미가 없다. 이 점을 슈퍼맨이 잘 알기 때문에 황당무계한 변신 등 골머리 아픈 작업은 하지 않고 옷 만드는 것은 제외 지구인을 위해 일하는 모양이다. 여하튼 슈퍼맨이 있기 때문에 지구는 안전하며 계속 지구인들의 머리 속에 남아 있다. 물론 원작 만화에서 슈퍼맨은 사망했지만 말이다.

사족 한마디. 슈퍼맨이 악당을 쳐부술 때마다 관객들은 신이 나서 박수를 치지만 모든 면에서 슈퍼 능력을 가진 주인공의 등장은 그야말로 불공평하다고 볼 수 있다. 그래서 감독은 모든 분야에서 슈퍼맨이 뛰어나게 하지는 않았다. 「슈퍼맨 2」에서 동료 기자인 루이스 레인과 결혼하자 슈퍼맨은 보통 인간으로 되돌아가고 그의 능력은 사라진다. 사랑이 슈퍼맨의 모든 능력을 빼앗아간다니 얼마나 놀라운 설정인가! 물론 지구의 위기를 구하기 위해 슈퍼맨은 어렵사리 얻은 사랑을 포기하고 다시 슈퍼맨으로 돌아가지만, 보통 인간으로 사는 슈퍼맨의 모습은 정말 신선했다.

애석하게도 2004년, 슈퍼맨으로 열연했던 크리스토퍼 리브가 사망했다. 앞으로 지구는 누가 구하느냐고 농담어린 질문을 하는 사람이 많은 것도 슈퍼맨의 능력이 남다르기 때문이다. 독자 중에서 로봇의 궁극적인 미래가 슈퍼맨과 같은 영웅이라고 생각했다면 천재임이 틀림없다.

슈퍼맨이 크립톤에서 온 외계인이지만 지구의 중력이 낮다는 것도 상당한 문제를 제기한다. 지구의 중력에 비해 달의 중력이 6배 낮으므로 몸무게를 1/6로 느낄 수 있고, 야구공을 던지거나 골프를 치면 이에 비례하여 지구보다 훨씬 더 멀리 날아가는 것은 사실이다. 골프의 비거리가 남다르게 늘어났다고 좋아하는 골프매니아가 있겠지만 지구에서 달에서처럼 살 수는 없다. 중력이 다르면 행동이 부자연스러울 수밖에 없는데 크립톤에 비해 몇 백배나 중력이 작은 지구에서 슈퍼맨이 적응하는 것이 쉽지 않다. 그렇지만 여기에도 간단한 해답이 있다. 슈퍼맨은 슈퍼맨이라는 것이다. 광속보다 빨리 날 수 있는 실력을 가진 슈퍼맨인데 그 정도야 약과 아닌가?

# 한계가 없는 상상력

거대한 로봇을 만드는 일이 만만하지 않다는 것을 잘 아는 감독들은 매우 절묘한 방법을 제시했다. 이른바 변신 또는 합체 로봇이다. '마징가Z'나 '태권V'가 탄생하는 요인이다. 이들 애니메이션이 비교적 합리성이 있는 것은 로봇을 공장에서 만들고 조종만 '정의의 전사'들이 한다는 것이다. 그러므로 순식간에 거대해진다고 제기할 문

제점 등은 전혀 없다.

　　세계적으로 로봇 붐을 일으킨 대표적인 작품으로 「아톰」과 「철인 28호」, 「마징가Z」를 꼽는다. 요코야마 미즈테루의 원작 만화로 만들어진 「철인 28호」는 25미터나 되는 로봇인데 평소에 저장 창고 속에 있다가 위기가 닥치면 정의의 전사인 가네다 쇼타로라는 소년이 출동하여 로봇을 조종하는 이른바 슈퍼로봇 만화영화의 시대를 열었다.

　　이와 같은 로봇 만화영화들은 내용에 따라 모니터로 조정하거나 로봇과 두뇌로 직접 연결하기도 하지만 대부분 인간이 자동차를 운전하는 것처럼 조종하므로 시나리오 상 문제점은 없다.

　　일본의 로봇 만화를 대표하는 것 중에 하나가 1970년대 초에 등장한 「마징가 Z」로 이후 「그레이트 마징가」, 「UFO 로봇 그렌다이저」 등이 연이어 등장했다.

　　만화가 나가이 고가 창조한 마징가Z는 키 18미터, 가슴둘레 13.6미터, 다리 길이 7미터, 무게 20톤의 슈퍼로봇이다. 이 영화는 사람이 로봇에 탑승하여 자신의 수족처럼 조종하는 개념을 처음으로 도입했기 때문에 마징가Z는 슈퍼로봇의 대명사가 되었다.[3]

　　마징가Z는 초합금Z로 만들어졌는데 광자력 에너지를 동력원으로 한다. 개발자인 가부토 주조 박사의 손자인 고지가 호버 파일더에 탑승해 로봇의 머리 부분과 합체함으로써 마징가를 조종한다. 마징가는 로켓 펀치, 브레스트 파이어, 광자력 빔, 냉동광선, 루스트 허리케인 등 당시의 초현대 무기는 거의 모두 갖고 있다. 「마징가Z」가 방영되자 초합금으로 만들어진 로봇 장난감은 세계에서 가장 어린이들의 인기를 독차지 했다.

한편 한국의 대표적인 아이콘으로 불리는 김청기 감독의 「로보트 태권V」는 일본의 「마징가Z」를 모방한 국산 만화영화지만, 국산 SF 애니메이션의 효시로 불릴 정도로 큰 성공과 인기를 거두었다. 1976년 국내에서 개봉되었을 때 만화영화임에도 극영화를 제치고 서울 18만 명의 관객을 동원하여 흥행 2위를 기록했던 「로보트 태권V」는 공동 발명자 김 박사의 아들인 훈이 등이 탑승하여 조종하는 내용이다.

필자가 로봇에 대한 강연을 하면서 가장 많이 받는 질문은 한국이 대표하는 '태권V'와 일본의 간판스타인 '마징가Z'가 싸운다면 누가 이기느냐는 것이다. 질문을 받을 때마다 먼저 누가 이길 것으로 생각하느냐고 반문하면 거의 모두 '태권V'가 승리한다고 대답한다.

그러나 넌센스 코미디 같지만 이 질문은 아직 결론이 준비되어 있지 않다. 우선 단 한 번도 서로 싸워본 적도 없고 그럴 이유도 없기 때문이다. 정의를 위해 싸우는 로봇이므로 악당을 퇴치하기 위해 전력을 비축해 두어야하고 「태권V」와 「마징가 Z」간의 공조가 더욱 더 필요하므로 서로 싸울 시간도 없다.[4]

그런데 이들 정의의 전사들이 거의 모두 초등학교나 간신히 중·고등학교를 다닐 나이이다. 한국의 경우 주민등록증

로봇 「태권V」

도 발급되지 않는 미성년자인데도 악당들을 퇴치하며 지구를 구하고 심지어는 우주를 구한다. 많은 작품들이 주요 목표로 삼고 있는 관객의 주 연령층이 주인공과 같은 초·중·고등학생이라고는 하지만 아직 운전면허증도 발급 받지 않은 상태에서 마징가Z나 태권V를 조종하는 것은 물론 대형 오토바이, F1 경기자동차도 거뜬하게 몰고 나타난다.

소형자동차를 몰기 위해서는 운전면허증^{한국의 경우}이 있어야하며 이보다 큰 차량을 운전하려면 대형운전면허증이 필요하다. 작가나 감독들에게 이런 한심한 질문을 하면 물론 피식 웃을 것이다. 우선 작가나 감독들이 이들의 나이에 따른 현실적인 법규에는 신경을 쓰지 않을 만한 충분한 이유가 있다. 한 마디로 주인공들은 '시간'이 없다. 주인공들에게 일일이 각국의 법규에 따라 자격증을 따야 한다면 초등학생에게 운전면허증을 발급해주는 나라는 없겠지만 언제 악당들을 쳐부수고 지구를 구할 수 있단 말인가?

그런데 정작 어린 주인공들이 지구나 우주를 구하려고 출동하며 위험에 처하는데 어른들은 그야말로 무능하기 짝이 없다. 말도 안 되는 일로 싸우면서 주인공들을 화나게 만든 후 위험이 닥치면 어린 주인공들에게 지구의 운명이 달려있다며 나가서 싸워달라고 한다. 그러면서도 주인공들이 위험에 처했을 때 자신들은 편하게 모니터나 보고 있으면서 '힘내라'는 정도가 고작이다. 결론이야 당연하게 어린 주인공들의 활약으로 지구는 위험에서 벗어나지만 현실에서 그와 같이 위험한 일에 어린 주인공들을 내보낸다면 어린이 학대죄에 저촉하지 않을지 모르겠다.

대형 로봇은 착지도 어려워

지구를 구하는 정의의 사자 즉 로봇은 아톰과 같이 초소형도 있으나 기본적으로 초대형이다. 「드래곤볼」의 주인공들은 다소 성격이 다른데 그들은 상상할 수 없는 능력을 갖고 있음에도 로봇이 아니라 생물체이다.

작가들이 지구를 구할 영웅으로 대형 로봇을 선호하는 것은 지구를 구할 정도라면 그 정도 크기의 체구를 갖추어야 한다고 여기기 때문이다. 여기서 지구를 구하는 로봇의 실무적인 문제점을 보자.

태권V나 마징가Z와 같은 대형 로봇을 움직이려면 동력 또한 만만치 않으리라는 것을 예상할 수 있다. 그러나 작품을 현대 과학으로 꼼꼼하게 분석해보면 사실상 철인 28호, 마징가Z, 태권V 등은 그렇게 큰 로봇은 아니다. 이들의 크기는 20~25미터에 지나지 않고 몸무게도 20~50여 톤에 지나지 않는다. 현재 하늘을 나는 대형 여객기에 비하면 이들이 그다지 크지 않아 로봇에 소요되는 동력 정도는 현재의 과학기술 아이디어로도 간단하게 해결할 수 있다.

그러나 「아이언맨 Iron Man」, 「나잇 & 데이 Knight & Day」에서 그려지는 강력한 에너지는 상상을 초래한다. SF물의 감독이 고민하여 에너지 문제를 해결했지만 과학적 잣대를 조금만 대보자.

아이언맨인 영화 속의 주인공 스타크는 심장에 있는 '아크원자로'라는 원천기술로 강력한 힘을 발휘하는 소형 '핵융합 장치'다. 핵융합은 수소원자 두 개가 융합하면서 생성되는 에너지를 이용하는데 한마디로 태양 에너지의 원천도 핵융합이다. 핵융합은 1억도 이상의 고온에서 가벼운 원자핵이 융합하는 원리이다. 사람의 몸에 이식할

만큼 작은 핵 융합로를 만들 수 있느냐고 질문하겠지만 언젠가 이런 핵융합로가 만들어진다면 인류에 크나큰 도움이 될 것이다. 「아이언맨」이 그런 희망을 품게 해 준다는데 큰 의의가 있지만 현실 세계에서 1억 도나 되는 초고온 즉 태양 내부와 같은 온도를 사람의 몸에 넣고 만들 수 있다고 할 사람이 있는지 모르겠다.[5]

더구나 원료는 지구에 무한정으로 있다. 바닷물 1리터에 존재하는 0.03그램의 중수소를 사용하면 서울과 부산을 세 번 왕복할 수 있는 에너지를 만들어낸다. 휘발유 300리터에 해당하는 양이다. 또한 핵융합은 핵분열로 작동되는 원자폭탄처럼 방사성도 만들지 않아 낙진도 만들지 않는다. 실제로 누군가 아이언맨을 만든다면 그는 곧바로 노벨상을 받을 수 있음을 장담한다.

스타크는 여타 허리우드 블록버스터처럼 비현실적으로만 그려졌던 영웅들과 달리 최첨단 과학기술이 접적된 하이테크수트를 입고 등장하므로 어딘가 인간적인 면이 듬뿍 들어있는 것도 장점이다. 또한 「아이언맨」에 나름대로 과학적인 아이디어가 접목되어 있는데 스타크가 높은 곳으로 올라가서 온도가 낮아지면 동력이 꺼져버리는 장면이 나오는 것으로도 알 수 있다.

「나잇 & 데이」는 사람의 손에 들어갈 정도의 소형 배터리 확보를 두고 벌어지는 알력을 그렸는데 소형 배터리의 성능이 장난이 아니다. 사이먼 팩이라는 과학자가 발명했는데 영화 설명에 따르면 이 배터리는 대형 군함을 가동시킬 수 있는 파워가 있는 것은 물론 소모되지도 않는 무한동력이라고 한다. SF물에서 에너지 문제는 소형화만 시킬 수 있다면 어느 정도 이해가 되지만 이것이 현실적으로 가능한지 아닌지는 감독들의 아이디어이므로 더 이상 설명하지 않는다.

　　SF물에서 흥미를 유발시키는 것은 강력한 무기가 무엇인가인데 가장 잘 알려진 것이 빔무기이다. 빔무기도 종류가 있어 일반적으로 대부분 「마징가Z」처럼 레이저빔을 쏘는데 「에반게리온」에서는 스나이퍼라이플_{양전자포}를 사용한다.

　　다르안노 히데야키가 그린 「에반게리온」은 여타 SF물과는 달리 애니메이션이 먼저 나오고 만화가 나온 것으로 유명한데 주제는 서기 2000년 남극에서 운석 충돌이 일어나 인류의 절반이 사라진 15년 후를 무대로 한다.

　　주인공 신지는 비정한 과학자로 알려진 아버지로부터 제3신도쿄의 특무기관인 네르프^{NERV}로 소환된다. 그의 임무는 제3사도^{Third Angel}인 사키엘과 대항하기 위해서 제작된 로봇병기 에반게리온_{에바}의 파일럿이 되는 것이다. 사도란 인류의 생존을 위협하는 엄청나게 크고 그로테스크한 외계의 괴물을 말한다. 신지가 지구를 방어하기 위해 에반게리온 중 가장 강한 에바 초호기를 타는데 초호기는 신지의 대뇌와 직접적으로 연결되어 작동된다. 이와 같이 중요한 임무를 수행하는 파일럿으로 신지와 같은 어린아이들이 활용되는 것은 어른들은 어린아이처럼 세상에 때가 묻지 않은 순수함이 없기 때문이란다. SF물의 결론이야 누구나 예상할 수 있는 일인데 초호기가 사용하는 양전자포는 그야말로 가공할만한 위력을 발휘한다.

　　그런데 이 양전자빔에 과학적인 잣대를 들이대면 만만치 않다는 것을 곧바로 이해할 것이다. 에반게리온이 공기의 벽을 뚫고 2킬로미터 전방의 적에게 도달하는 빔을 쏘려면 양전자의 최소량은 1킬로그램이다. 그런데 이 빔을 발사하면 1.8^{17}이라는 어마어마한 양전자가 공기 중의 전자와 부딪쳐 발생한다. 에반게리온이 양전자포 한 발을 쏘았는데도 불구하고 비키니군도에서 수폭 실험을 할 때의 60배에 해당하는 방사능을 토출시킨다. 이와 같은 가공할만한 무기를 초등학교를 갓 졸업했을 신지에게 맡긴다는 것이 이해가 될 지 모르겠지만 여하튼 신지가 지구를 구하는 것은 사실이다.[6]

아이언맨인 스타크가 하이테크수트를 입거나 로봇이 하늘을 날아다닐 때 생기는 문제도 일반인들이 상상하는 것과는 거리가 멀다. 어떤 물체가 공기를 통과하면서 날아갈 때 몸체는 공기와 부딪혀 파동을 일으킨다. 공기의 파동은 물체가 정지해 있을 때 동심원을 이루며 퍼져 나가는데 이때 물체음원(音源)가 이동하면 음파의 중심이 앞으로 이동하면서 이미 발생한 음파가 단시간에 겹치는 형태가 되며 그 에너지는 소리가 되어 주변으로 전달된다.

아이언맨이나 대형 변신로봇이 하늘을 날 때도 이런 현상은 어김없이 일어나며 슈퍼맨이 두 손을 앞으로 뻗으면서 날 때에도 손끝 부분에서 음파가 겹쳐지며 이때 마찰로 인한 공기의 벽이 발생한다. 간단하게 말해 공기라는 매체에 머리를 들이밀고 달리면 속도가 빠를수록 머리에 강한 바람을 받는다는 뜻이다. 슈퍼맨의 경우 공기의 벽은 슈퍼맨의 손끝 부분에서 생기지만 계속해서 달리면 공기의 진동에너지가 좁은 곳에서 무수히 겹쳐지므로 충격파가 생긴다. 철인28호, 마징가Z, 태권V, 아이언맨 등은 그다지 큰 체격이 아니므로 이들 문제도 해결할 수 있다고 간주하자.

그런데 영화나 만화에 나오는 대형 로봇은 상상을 초월한다. 이들의 규모는 보통 2만 톤 이상 5만 톤이 보통이다. 보다 간편한 설명을 위해 중간 규모의 35,000톤짜리 날아다니는 로봇을 예로 든다. 이 로봇이 최첨단 고속전투기와 비슷한 마하5의 속도로 날아간다면_{지구를 구할 정의의 사자인데 이 정도 속도는 되어야 하지 않겠는가} 이때 나오는 에너지는 6,700억 줄이 된다. 이 정도의 에너지라면 로봇이 도시 위를 날아다닐 때 1,700톤의 폭탄이 융단 폭격하는 것과 같은 피해가 발생한다. 공항 근처에서 비행기들이 이착륙할 때의 충격파로 인해 유리창이 깨지는 정도는 문제가 아니다. 지구를 구하려고 로봇이 출동할 때마다 도시가 초토화된다는 뜻이다.

로봇의 체중이 무려 35,000톤이나 되는 것도 문제이다. 충격파에 의한 피해를 감안하여 음속 이하로 속도를 줄여 착지한다고 하더라도 그가 사뿐하게 대지에 내려앉기는 불가능하다. 35,000톤의 로봇이 상공 1킬로미터에서 내려올 경우, 착지할 때 대지가 받는 에너지는 3,000억 줄. 폭탄 86톤이 일제히 폭발한 효과를 내어 깊이 35미터, 직경 350미터의 큰 구덩이가 생긴다.

그 정도는 그래도 봐줄 만하다. 더욱 놀라운 것은 10만 톤도 넘는 악당 로봇들은 지구에서 만든 정의의 로봇처럼 감속하면서 지표면에 착지하는 것이 아니라 하늘에서 온갖 품을 재면서 우주로부터 지구로 돌진하여 착륙하는데 이때 지표면에 충돌할 때 나오는 에너지는 직경 200미터의 소행성이 떨어질 때보다도 크다.

폴란드 천문학자 얀가돔스키의 계산에 의하면 직경 130미터의 소행성이 떨어진다면 20제곱킬로미터 내의 지역은 초토화되고 직경 260미터의 소혹성이 떨어지면 160제곱킬로미터 안의 지역은 초토화된다고 한다. 로봇들이 만약 서울과 같은 대형 도시 근처에서 싸운다면 서울은 단번에 쑥대밭이 될 것이다. 이때의 충격으로 날아오른 토사와 건물의 잔해에서 나오는 먼지가 하늘을 뒤덮어 태양을 가려버리는 것도 심각한 문제를 야기한다.

로봇이 착지할 때만 이러한 피해가 생기는 것이 아니다. 몇 만 톤이나 되는 로봇끼리 싸울 때 필살기로 엎어치기를 하거나 던지기도 하는데 이때도 핵폭탄이 터지는 것과 같은 피해가 생겨 '핵겨울'이 올지도 모른다. 과학자들이 지구를 지키기 위해 몇 만 톤이나 되는 거대한 로봇을 등장시키는 것이 반드시 바람직한 것만은 아님을 알 수 있다.

핵겨울이 온다

과학은 진보한다. 학자들은 이론적으로 공기역학과 유체역학 이론을 적용하여 항공기의 형태를 변경시키면 초음속 항공기에서 발생할 수 있는 소닉 붐 자체의 모양도 바꿀 수 있으며 따라서 충격파에 의해 생겨나는 귀를 찢는 듯한 소음과 진동의 수준을 현저히 줄 일 수 있다는 것을 발견했고 2003년 실험에서 성공했다.

소닉 붐sonic boom, boom이라는 단어의 뜻 중 하나가 대포 천둥이 치는 소리임이란 비행체가 음속이라는 장벽을 뚫을 때 발생하는 굉음인데 과학자들이 항공기의 외형 형상을 특수하게 가져갈 경우, 공기 중에 발생하는 압력파가 서로 만나는 것을 방지할 수 있음을 증명한 것이다. 다시 말해, 압력파 둘이 만나야 '뻥' 터지는 소리가 날 텐데, 둘이 만나지 못하도록 비행기 형상을 가져갔으므로, 음속을 통과하는 순간에도 지상에 전달되는 공기압의 파장은 미미하여 실제 소닉 붐이 발생할 때 들리는 굉음에 비하여 현저히 감소된 수준의 소리만이 전달되는 것이다.

그런데 소닉 붐의 규모를 현저하게 줄인다고 해도 고속 비행체가 만들어내는 충격파가 원천적으로 줄어들지는 않는다. 더구나 로봇을 소닉 붐을 줄일 수 있도록 입맛에 맞는 구조로 변경할 수 있는 것도 아니다. 결국 대형 로봇은 여러 가지 면에서 인간에게 피해를 주는 것임을 명심하지 않으면 안 된다는 뜻이다.

2001년 9월 11일 뉴욕에서 일어난 세계무역센터의 붕괴 장면을 연상하면 된다. 대형 로봇이 좌충우돌할 때마다 지표에서 수많은 먼지가 일면 며칠 혹은 몇 달 동안 햇빛을 볼 수 없고 결국 태양을 받지 못한 식물은 모두 고사한다. 이것이 무슨 뜻인지 풀어서 설명한다.

유명한 과학도서 「코스모스」의 저자이자 영화 「콘택트」의 원작자인 미국의 천문학자 칼 세이건 박사는 5000메가톤 이상의 핵폭탄이 지구에서 폭발할 때 핵겨울이 올 수 있다고 전망했다. 그는 1983년, 1980년 초에 알바레즈 박사에 의해 6500만 년 전 지구에 떨어진 거대한 혜성의 폭발로 인해 생긴 핵겨울로 공룡이 멸망했다는 가설이 등장하자 혜성이 아닌 경우에도 지구에서 핵겨울이 일어날 수 있는가를 계산했다.

칼 세이건은 당시 미국과 소련 양국이 보유하고 있는 1만 메가톤의 핵무기가 사용된 핵전쟁이 일어날 때 과연 핵겨울과 같은 극한 상황이 일어날 수 있는가를 분석했다._{일본 히로시마에 떨어진 원자폭탄은 12.5~15킬로톤으로 추정}

합. 파괴력이 큰 핵폭발로 고온이 된 불똥은 공기 중의 질소 일부를 화학적으로 연소하여 질소산화물을 만든다. 그 질소 산화물은 성층권의 중간 부분에 있는 오존을 화학적으로 공격하여 파괴한다. 성층권의 오존층이 부분적으로 파괴되면 지표에 내리쬐는 태양의 자외선이 증가한다. 지상 생물의 기본적 분자인 핵산이나 단백질은 자외선에 대해서 특히 민감하다. 따라서 태양에서 지구 표면에 내리쬐는 자외선의 양이 늘어난다는 것은 생명이 위험에 처한다는 것을 의미한다.

칼 세이건은 미국과 소련 양국이 보유하고 있는 핵탄두의 절반인 5000메가톤이 폭발하였을 경우 4개월 후 지구의 기온은 최저 영하 25도에 달하는 빙하기가 도래한다고 예측했다. 성층권에 주입된 대량의 낙진이 서서히 떨어지기 때문에 육지의 기온이 0도로 되돌아가는 데 1년 이상이 걸리고 통상 기온이 되는 데는 더욱더 긴 시간이 걸린다고 발표했다.

또 5000메가톤 이상이 폭발하였을 때에는 폭풍, 화재, 방사선으로 10억 명 이상이 즉사하거나 부상한다고 예측하였다. 그리고 미국과 소련 양국 간의 핵전쟁이지만 그들이 위치한 북반구를 포함하여 대부분 지구의 생태계가 파괴된다고 발표했다. 예를 들면 대규모 핵전쟁 이후 북반구에서는 적어도 1년이나 그 이상 동안 농업 생산이 불가능하며, 비축되어 있던 식량의 대부분도 파괴되며 거의 대부분 지역에서 마실 물을 얻기 어려워진다고 한다. 내륙부에서는 담수계가 대략 1미터에서 2미터의 두께까지 얼어버리기 때문이다. 결론적으로 적어도 북반구에서는 생명 유지 시스템과 문명의 존속이 불가능한 상태가 된다는 것이다.

그 후에 핵폭발의 영향이 남반구까지 퍼지면 연안 지방이나 섬 등 일부 지역의 몇 그룹 사람들은 살 수는 있겠지만 인간의 수가 서서히 감소되어 최후에는 절멸될 수 있다는 것이 '핵겨울'의 시나리오이다. 이것은 영화 「투모로우」처럼 기후온난화로 해류의 흐름이 바뀌어 북반구에 빙하가 엄습하여 지구에 재난이 온다는 것보다 더욱 큰 재난을 초래한다.

물론 칼 세이건은 이와 같은 파국이 정작 지구에서 일어나리라고는 예측하지 않았다. 그는 핵겨울이 일어나려면 5000메가톤의 핵폭탄이 지구에 떨어져야 하는데 5000메가톤이라면 일본의 히로시마에 떨어진 약 12킬로톤의 원자폭탄이 무려 41만 6667개나 폭발해야 하기 때문이다.

여하튼 세이건 박사는 드레이크 박사와 함께 우주에서 외계인을 찾아내려는 '오즈마 계획'의 책임자로 외계의 지적문명이 보낸 전파를 받으려는 SETI^{Search For Extra-Terrestrial Intelligence} 혹은 CETI^{Communication with Extra-Terrestrial Intelligence} 라고 불리는 지구 밖 지적생명 탐사 연구를 주도한 것으로도 유명하다. 그가 사망하자 지구인들의 지식을 우주로 넓히는데 큰 기여를 했다고 인정되어 그의 유해를 우주로 발사하여 그를 추모하기도 했다.

지구를 구하려고 출동한 정의의 로봇과 악당 로봇들이 싸우는 것만으로도 핵겨울이 올지 모른다니 로봇을 만든 과학자들에게 어떤 제재가 가해질 지 의아하다. 사표로 끝난다면 약과이고 일부 선진 국가에서는 과학자 모두 체포되어 재판을 받았을 것이 틀림없다. 모르긴 해도 사형제도가 있는 국가에서는 분명히 사형을 언도 받았을 것이다.

 **로봇의 3대 원칙**

작가의 아이디어를 보면 미래의 로봇은 그야말로 상상할 수 없을 정도로 발전할 수 있다. SF물에서는 악당 로봇에 대항하여 싸운 정의의 용사인 지구방위 로봇이 항상 승리한다. 「로봇 태권 V」, 「마징가 Z」, 「울트라 맨」 등이 있어 지구의 안전에는 문제가 없다. 정말로 그럴까? 악당 로봇이 승리하지 말라는 보장이 어디 있는가.

현재까지 세계 각지에서 개발되거나 실용화되고 있는 로봇을 보면 장차 인간에게 해가 될 것이라는 생각은 기우에 지나지 않는다. 인간의 도덕성과 실용화에 대한 열망이 인간에게 해가 되는 방향으로 진전되지 않은 상태라 해도 과언이 아니기 때문이다.

간단한 예로 악당로봇을 만드는 것도 대부분 인간 과학자이다. 그들이 로봇 태권V에 버금할 정도의 로봇을 만들었지만 결론은 로봇 태권V에 의해 패배한다. 그런데 그 정도의 악당 로봇을 만들 수 있는 과학자가 보다 성능 좋은 로봇을 만들지 못한다는 보장이 있는가. 과학의 속성상 처음에는 패배하더라도 이를 거울삼아 보다 성능이 좋은 대체물을 만들기 마련이다. 바로 이러한 잠재력이 미래의 인간에게 두려움을 주는데 이는 과학기술이 발전하면 할수록 로봇이 인간을 대체할 분야가 많은 것으로도 알 수 있다.

이를 반영하듯 SF물에서는 인간과 로봇이 서로 경쟁하고 일정한 경쟁 조건하에서는 인간이 로봇에 의해 박해 당하거나 제거되는 것이 다반사다. 이는 로봇이 점점 활성화된다면 결국 로봇이 인간에게 치명적인 손해를 줄 정도로 인간 영역의 많은 부분을 대체할 수 있다는 뜻으로도 설명된다.

SF에서 나오는 다소 황당한 로봇 아이디어는 제외하고 대체 로봇이 어떤 분야까지 인간의 영역을 침투하여 인간을 괴롭힐 수 있는지 궁금하지 않을 수 없다. 즉 현실적으로 어느 단계까지의 로봇이 가능할까. 미국의 〈포퓰러 사이언스〉는 인간이 두려워하는 5가지 영역을 다음과 같이 꼽았다.

① 당신의 손자가 로봇일 수 있다.
인간과 로봇이 공동으로 발전하는 시대를 맞이한다. 소위 로봇이 인간처럼 손에 핸드폰을 들고 이어폰으로 음악을 감상할 수도 있다. 인간의 거의 모든 부분에 인공 장기가 부착되듯이 로봇의 거의 모든 부분이 인체와 같은 기관을 갖고 있다. 이렇게 되면 인간과 로봇은 기능적으로 별반 차이가 없어진다.

② 로봇의 반란
SF 작품처럼 로봇이 자신을 창조한 인간에게 반기를 들며 전쟁을 일으킬 수 있으며 심지어 인간을 무차별 살해하기도 한다. 이 부분은 뒤에서 다시 설명한다.

③ 로봇이 인간의 일을 빼앗는다.
인간의 모든 영역을 로봇이 대신할 수 있다. 이는 로봇의 장점

즉 인간이 접근할 수 없는 영역까지 모두 장악한다는 것을 의미한다. 현재 로봇 제작 기술이 낮아 문제가 되지 않지만 로봇 기술이 획기적으로 발달하면 언젠가 로봇이 인간을 초월하는 그 날이 온다.

④ 인간이 로봇과 사랑을 나눈다.

로봇과 인간이 사랑을 나눌 수 있다. 「바이센테니얼맨」에 나오는 바로 그런 환경이다. 사실 로봇이 발달하여 사람을 닮은 로봇을 만들지 못한다는 보증이 없는 것이 그 증거이다. 아름답고 성적 매력을 지닌 인간형 로봇이 아름답지도 않고 매사에 무뚝뚝한 여자보다 더 매력적이라고 여기는 사람이 생길 수 있다. 사람들이 로봇 애인에 푹 빠진다면 자신에 대한 자제력을 잃게 되고 비정상적인 감정의 소용돌이에 빠지게 될지 모른다. 이는 사람과 사람 사이의 정상적인 관계를 파괴시킬 수 있다.

⑤ 로봇이 인간성을 빼앗아간다.

인간은 감정의 동물이므로 미래의 로봇이 인간에게 적응되면 될수록 더욱 인간들은 로봇을 떠나 생활할 수 없어진다. 그런데 이 호감도가 어느 정도를 넘으면 강한 거부감으로 바뀌기 십상이다. 이는 로봇에 대한 혐오감, 두려움 또는 공포감으로 전환될 수 있다.[7]

위의 내용을 보면 로봇이 할 수 없는 부분 즉 인간보다 성능이 떨어질 이유가 전혀 없다. 이럴 때 인간사회에는 항상 남보다 한 발 앞선 사람이 나타난다. 로봇이 무차별로 개발된다면 위와 같은 문제점이 생길 수 있다고 간파한 '로봇의 대부'라고 불리는 아이작 아시모프 Issac Asimov는 20살 때인 1940년 12월 23일 SF잡지 「어스타운딩 Astounding」 편집장 존 캠벨과 함께 '로봇의 3대 원칙'을 만들었다. 당시에 아시모프는 로봇을 소재로 한 세 번째 단편 「라이어」를 구상 중이었는데 그들은 로봇 내부에 안전장치가 필요하다고 생각했기 때문이다.

아시모프는 다음과 같이 로봇의 특성을 규정한 후 과학자들은 이들 규칙을 준수하면서 로봇을 만들어야 한다고 강조했다.

제1조 로봇은 인간을 다치게 하거나, 태만하여 인간에게 상처를 입혀서는 안 된다.
제2조 로봇은 인간의 명령에 따라야만 한다. 단 인간의 명령이 제1조에 해당될 경우는 제외한다.
제3조 로봇은 스스로를 지켜야만 한다. 단 제1조와 제2조에 해당할 경우는 제외한다.

이 법칙이 나오게 된 이유도 명쾌하다. 로봇이 탄생한 지 20년도 채 안 되는 1940년대이지만 당시에 과학이 발전하는 속도를 볼 때 언젠가 기계 로봇이 인간을 능가할 정도로 진보할 것이라고 생각했기 때문이다. 로봇이 너무 똑똑해지면 어떤 일이 일어날까 하는 의문이다. 인간의 경우 똘똘하고 명석한 사람이 궁극적으로 더욱 위험한 사람으로 변할 수 있다고 인식하는데 로봇도 인간처럼 똑똑해진다면 인간에게 위험해질지도 모른다는 것이다. 즉 주인인 인간에게 로봇이 정말로 반기를 들 수 있느냐이다.

로봇 때문에 인간들에게는 다소 유쾌하지 않은 상황이 될 지도 모른다고 생각한 아시모프는 명쾌한 방법을 제시했다. 간단하게 설명한다면 로봇의 두뇌가 인간의 두뇌를 추월하지 못하도록 과학자들이 사전에 로봇의 기능을 제한해야 한다는 것이다. 이것이 바로 '로봇의 3대 원칙'으로 아시모프는 이 원칙을 소설 「아이 로봇 I, Robot」을 통해 발표했다.

    로봇의 3대 원칙은 로봇을 통제하기 위한 완전한 구조를 갖추고 있다. 문제는 각각의 원칙은 해석하기에 따라 다르게 받아들여지거나 서로 충돌할 수 있다는 점이다. 또 우위에 있는 원칙을 어겨서는 안 된다는 전제 때문에 복잡한 논리적 추론과정이 필요할 수도 있다. 아시모프는 이런 로봇의 3대 원칙을 이용해 연작소설 「로봇」 시리즈에 흥미로운 지적 유희를 끌어들이곤 했다.

    시리즈 세 번째 장편인 「여명의 로봇 The Robots of Dawn」은 언뜻 쉬워 보이는 유희가 로봇 공학의 핵심을 이해하지 못한다면 불가능한 장난이라고 말하는 소설이다. 행성 오로라 최고의 로봇 공학자 페스톨프 박사는 인간형 로봇이 스스로 두뇌 작동을 멈추는 사건이 발생하자 그 범인으로 지목된다. 로봇은 자신이 받은 명령과 로봇의 3대 원칙이 서로 충돌해서 올바른 해답을 찾을 수 없는 경우에만 일종의 '자살'을 택하는데, 고급 로봇을 그런 지경으로까지 이끌 수 있는 사람은 흔치 않기 때문이다. 「여명의 로봇」은 과연 누가, 어떤 복잡한 명령을, 어떤 교묘한 방식으로 내렸는지 파헤치는 추리소설이다.

    영화 「아이, 로봇 I, Robot」에서 결정적인 열쇠가 되는 것도 로봇의 3대 원칙이다.

형사 델 스프너가 교통사고로 12살의 어린아이 '사라'와 함께 물속에 빠진다. 이들이 거의 죽음의 단계에 들어갔는데 로봇이 다가와 창문을 부순다. 델 스프너가 자신보다 어린아이인 사라를 먼저 구출하라고 말했지만 로봇은 그를 먼저 구출한다.

로봇이 델 스프너를 먼저 구출한 이유는 간단하다. 스프너의 생존율은 45퍼센트이지만 사라의 생존율은 11퍼센트에 지나지 않기 때문이다. 그를 구한 로봇은 생존가능성이 높은 사람을 먼저 구한다는 로봇의 원칙에 충실했지만 결국 델 스프너의 명령을 어긴 것이다.

이런 모순이 생기는 것은 인간이란 동물은 로봇이 이해할 수 없는 상황, 즉 상식으로만 움직이지 않기 때문이다. 이와 역의 상황도 당연히 일어날 수 있다. 앞에서 설명했지만 「아이, 로봇」의 주인공 중에 한 축인 NS-5s는 로봇의 3대 원칙을 지키도록 설계되었다.

문제는 '로봇의 3대 원칙'이 분명히 지켜지고 있으면서도 다른 인간들을 습격하기 시작한다는 점이다. 어떤 이유 때문일까? 영화에서의 설명은 매끄럽다. 제조과정에서 일어난 우연으로 사람 마음을 읽을 수 있게 된 로봇이 로봇의 3대 법칙 제1조를 잘못 해석해서 사람 마음이 상하지 않도록 거짓말을 일삼은 것이다. 「아이, 로봇」은 로봇의 3대 원칙이 변화무쌍하며, 인간을 보호하도록 고안되었지만 이들 원칙이 도리어 인간을 위협하는 근거로 작동할 수도 있다는 설명이다.[8]

그러므로 추후에 아시모프는 3개 원칙만으로는 로봇으로부터 인간을 보호하기에 충분치 않다는 것을 발견하고 '로봇은 인류에게 해를 끼쳐서는 안 되며 위험한 상황에 방치해서도 안 된다'라는 제0

조를 추가로 발표했다. 배일한은 그 이유를 다음과 같이 설명했다.

어떤 사람이 로봇에게 "지구의 나무를 모두 태워버려라"고 명령할 경우 개별 인간을 직접 해치는 행위가 아니므로 로봇은 시키는 대로 모든 나무에 불을 지를 위험이 있다.
그러나 지구상에 삼림이 불타 모두 사라지면 인류는 엄청난 재앙을 맞으므로 이를 막지 않으면 안 된다.

「바이센테니얼 맨」에서 주인인 리처드에게 로봇이 처음 배달되었을 때 로봇은 아시모프의 법칙들을 홀로그래피로 투영해 주었다. 그런데 로드니 브룩스 교수는 근래에 만들어지는 로봇들이 이 세 가지 법칙을 지키도록 제작되고 있느냐는 질문에 그렇지 않다고 말하면서 매우 재미있는 역설을 했다.

이유는 그들이 악하게 만들어지기 때문이 아니라 오히려 이 세 법칙들을 지킬 만큼 감수성이 풍부하고 똑똑한 로봇을 만드는 방법을 모르기 때문이라는 것이다. 그는 현재 개발된 어떤 로봇도 아시모프의 법칙들 중 첫 번째 법칙에 적용되는 사례조차 발견하지 못했다고 말했다. 그 이유로 브룩스 교수는 로봇이 인간을 탐지해 낼 방법을 지니지 못했기 때문이라고 지적했다.[9]

아시모프가 설정한 '로봇의 3대 원칙'이 지켜질 수 있다고 생각하는 사람은 없을 것이다. 실제로 이에 위배되는 무기가 각국에서 공공연히 만들어지고 있다. 각국에서 정부의 지원 하에 로봇 무기를 만들고 있는데 이들은 로봇원칙 제1조를 무시한 것이다. 뒤에서 다시 설명하지만 무인 장갑차, 무인 전투기, 자폭 로봇 등을 비롯한 수많은 전투용 로봇은 사람을 죽이기 위해 개발되었기 때문이다.[10]

로봇의 인간화가 얼마나 어려운지 알 수 있을 것이다. 그럼에도 불구하고 로봇에 대한 인간들의 기대가 적지 않은 것은 로봇이 인간에게 기여할 것이 많다고 생각하기 때문이다. 사실 로봇처럼 이율배반적인 것은 없다. 군사적인 면을 감안하면 한 편을 위한 로봇이 다른 편의 인간에게 위해를 주기 때문이다.

이 문제를 보다 확대하면 많은 사람들이 미래의 로봇에 우려감을 표시하는 것은 충분히 이해되는 일이다. 아무리 안전하게 로봇을 만들더라도 단 하나의 실수가 인류의 멸망으로까지 이어질 수 있다고 생각하기 때문이다. 「터미네이터」에서 로봇의 반란에 인간이 똘똘 뭉쳐 위기를 넘기려고 노력하지만 모든 일이 영화처럼 해피엔딩으로 끝나는 것은 아니다.[11]

 **로봇의 권리 보장**

로봇을 선한 문명의 이기로만 볼 것이 아니라 악한 도구로도 생각해야 한다는 지적이 기우만이 아님을 이해했을 것이다. 그런데 이런 기우를 앞에서 로봇의 3대 원칙 등으로 해소시킬 수 있다고 생각하는 사람은 매우 순진한 사람이라고 해도 과언이 아니다.

아시모프의 아이디어는 로봇을 만들 때 원천적으로 문제가 될 만한 것을 사전에 모두 제거하고 제작하자는 것이다. 하지만 인간이 만든 군사용 로봇이 아시모프의 아이디어를 완벽하게 준수하리라고는 믿지 않는 것이 아마도 속이 편할 것이다. 이런 껄끄러운 문제에 봉착하자 새롭게 도출된 개념이 '로봇의 권리장전 The Rights of Robots' 제정이다.

동물학대를 반대하는 사람들은 '동물복지제도'를 주장한다. '동물복지제도'란 동물의 사육·관리 전 과정에 있어 위생과 복지를 고려한 안전한 환경 속에서 자유롭게 생활하며 질병의 위험과 고통을 최소화하고자 하는 일련의 활동을 말한다. '동물 복지 5대 자유원칙', 즉 배고픔과 갈증으로부터의 자유, 불편함으로부터의 자유, 고통, 상처 및 질병으로부터의 자유, 정상적인 활동을 할 자유, 공포와 스트레스로부터의 자유를 보장해주며 사육·관리하는 것으로 여기서의 동물이란 우리가 식용으로 먹는 한우, 젖소, 육계, 산란계를 말한다.

사실 이런 '동물복지제도'는 동물의 행복이 안전한 먹거리를 이끈다는 인식에서 출발한다. 가축의 위생과 복지를 고려하고 질병의 위험과 고통을 최소화하기 위해 좁은 공간에서의 밀집사육 대신 방사를 하거나 항생제와 성장촉진제, 인공착색료, 항균제를 첨가하지 않은 사료를 직접 만들어 먹인다. 당연히 생산가격이 비싸지만 이런 동물복지 실현 농가에서 생산되는 제품들은 안전하고 품질 좋은 먹거리로 인정받으며 고부가 상품으로 유통되어 결코 손해가 아니다라는 설명이다.

로봇의 권리를 보호하자는데 도대체 무슨 이야기냐고 반문하겠지만 동물복지제와는 궤를 달리하기 때문이다. 한마디로 로봇은 생물체가 아니라 인간이 만든 기계인데도 권리장전은 기계에게 인간의

영화 속의 로봇

권리와 같은 도덕적 무기를 주자는 뜻과 다를 바 없다는 것이다.

그러면 로봇에게 왜 인간적인 대우를 해주어야 하느냐고 반문할 수 있다. 엄밀한 의미에서 로봇은 생명체가 아니다. 그러므로 로봇을 생명체라는 시각으로 보지 않는데 쇳덩어리나 다름없는 기계에 윤리니 권리니 하는 말은 어폐가 있다.

그럼에도 불구하고 로봇의 권리장전 제정을 주장하는 가장 큰 논거는 로봇이 인간과 비슷해지고 있기 때문이다. 로봇은 동물과 달리 인간에 의해 조종될 경우 인간에게 치명상을 입힐 수 있다. 한 마디로 인간의 의지에 따라 제작된 로봇이 인간에게 해악을 끼칠 수 있기 때문에 이를 미연에 방지하자는 뜻이다.

인간화된 로봇이 등장한다면 어떤 상황이 일어날까. 바로 이 문제를 심층 있게 다룬 영화가 「A. I.」이다. 이 영화는 꼬마 안드로이드인 주인공 데이비드가 양부모에게 입양Adopt되면서 시작한다. 양부모는 처음에 로봇이라는데 다소 거부감을 느끼지만 차츰 그를 안드로이드가 아니라 진짜 아들로 받아들이게 된다. 양부모가 데이비드를 진짜 아들로 받아들일 정도로 완벽한 인간성을 가졌다는 이야기와 다름없다.

로봇이 장난감의 차원을 떠나 입양된다는 것은 입양하는 사람이 양부모가 된다는 것을 의미한다. 기계인 안드로이드가 가족의 일원이 된다는 뜻으로 그렇다면 이들에게 입양아의 권리가 있다고 보는 것이 옳다는 설명이다. 로봇을 입양한다는 말이 적절한가라는 지적이 있는 것은 사실이다. 로봇은 어린아이의 입양과는 달리 구매를 통해 이루어지기 때문이다. 그러나 안드로이드가 인간의 감성을 자극하여 입양한다는 개념으로까지 발전한다면 적어도 장난감을 구매하는 사람과는 다른 개념이라고 볼 수 있다. 이 경우 로봇의 권리도 필요하다는 설명이다.

그런데 그 방법이 아시모프와는 다소 다르다. 아시모프는 로봇을 만들 때 인간에게 문제가 되는 점을 사전에 제거하자고 역설했다. 로봇이 인간에게 해가 될 만한 부분을 철저하게 검증하여 제거한다면 결국 인간에게 해가 될 로봇은 없을 것이라는 뜻이다.

반면에 로봇권리장전은 이와는 다른 각도에서 출발한다. 어느 정도 지능이 있는 로봇이 인간 생활에 깊숙이 들어와 인간과 공존하게 된 이상 이들을 적대시할 게 아니라 공존하는 방법을 찾자는 것이다. 즉 로봇의 위험성을 미리 인식하여 그들이 인간에게 반란을 일으킬 생각을 단념케 만들면 로봇으로 야기되는 문제점을 해결할 수 있다는 주장이다.

　세계 각지에서 생기는 많은 불화는 바로 불만으로부터 시작된다. 부모에게 자식이 대들고 철석 같이 믿었던 부하가 배반하는 것은 이유야 어떠하든 그들이 가진 불만을 다독거리지 못했기 때문이라고 볼 수 있다. 로봇의 문제도 그렇다. 로봇이 인간에게 거짓말을 하고 반란을 일으킨다는 것은 인간에게 불만이 있음을 의미한다고 볼 수 있다. 즉 로봇으로 하여금 인간에게 불만을 가질 수 있는 요인 자체를 만들지 않는다면 적어도 로봇의 반란과 같은 극단적인 행동은 벌이지 않을 것이라는 이야기다.

　권리장전 제정을 주장한 사람은 유명한 미래학자인 짐 데이토 교수인데 그는 로봇에게 하나의 인권人權을 보장하라고 주장한다. 즉 법적으로 로봇의 인간로봇다운 권리를 보장한다면 로봇이 인간에게 대들 근거는 사라진다고 한다. 좀 과장한다면 인간이 로봇을 때리면 '폭행죄'가 가능하며, 로봇을 파괴한다면 '살인죄'로 처벌할 가능성도 있다는 이야기다. 「A.I.」에서 로봇을 공개적으로 파괴하는 행위가 불법이라는 것이다.

　권리장전을 보다 확대하면 로봇을 함부로 사고 팔 수도 없다. 인권이란 인격을 존중해 주는 의무가 동반한다. 신경질 나고 스트레스 쌓인다고 해서 함부로 큰 소리로 욕을 할 수도 없다.

　한국에서 이 문제에 관한 한 재빠르게 움직였다. 로봇의 강국으로 발돋움하는 한국이 주도하여 인간이 로봇을 학대하거나 로봇이 인간을 학대하는 것을 금지하는 윤리헌장을 만들자는 것이다. 로봇

산업에 총력을 기울이는 한국으로 볼 때 한 발 앞서 로봇 문제를 해결한다면 세계에서 로봇 강국으로의 위상이 높아짐은 틀림없다.

지식경제부는 국가적인 차원에서 '로봇윤리헌장'을 제정하는 작업에 착수했다. 이 헌장에는 로봇 제작자와 사용자는 물론 로봇에도 적용될 세계 최초의 윤리헌장을 담겠다는 것이다. 물론 윤리헌장 자체는 강제성은 없지만 훗날 세계인들이 관련 법안을 제정하는 기준으로 활용하는데 목표를 두겠다고 기염을 토했다. 위원회에서는 로봇윤리헌장이 꿈꾸는 두 가지 미래를 소개했다.

먼저 인간은 로봇을 만들고 로봇은 인간이 편하게 살도록 돕는 세상이다. '로봇 학대'의 대표적인 사례가 일본에서 만든 강아지 로봇이다. 이 로봇은 살아 있는 강아지처럼 인간의 태도에 따라 감정을 표현한다. 그러나 강아지가 가끔 반응하지 않고 오동작을 일으키자 어린이들은 거리낌 없이 폭력을 행사했고 이를 본 부모가 불매운동을 벌였다.

두 번째 시나리오는 로봇이 인간처럼 자유 의지를 가진 새로운 종으로 발전하는 것이다. '로보사피엔스'라고 불리는 로봇은 인간과 비슷한 가치관과 행동양식, 인공지능을 가지고 인간처럼 살지만 과연 그런 로봇이 개발될 수 있는지에 의견이 많은 실정이다.

원래 로봇윤리헌장은 2007년에 발표될 예정이었지만 보다 구체적인 방안을 만들기 위해 연기되었다. 필자도 지식경제부의 '로봇산업정책포럼위원'으로 이 문제에 대해 자문했는데 당시에 도출된 헌장안이 다소 규제 위주로 설정되어있어 인간과 로봇이 공존하는 사회를 만들려면 규제가 아니라 로봇을 이해하는 측면에서 헌장을 만드는 것이 좋다는 의견을 제시했다. 이 문제에 관한 한 필자를 비롯하여 많은 전문가들이 유사한 의견을 피력했는데 현재 한국 정부는 보다 명쾌한 헌장을 만들기 위해 국내외 전문가들을 아울러 준비 중이다.

아이로니컬하게도 로봇과 인간의 관계를 규정할 때 가장 많이 인용되는 아시모프의 '로봇 3원칙'은 정작 로봇윤리헌장에는 배제될지 모른다고 한다. 로봇 3원칙은 '사람에 대한 공격 금지', '명령 복종', '로봇의 권리 인정'을 주 내용으로 하지만 이미 군사용 로봇이 개발된 상황에서 무의미해졌다는 설명이다. 그런데 군사용 로봇도 인간이 만든다. 군사용 로봇이 '로봇윤리헌장'을 지키지 않는다면 무슨 의미가 있느냐고 하지만 로봇이 인간과 실생활에 직·간접적으로 큰 영향을 미치므로 보다 합리적인 로봇윤리헌장이 필요하다는데 이의를 제기할 사람들이 혹 있는지는 모르겠다.[12]

주석

1) 『로봇 비즈니스』, 김광희, 미래와경영, 2002
2) 『슈퍼영웅의 과학』, 로이시 그레시·로버트 와인버그, 한승, 2004.
3) 『나는 멋진 로봇 친구가 좋다』, 이인식, 랜덤하우스중앙, 2005
4) 『로봇의 시대』, 도지마 와코, 사이언스북스, 2002.
5) 『뭔가 특별한 것이 있는 히어로, 아이언맨』, 원자력문화, 2012년 4월
6) 『로봇 비즈니스』, 김광희, 미래와경영, 2002
7) 『인류는 왜 로봇을 두려워할까』, 대중과학, 2009년 11월
8) 『철학이 있는 SF 블록버스터 〈아이, 로봇〉의 모든 것』, 김현정, 『씨네21』, 2004. 7. 27.
9) 『로드니 브룩스의 로봇 만들기』, 로드니 A. 브룩스, 바다출판사, 2005.
10) 『인터넷 다음은 로봇이다』, 배일한, 동아시아, 2003.
11) 『안전한 로봇을 만드는 6가지 방법』, 박미용, 사이언스타임스, 2008.11
12) 『미래로봇은 사람을 공격할까?』, 전동혁, 더사이언스, 2009.05.15

4
로봇 태권V의 **부활**

한국인 혼이 담긴
「로봇 태권V」

한국은 「로봇 태권V」가
구한다

「로봇 태권V」 부활
프로젝트

「로봇 태권V」는 1976년에 태어나 위기에 빠진 한국을 구하더니 갑자기 사라졌다. 30년이 지났는데도 깜깜 무소식이다. 그러나 그는 「터미네이터」처럼 "나는 돌아온다I'll be Back!"이란 말을 남기고 사라졌다가 두 번이나 다시 돌아왔다.[1]

태권V는 다양한 태권도 동작을 소화해 내고, 자유롭게 비행하며, 뛰고, 달리고, 공중 제비돌기도 하면서 악당을 통쾌히 쳐부순다. 앞에서 설명했지만 대형로봇 즉 대한민국의 자랑인 로봇 태권V가 현실적으로 등장하는 것이 실제로 간단하지 않음을 이해했을 것이다.

사실 로봇의 활성화에 일본의 「마징가Z」가 큰 역할을 했지만 한국에서의 「로봇 태권V」도 그에 못지않다. 그런데 시쳇말로 「로봇 태권V」에 등장하는 악당 로봇이 등장한다면 어떻게 할 것인가. 적어도 한국이 절대 절명의 위기에 빠진다면 로봇 태권V를 출동시켜야 할 것 아닌가.

상상력으로 구성한 로봇 태권V가 정말로 만들어질 것인지는 많은 사람들의 관심을 끌었다. 막대한 예산을 제외한다면[2] 「로봇 태권V」를 만화영화에서 현실로 끄집어내기 위한 연구처럼 흥미를 끄는 것은 많지 않다.

2006년 4월 「로봇 태권V」 탄생 30주년을 맞아 〈과학동아〉 주도로 태권V의 실제 제작 가능성을 살폈다. 학자들은 각 부분으로 나누어 태권V를 해부한 후 현재 기술을 접목시켜 실현성 여부를 검토했다. 이 도전은 다음과 같은 대 전제를 기반으로 한다. SF물에 나오는 공상 아이디어가 아니라 지금 지구상에 개발된 과학기술만 접목시키는 것이다. 차후에 수많은 기술이 개발되겠지만 현실에서 보이지 않는 것은 제외한다는 뜻이다.

결론부터 밝히면 전문가들은 현재 기술로는 로봇 태권V 실제 제작이 어렵다는 설명이다. 그러나 학자들은 이에 좌절하지 않고 보다 적극적으로 태권V를 실용화할 수 있는 방법을 도출했다. 소위 '태권V 부활 프로젝트'이다. 오늘 당장은 제작되지 않을 수 있지만 어떤 방법을 적용하면 로봇 태권V가 우리 옆에 태어날 수 있느냐이다. 이는 앞에서 설명한 수많은 로봇아이디어를 접목시키는 것을 전제하므로 미래의 로봇을 미리 본다는 점에서 매우 흥미가 있다. 이곳에서 프로젝트의 상세를 설명한다.

한국인 혼이 담긴 「로봇 태권V」

일본의 「마징가Z」는 한국에서도 선풍적인 인기를 끌었지만 「로봇 태권V」는 국산 SF애니메이션의 효시로 불릴 정도로 큰 성공과 인기를 거두었다. 1976년 위기에 빠진 한반도를 구하기 위해 출동한 '정의의 사자'인 토종 로봇 「로봇 태권V」는 한국을 덮고 있는 어둠을 떨치고 정의가 살아 있다는 것을 알리기 위해 출동한다. 너무나 잘 알고 있는 이야기로 「로봇 태권V」가 한국의 안방을 석권하고 「로봇 태권V」의 주제가가 어린이들의 단골 노래였음은 물론이다.

물론 「로봇 태권V」는 「마징가Z」가 국내에서 보여 준 영향력의 산물이다. 「로봇 태권V」의 원작자인 김청기 감독도 이에 대해서는 분명하다. 「마징가Z」의 대항마로 「로봇 태권V」가 태어났다는 것이다. 그러나 「로봇 태권V」가 태권으로 무장했지만 「마징가Z」와는 여러 면에서 다르다.

마징가 Z는 주로 1 : 1 대결을 하면서 브레스트 파이어, 로켓트 펀치, 기타 등등 다양한 무기로 적을 제압하지만 태권V는 여러 명과 싸우는 것이 다반사며 1 : 1 싸움이라 하더라도 자신보다 훨씬 큰 로봇들과 싸운다. 특히 마징가Z처럼 V자빔, 로켓 펀치를 비롯한 여러 무기를 사용하지만 최종 마무리는 항상 태권도라는 것도 일품이다.

로봇과 조종사간의 일심동체로 움직이는 것도 다르다. 태권V 조종사인 훈이가 1번 스위치를 누르면 태권V와 일심동체가 되어 훈이의 태권도 동작을 태권V가 그대로 따라하는데 이때 고도의 정신력을 요구한다. 아무나 훈이와 같은 능력을 가질 수 없다는 것은 불문가지로 한국은 훈이가 있으므로 악당으로부터의 침입을 물리칠 수 있다는 것을 고마워해야 할 것이다.

현재 로봇 태권V가 누구에게나 알려진 한국의 대표적인 캐릭터지만 로봇 태권V가 태어난 그 당시만 해도 한국의 애니메이션 토양은 매우 불리했다. 김청기 감독은 필자에게 그 이유를 다음과 같이 설명했다.

당시 국내에서 제작되는 장편만화영화는 없었지요. 일본에서 들어온 「아톰」에 이어 「마징가Z」가 아이들 사이에서 한창 인기를 누리고 있었으므로 지방흥행사들은 「마징가Z」의 흥행에만 주목해 다른 시나리오들은 거들떠보지도 않았습니다.

결국 김 감독은 절묘한 대안을 생각해냈다. 「마징가Z」의 대항마_{對抗馬}로 한국적 이미지가 듬뿍 담겨 있는 거대 로봇을 만들자는 것이다. 그러나 한국적 이미지의 캐릭터로 투자자들의 관심을 끄는 것이 간단하지 않았다. 그러므로 그는 영화 제작비를 지원 받기 위한 고육지계로 시나리오 표지에 마징가 그림도 그려 넣었다고 술회했다. 훗날 「로봇 태권V」가 표절 논란에 휩싸인 것도 여기서 비롯되지만 김 감독은 당당하다.

인간형 거대 로봇을 그리다 보니 「마징가Z」와 비슷한 점이 점점 많아졌죠. 그래서 우리나라 캐릭터임을 보여주기 위해 한국 고유무예인 태권도를 구사하게 하고 조선시대 무장의 투구를 씌우기로 했지요. 당시 사무실이 세종로에 있었는데 그 앞에 서있는 이순신 장군 동상에서 모티브를 얻었습니다.[3]

1976년 김청기 감독의 만화 영화 「로봇 태권V」

 **한국은 「로봇 태권V」가 구한다**

엄밀한 의미에서 「로봇 태권V」가 「마징가Z」의 영향을 받고 태어났지만 두 캐릭터의 차이는 앞에 설명한 것만은 아니다. 우선 「로봇 태권V」는 당대 최고 수준의 애니메이션 기법을 사용한 세계 최초의 무술격투용 로봇 애니메이션이라는 점이다.

당시 일본작품 대부분은 국내 하청으로 제작된 것이므로 기술력

만큼은 우리가 미국 다음이라고 해도 과언이 아니었다. 그러므로 원작이 탄탄한 「로봇 태권V」가 일본보다 뛰어난 작화 실력을 보여주어 TV판 애니메이션과는 다른 고품질의 작품으로 선보인 것은 당연했다.

「로봇 태권V」는 운도 좋았다. 당시 정부에서 태권도를 국가 무술로 지정했는데 학교의 태권도 교육과 맞물려 태권도를 기본으로 한 「로봇 태권V」의 흥행 기반이 조성되었기 때문이다. 우리나라 고유의 무술인 태권도를 구사하는 「로봇 태권V」를 통해 한국인이라면 누구나 태권도를 할 수 있다는 일종의 공감대가 자존심과 자부심을 느끼게 하였다.

그러므로 김 감독은 「로봇 태권V」의 태권도 모든 장면이 실제 태권도의 무술을 적나라하게 묘사하도록 노력했다. 특히 태권도 세계선수권 대회에서 주인공 훈과 상대 선수의 대결 장면에서는 당시 최고의 기술이었던 로토스코프 기법을 선보였다. 태권 사범들의 실제 시합을 카메라에 담아낸 다음, 단일 프레임마다 그림을 그려내는 고도의 기술이었다.

이는 많은 어린이에게 태권도를 확실하게 홍보하는 계기가 되었다. 정부에서는 태권도를 국가 무술로 지정한 터였으므로 태권도의 인기는 엄청났다. 우리나라에는 태권V가 있고, 태권V는 태권도를 할 수 있으며, 태권도는 우리의 국기國技이고, 한국인이라면 누구나 태권도를 할 수 있다는 일종의 공감대가 만들어진 것이다.

「로봇 태권V」와 「마징가Z」의 가장 큰 차이점은 시나리오 전개에 있어 「마징가Z」는 선과 악의 단순대립 구도인 반면에 「로봇 태권V」의 설정은 인간애에 바탕을 두었다는 점이다. 당시 애니메이션에서는 거의 볼 수 없는 인간애를 기본으로 하였기 때문에 어린이를 대상으로 한 작품임에도 지금까지 국내 창작 시나리오를 한 단계 업그레이드시킨 높은 수준의 작품으로 인식한다.

「로봇 태권V」는 영상기법 면에서도 신기원을 이루었다. 오리지널 사운드 트랙OST 앨범이 한국 최초로 만들어졌기 때문이다. 「로봇 태권V」 앨범은 특이하게도 라디오 드라마 형식으로 구성되어 있다. 「로봇 태권V」 OST의 모든 테마곡은 고유의 음색과 음률을 갖춘 독창적인 곡으로 최창권, 김벌래가 참여하여 만들어졌다. 아쟁과 징을 비롯해 최대한 한국 고유의 악기에서 얻어낸 음악은 일본과 미국은 물론 어느 나라 작품에서도 들을 수 없는 것이었다. 많은 이들이 「로봇 태권V」를 고유한 문화적 자존심의 작품으로 여기는 것은 이러한 이유 때문이기도 하다. 메커니즘 형식에서는 영향을 받았지만, 작품 속에 담긴 것은 우리나라 고유의 정서와 선율이었다.[4]

일본이 미국을 따돌리고 로봇왕국이 된 것은 일본인들의 「마징가Z」에 대한 사랑과 애정을 빼고서는 설명하기 어렵다. 어릴 적 로봇만화에 심취한 이들이 자신의 꿈을 스스로 키운 것이다. 한국의 경우도 유사하다. 「로봇 태권V」를 보고 자란 세대가 지금의 대표 세대라는 점도 시사하는 바가 크다. 1970년대의 어린이들이 「로봇 태권V」를 보며 태권도를 익히고, 상상력을 작품으로 선보이는 애니메이터로, 로봇을 실제로 만들고자 하는 과학자로 성장했다. 이 책에서 「로봇 태권V」를 특별히 다루는 이유이기도 하다.

 「로봇 태권V」 부활 프로젝트

태권V를 만들기 위해서는 로봇의 정확한 규격이 필요하다. 가장 기본이 되는 태권V의 키에 대해서는 20m부터 100m까지 다양한 설이 있지만 일단 원작자 김청기 감독이 주장한 '56미터 설'을 공식으로 채택했다.

가장 먼저 태권V의 무게 산정이다. 김 감독이 이 문제에 대해서는 명확하게 제시하지 않았지만 한국의 첫 휴머노이드 휴보의 키 1.2m와 무게 54kg를 근거로 태권V의 무게를 계산하면 약 5600톤이다. 그러나 태권V 정도라면 훨씬 가벼운 첨단 소재를 이용했을 것으로 추정하여 5600톤의 1/4, 즉 1400톤을 태권V의 무게로 제시됐다.

태권V의 규모가 정해졌으므로 태권V를 만들기 위해 프로젝트에 참여한 학자들은 로봇 태권V가 현실세계로 들어오는데 반드시 해결해야 할 10대 기술을 도출했다.

① 동작제어

태권V는 걷고, 달리고, 뛰어오르며 날아다닐 수 있다. 그런데 현재의 기술단계에서의 동작제어 방식으로는 태권V를 조종할 수 없다. 이 문제를 해결하려면 로봇이 움직이면서 스스로 균형을 유지할 수 있는 자기학습능력과 눈으로 외부의 동작을 인식해 반응할 수 있는 기능을 태권V에 적용해야 한다. 적어도 로봇을 조종하는 사람은 일일이 손과 발을 움직이도록 제어할 필요 없이 "뛰어", "2단 옆차기 공격", "뒷다리 걸기 공격" 같은 명령만으로 로봇을 움직일 수 있어야 한다. 이 설명은 '③ 뇌파조종'과도 연계된다.

② 태권V의 3분 비행

태권V의 장점은 악당이 쳐들어 왔을 때 그들을 효과적으로 물리친다는 점이다. 이때 여러 가지 필살의 무기들이 동원되지만 가장 놀라운 것은 기동력이다. 1,400톤이나 되는 거대한 몸체이지만 제비같이 날쌔게 날아다니면서 악당과 대적하며 심지어는 하늘에 정지하기도 한다. 이들 장면이 과연 가능한지 과학자들이 나섰다.

우선 태권V[1976]는 공기 중을 비행할 때 떠오르는 힘인 양력을 증가시키는 날개가 없다는 점이 주목된다. 변형판인 슈퍼태권V[1982]나 3단 분리형 태권V[1984]는 날개가 달려 있지만 학자들은 이들 장면 각각을 분석했다.

태권V는 최신 전투기처럼 기동성이 좋아야 하므로 엔진의 '추력 대 중량 비'를 1.2 정도로 가정할 경우 태권V의 엔진이 발생시켜야 하는 추진력은 1680톤이다. 즉 태권V가 비행하려면 엔진이 1680톤 정도의 상당히 큰 추진력을 발생시킬 수 있어야 한다.

제트엔진 가운데 현대 항공기에 쓰이는 종류는 대부분 터보팬 엔진이다. 지금까지 개발된 가장 강력한 터보팬 엔진은 F-22의 F119-PW-100이다. 이 엔진은 추진력이 11톤이다. 전투기용 터보팬 엔진을 태권V에 장착하면 추진력 11톤의 F-22용 터보팬 엔진이 153개나 필요하다. 다행히도 태권V의 무릎 아랫부분에서 발바닥 사이의 공간에 터보팬 엔진을 장착할 수 있는 공간을 확보할 수 있다.

엔진은 장착했지만 충분한 연료를 확보해야 비행할 수 있다. 터보팬 엔진 1기는 초당 2.5kg의 연료를 소모한다. 태권V가 일반전투기 수준으로 2시간 정도를 비행한다고 가정하면 적어도 2772톤이 필요하다. 2시간 비행에 필요한 연료량이 태권V 총중량1400톤을 넘는다. 일반적으로 연료량이 총중량의 66%924톤를 차지한다고 가정하면 태권V가 한 번의 급유로 비행할 수 있는 시간은 40분이 된다. 태권V에 이들 연료를 채울 수 있는 공간이 있는지 의문인데 다행히도 양다리에 이 정도의 연료를 채울 수 있다. 다소 전문적이지만 터보팬 엔진과 연료 문제가 해결되었다고 곧바로 비행할 수 있는 것은 아니다. 공기흡입구가 필요한데 이 역시 태권V 어깨부분에 공기흡입구를 만들 수 있어 해결이 가능하다.

태권V는 지구 안에서만 아니라 우주로도 비행한다.「로보트 태권V2 : 우주작전1976」에서 우주비행 장면이 나오는데 이때 터보팬 엔진은 사용할 수 없고 우주용 로켓엔진이 필요하다. 결국 태권V는 로켓엔진을 장착했다는 설명이 된다.

태권V가 날기 위해 필요한 추진력은 1680톤이므로 좌우 다리에 추진력 840톤짜리 로켓엔진을 하나씩 장착하면 된다. 현재 개발된 액체로켓 중에서 러시아에서 개발한 RD-172 로켓엔진이 추진력 852톤으로 태권V에 사용하는데 문제가 없다.

이때도 연료가 관건이다. 로켓의 성능은 추진력, 비추력Isp, 산화제 대 연료비가 중요하다. 비추력은 추진제 1kg이 1초간 소비될 때 발생하는 추진력으로 이 수치가 높으면 적은 연료로 멀리 갈 수 있다는 뜻이다. 장영근 박사는 태권V의 경우 1초당 5056kg, 즉

5.056톤의 추진제를 공급해야 한다고 계산했다.

그러므로 태권V 다리에 924톤의 추진제를 실었다면 183초 정도 비행할 수 있다. 태권V가 우주에서 전투를 벌인다면 3분 만에 전투를 끝내고 돌아와야 한다는 설명이다. 이 짧은 시간에 악당들을 통쾌하게 물리칠 수 있는지 독자들이 상상해보기 바란다.

놀라운 것은 태권V가 하늘에 떠서 정지할 수도 있다. 많은 SF 애니메이션에서 보이는 묘기 중의 묘기라 볼 수 있는데 현대과학은 이미 이런 비행체를 개발했다. 영국의 수직이착륙기 해리어와 미국의 F-35이다.

해리어는 페가수스 엔진의 노즐 방향을 서서히 바꿔가면서 수직으로 이륙한 뒤 앞으로 진행한다. 페가수스 엔진에는 4개의 노즐이 달려 있어 앞쪽 2개에서 공기를 뿜어 자세를 제어하고, 뒤쪽 2개에서 고온 고압의 배기가스를 뿜어 추진력을 낸다. F-35는 엔진의 배기구가 거의 90도까지 회전하고 아래쪽으로 가스를 뿜어내 수직이착륙이 가능하며 또 수직으로 이착륙할 때 엔진 양쪽의 노즐을 통해 공기를 분사해 자세를 조절한다.

해리어와 F-35 방식을 활용하면 태권V가 앞으로 진행하면서 방향을 바꾸는 것은 어렵지 않다. 배기가스가 나오는 발목을 움직이면 가능하다. 하지만 날개도 없는 태권V가 공중에 정지하기 위해서는 해리어나 F-35처럼 태권V 몸통에 자세제어용 노즐이 필요하다. 다행인 것은 아직 실험단계지만 수직으로 이착륙을 하는 DC-XA 로켓 기술도 개발되고 있다.

태권V의 비행은 원천적으로 불가능한 일이 아니라는 설명이지만 애니메이션처럼 자유롭게 날아다니는 태권V가 태어나려면 SF 과학 소설에 등장하는 반중력기술, 즉 태권V의 몸무게를 순간적으로 아주 가볍게 만드는 기술이 개발되어야 할 것으로 추정한다. 아직 반중력기술은 개발되지 않았지만 미래에 하늘을 자유롭게 날아다니는 태권V를 직접 볼 수 있을지도 모른다.[5]

③ 뇌파조종

태권V 자체는 스스로 생각하는 뇌가 없다. 평소에는 조종사인 훈이가 조종하지만 긴급하면 뇌파를 동원하여 싱크 움직인다. 훈이가 생각한 대로 태권V를 마음껏 조정하기 위해서는 '뇌-기계 접속 Brain-Machine Interface, BMI' 또는 '뇌-컴퓨터 접속 Brain-Computer Interface, BCI' 기술이 필요하다. 여기서는 BCI보다는 BMI로 설명한다.

인간의 뇌파를 이용해 기계를 제어하는 방법은 이미 오래 전부터 연구돼 왔고 국가과학기술위원회에서 선정한 '미래국가유망기술 21'에 지정돼 있을 정도다. 그러나 BMI는 말 그대로 뇌파를 이용해 기계장치를 움직이는 기술이지만 뇌파는 매우 많은 신경세포의 활동전압이 합쳐져 나오는 복합신호. 현재의 기술로 이들 복합신호를 분석하여 구체적인 정보의 내용을 읽어내는 것은 불가능하지만 과학기술의 발달로 이 문제가 해결되었다고 생각하자.

훈이는 BMI 기술로 태권V를 마음대로 조종하기 위해서 다음 3가지를 해결해야 한다. 첫째, 태권V에 입력센서를 달아야 한다. '조종을 한다'는 의미는 처해진 상황을 적절히 판단해 이에 맞는 행동을 한다는 뜻이다. 훈이가 태권V가 처한 상황을 알리면 태권V에 다양한 센서를 달아 여기서 들어오는 막대한 정보를 입력 BMI를 통해 훈이의 감각두뇌영역에 제대로 전달해야 한다.

둘째, 정보처리를 위한 슈퍼컴퓨터가 장착되어야 한다. 훈이가 생각한 모든 행동을 신호로 받아 이를 구현하려면 먼저 훈이의 뇌파에서 전달된 수많은 신호를 처리할 수 있는 기능이 있어야 한다. 이를 위해 태권V 자체에 슈퍼컴퓨터를 장착하고 이런 슈퍼컴퓨터는 훈이의 뇌와 접속이 이뤄져야 한다. 물론 과학이 발달하여 훈이의 뇌에 미세한 슈퍼컴퓨터를 이식할 수도 있다.

셋째, 슈퍼컴퓨터가 움직임을 제어할 수 있어야 한다. 태권V는 적에 맞서 싸우며 어려운 태권 동작까지 해내야 한다. 사람의 경우 이런 행동은 소뇌가 담당하는데, 태권V에는 이런 소뇌의 역할을 담당할 슈퍼컴퓨터가 필요하다. 또한 훈이 뇌의 운동영역도 업그레이드되어야 함은 물론이다. 이러한 한계를 극복하기 위해 두개골에 구멍을 내고 최대한 대뇌피질 가까이 전극을 꽂는 기술이 있는데 태권V의 정권 찌르기, 발차기 동작은 이런 기술로도 충분히 실행할 수 있다는 설명이다.[6]

이들 기술이 개발되면 조종사 훈이가 태권V에 직접 탈 필요도 없다. 원격무인조정이 가능하기 때문이다. 뇌에 미세전극을 심지 않고도 로봇을 조정하는 기술은 빛을 활용한 뇌기능 영상장치를 BMI 기술과 결합하면 불가능한 일만은 아니다. 태권V로서는 큰 문제점 하나를 해결한 것이다. 이 부분은 뒤에서 다시 설명한다.

④ 광자력 레이저

　　태권V는 태권도를 이용한 육박전이 어려운 상황에서 로켓주먹이나 손등 미사일을 날리지만 눈이나 입에서 레이저빔을 발사해 적을 파괴하기도 한다. 또한 가슴에서 광자력 빔을 뿜어 적의 본거지를 공격하기도 한다. 광자력 빔은 가상의 빔이지만 매질을 사용한다는 점에서 레이저빔의 일종이라 할 수 있다. 이 문제는 '⑧ 에너지'와 연계하여 읽기 바란다.

　　레이저는 특정 매질의 들뜬 원자들이 파장과 위상이 동일한 빛을 잇달아 내놓으면 이 빛을 마주 보는 2개의 거울을 이용해 증폭시킨 뒤 한 방향으로 일시에 내보내는 원리다. 즉 빛을 모아 목표하는 곳에 쪼이는 것이다. 레이저는 매질에 따라 고체 레이저, 액체 레이저, 기체 레이저 등으로 분류하는데 기본은 좁은 영역에 빔의 강도를 집중시켜 파괴력을 얻는 것이다.

　　먼저 현대의 레이저 무기의 수준을 살펴보자. 미국과 이스라엘이 1983년 노틸러스 계획에 따라 개발한 '전술 고에너지 레이저^{THEL}'에 의하면 THEL은 40kW 출력의 불화중수소^{DF} 화학레이저다. 20~30km 상공에 떠 있는 항공기를 지상에서 격추할 수 있으며, 전체 시스템은 트레일러 7대로 운반이 가능한 크기인 것으로 알려져 있다. 미국은 또 지상에서 적의 정찰위성을 공격하고 파괴하기 위한 레이저 무기를 개발하고 있다. 여기에는 출력 8MW의 '산소요오드 화학레이저^{COIL}'를 사용한다. 항공기용 레이저 무기도 있다. 보잉 747-400에 출력 3MW의 산소요오드 화학레이저를 싣는 방식이다. 미국은 이 레이저 무기로 2004년 처음 지상 표적을 파괴하는 실험에 성공했다.

사정거리는 300~600km이다. 위성에 장착할 우주기반 레이저 무기도 개발 중이다. 탄도미사일을 요격하기 위해 출력 5MW의 불화수소 화학 레이저를 사용할 예정이다. 이들 모두 현재 개발이 중단되었다고 알려진 '스타워즈' 프로젝트의 일환이다.

로봇 태권V의 광자력 레이저 발사

여하튼 현재 기술로 개발할 수 있는 레이저는 출력이 10MW를 넘지 못한다. 이 정도 출력으로는 태권V가 강력한 악당을 퇴치한다는 것은 불가능하다. 지금까지 알려진 레이저 무기의 위력에 따르면 대륙간탄도탄ICBM을 파괴하기 위해서는 5~10MW의 출력이 필요하다. 또 건물 파괴에는 이보다 10배 이상 큰 100MW급 레이저가 필요한데 태권V의 레이저빔이 악당 로봇을 녹이거나 폭파시킬 수 있으려면 최소한 100MW 이상의 출력을 내야 한다. 현재 원자력발전소의 순간 발전량이 1000MW 정도임을 감안한다면 56미터에 지나지 않는 태권V에서 이러한 에너지가 나온다는 것은 거의 불가능하다고 볼 수 있다.

「로봇 태권V」에서는 가슴에서 나오는 빔이 가장 강력한 것으로 등장한다. 하지만 레이저빔의 출력은 발사지점의 면적이 좁을수록 위력이 크다. 레이저빔은 폭탄처럼 순간적으로 적을 파괴하는 무기가 아니라 큰 에너지를 한 지점에 일정시간 동안 비춰 그 열로 파괴하는 방식이다. 그러므로 가능한 한 좁은 면적이 필요한데 이 경우 가슴보다는 눈이 보다 효율적이다. 물론 태권V의 눈에서도 레이저가 발사된다.

문제는 레이저가 아무리 강력하더라도 열이 생긴다는 점이다. 이는 레이저를 생산하기 위해 공급된 에너지는 모두 레이저로 변환되지 않기 때문으로 보통 변환효율은 10~40%이다. 레이저로 바뀌지 못한 에너지는 열로 발산되므로 이를 충분히 식힐 냉각장치가 필요하다. 하지만 태권V가 레이저빔을 발사할 때 어디에서도 열을 배출하는 모습이 보이지 않지만 열 방출장치 즉 냉장장치_{냉장고 시스템}가 없다면 악당을 향해 레이저를 쏘기 전에 태권V가 녹아버릴지도 모른다.

한편 태권V에는 비장의 또 다른 무기가 있다. 광자력 빔이다. 김청기 감독은 태권V의 광자력 빔은 '자바늄'이라는 가상물질을 매질로 사용해 발생시키는 것으로 설정했다. 광자력 빔이 태권V의 강력한 무기로 쓸 수 있는 이유는 '자바늄'의 에너지 변환효율이 어떤 물질보다 월등한 것은 물론 관건인 열도 나지 않는다고 한다. 이런 가상물질이 실제로 존재한다면 빔의 파장을 적절히 사용하여 악당들을 처치하는 것은 간단한 일이지만 아직 그러한 물질이 발견되었다는 소식은 없다.[7)]

⑤ 센 서

복잡한 상황과 상대방의 움직임에 대응하기 위해선 태권V도 다양한 감각기관이 있어야 한다. 제일 중요한 것은 자신의 움직임을 파악하는 평형감각이고, 다음이 접촉하는 물체의 특성을 이해하는 촉각, 먼 지형이나 대상을 파악하는 시각이 그 다음 순서다.

사람의 귀에는 세반고리관이 있어서 평형감각을 얻는다. 태권V도 이와 유사한 미세전자기계시스템^{MEMS}을 이용한 3차원 가속도 센서를 장착하면 시간에 따른 속도와 위치의 변화를 알 수 있어 움직임을 실시간으로 적절히 제어할 수 있다. 보행과 발차기 같은 정교한 움직임은 미리 학습된 기본 동작을 바탕으로, 가속도 센서, 발바닥의 촉각센서, 시각센서를 포함하는 인공시각에서 입수한 3차원 정보를 종합하여 구동된다.

⑥ 재 료

「마징가Z」의 주제곡에는 '무쇠팔~, 무쇠다리~, 로켓 주먹'이란 가사가 나온다. 이를 보면 마징가Z를 무쇠로 만들었다는 사실을 알 수 있다.

'무쇠'는 철에 탄소를 2% 이상 섞어 만든 합금으로 주로 솥이나 화로를 만들 때 사용하는 재료인데 고온으로 녹이기 쉬워 주조에 많이 사용하지만 마징가Z나 태권V 같은 전투용 거대로봇을 무쇠로 만들면 가장 큰 문제가 중량이다. 무쇠 갑옷의 무게를 사람의 몸무게와 비슷하게 맞춘다하더라도 태권V의 몸무게는 2500톤이 훨씬 넘는다. 과학자들이 제시한 몸무게 1,400톤은 어림도 없는 계산으로 이쯤 되면 태권V는 걷기조차 쉽지 않은 고철로봇이 되고 만다.

과학자들이 제시하는 재료는 여러 가지다. 태권V가 필살기 공격인 이단옆차기를 할 정도로 강성이 뛰어나려면 적어도 티타늄이나 철합금과 유사한 성분을 가진 소재를 써야 하지만 이 역시 밀도가 높아 1,400톤으로 맞추는 것은 만만치 않다. 다행히도 이 문제에 관한 한 방법이 바로 꿈의 소재 '탄소나노튜브'이다. 탄소나노튜브는 탄소 원자가 공유 결합해 지름 1~40nm의 흑연면을 만들고 수 μm 길이의 튜브 모양을 이룬다.

1991년 일본전기회사[NEC]의 이지마 스미오 박사가 발견한 탄소나노튜브는 지름이 나노미터[1nm=10⁻⁹m] 크기인 관[tube] 모양의 소재로, 현재까지 개발된 소재 중에서 단연 우수하다. 밀도는 1~2g/cm^{3}로 낮아 알루미늄합금[밀도 2~3g/cm^3]보다 가볍고, 강도는 철합금 보다 30~50배 높다. 게다가 열전도는 다이아몬드와 비슷한 최고 수준이고 전기 전도도 역시 금속 이상으로 매우 높다.

그러나 모든 부위를 탄소나노튜브로 만드는 것은 아니다. 태권V의 몸은 항공기나 선박처럼 단순한 게 아니라 부위에 따라 움직임이 다르고 용도가 다르기 때문에 팔, 다리, 복부, 가슴 등 부위에 따라 각각 다른 재료로 만들어야 한다. 특히 다리나 팔은 단순한 운동을 하는 게 아니라, 복잡한 움직임에 따라 순간순간 가해지는 운동부하가 다르다. 따라서 전체적인 소재는 탄소나노튜브/티타늄 나노복합재료를 사용할 수 있지만 다리, 관절, 팔에 사용하는 소재는 움직임에 맞는 맞춤형 재료로 새롭게 디자인해야 한다.

태권V 다리는 서고 걷는 모든 운동의 기본축이며 중요한 공격무기다. 또 발차기는 적에게 충격을 줄뿐만 아니라 태권V 자신도 큰 충격을 받는다. 따라서 높은 강성을 갖고 내마모성이 우수하며 충격에 부서지지 않도록 인성을 높인 텅스텐 카바이드/코발트 소재를 나노소재로 만들어야 한다.

로켓팔은 상대에게 충격을 줘야하기 때문에 무조건 가볍게 만들기보다는 단단하면서도 어느 정도 무게가 있어야 한다. 로켓팔의 발사속도가 일정하다고 가정하면 로켓팔의 무게를 늘리는 것이 충격을 높일 수 있는 유일한 방법이기 때문이다.

몸통 부분은 주로 적의 공격에 노출되어 있어 방탄복 소재로 사용하는 가벼운 세라믹 소재와 금속 소재를 겹쳐 쌓은 적층복합재료를 사용하는 게 좋다. 적어도 현재 러시아의 T80U 전차와 M1A1 전차에 사용하고 있는 복합장갑판 현재 이들은 철합금 두께 560mm까지 관통하는 대전차포탄을 막을 수 있다.을 능가하는 재료를 사용해야 태권V 내부에 숨겨진 조종석과 동력원인 핵융합로를 안전하게 보호할 수 있다.[8]

보온 재료 즉 내화재는 한국과학기술연구원KIST에서 추진 중인 극한온도 획득용 대형태양로 Solar Furnace로 해결할 수 있다. 초고온태양로로 약 3,500도 이상의 초고온을 순간적으로 획득할 수 있으므로 이들 온도에 저항할 수 있는 내화재를 만들 수 있다.

태권V는 무적이라 몸이 찢어지거나 깨지지 않는다 물론 '태권V 수중특공대' 편에서 적들과 싸우다가 한쪽 팔이 부서진 적도 있지만. 로켓 주먹과 발이 날아가서 상대와 부딪혀도 망가지는 법이 없다. 이러한 성능을 갖기 위해서는 초탄성계수를 가진 재료의 개발이 필요하다. 즉 탄성이 있을 경우 하중만 사라지면 재료는 다시 원래의 형태로 돌아가고, 손상을 받지 않는다. 이밖에 파괴된 부분을 스스로 치유하고, 재생하는 스마트소재나 조종사의 생체신호에 반응하는 첨단 소재기술의 개발도 필수적이다.

㉠ 힘

태권V에서 특별히 시선을 끄는 것은 로켓 주먹이다. 작품에서 적을 향해 발사하는데 임무를 완수한 후에는 다시 몸통에 결합한다. 주먹무기는 초대형 주먹을 고속으로 발사함으로써 적에게 어마어마한 운동에너지를 전달해 타격을 입히는 '운동에너지 무기 Kinetic Energy Weapon'로 미사일처럼 폭발하는 것은 아니다. 그렇다면 주먹 무기가 과연 현실성이 있을까.

주먹 무기는 인간의 동작을 흉내 내면서 여기에 영화적 상상력을 집어넣은 것이라고 볼 수 있다. 영화 장면에서도 태권V의 주먹 발사장면이 조종사 훈이의 태권 동작과 겹쳐 나타난다. 태권V는 적이 멀리 있으면 가까이 있을 때처럼 주먹 지르기나 발차기로 공격하기 힘드니까 주먹이나 손을 날려 타격을 가하는 방식을 취한 것으로 보인다.

한국항공대 장영근 박사는 현재의 기술을 감안할 때 과연 주먹 무기가 가능한지, 만약 가능하다면 어느 정도의 에너지가 필요한지를 계산했다. 우선 태권V의 키가 56미터이므로 주먹의 크기를 약 5미터로 추정하고 주먹의 부피는 80세제곱미터 무게를 약 4톤으로 계산했다.

주먹 무기의 에너지를 계산하기 위해 장 박사는 두 가지를 가정했다. 첫째, 대기 중에서 작동하는 주먹은 공기역학적 관점에서 볼 때 유선형이 아니므로 음속초속 340미터를 돌파하지 않고 최대속도를 초속 300미터로 가정했다. 둘째, 주먹이 적과 너무 가깝거나 멀리 있을 때 발사하면 비효율적이므로 적이 반경 약 200미터 정도에 있을 때 발사한다는 것이다. 200미터 거리라면 키가 56미터인 태권V가

약 4배 거리 안에 악당이 있을 때 발사하는 것이 너무 가깝다거나 또는 악당이 그렇게 입맛에 맞도록 적절한 자리에서 폼을 잡겠느냐고 생각하는 사람들도 있을지 모르지만 과학자들의 깐깐함에 이의를 제기하지 말기 바란다.

이때 90만 뉴턴^{N}이 필요하다. 90만 뉴턴이면 〈한국항공우주연구원〉이 전남 우주센터에서 3회에 걸쳐 발사하려다 실패한 추력 약 180톤짜리 로켓 'KSLV-1'이 낼 수 있는 힘^{추진력}의 절반 보다 약간 작은 정도이며 로켓주먹이 발사되는 힘은 우주왕복선이 발사되는 힘의 25분의 1 가량에 해당한다.

로켓의 연료로 고체와 액체 연료 중 무엇을 사용하느냐도 관건이다. 고체연료를 사용할 경우 고체연료를 주먹 내부에 저장하고 이 연료를 태울 때 발생하는 고온고압 가스를 분사해 힘을 얻을 수 있다. 구조가 간단하지만 연료가 다 탈 때까지 로켓 주먹이 날아다녀야 하는 것은 물론 1회용이라는 단점이 있다.

액체연료 로켓인 경우 내부구조가 복잡해지지만 밸브를 조절하면 필요한 만큼 연료를 태울 수 있으므로 여러 번 사용도 가능하다. 문제는 액체연료가 작은 충격에도 폭발 가능성이 있으므로 가벼우면서도 강하고 열에 잘 견디는 재료를 개발해야 한다.

또 로켓주먹을 발사할 때 주의할 점이 있다. 90만N의 힘을 내는 로켓주먹이 발사되면 같은 크기의 힘이 태권V 몸통에 반발력으로 작용하므로 이 충격을 이겨낼 방법을 찾아야 한다. 작품에는 발사됐던 로켓주먹이 어떤 식으로 돌아오는지가 표현돼 있지 않지만 악당들을 공격한 후 로켓주먹이 다시 제자리에 붙어있다. 그런데 공학적인 면에서 로켓주먹이 결합하려면 역추진 엔진이 필요하다.

역추진 엔진은 앞으로 나갔던 로켓주먹을 후진시키고 주먹이 팔에 결합할 때까지 속도를 줄이는 역할을 한다. 태권V 손등에서 미사일을 발사하는 부분에 역추진 엔진을 장착할 수 있다는 것도 장점이다. 물론 로켓주먹을 폈을 때 손가락 끝에서 역추진력을 발생시키는 방법이 있다. 이렇게 하면 결합할 때 속도를 줄일 수 있고 손가락을 아래로 움직여 중력 때문에 로켓주먹이 떨어지는 일도 막아준다.[9] 엄밀한 의미에서 주먹이 몸통과 결합하는 것은 우주왕복선이 우주정거장에 도킹하는 과정과 비슷하지만 지구 내에서 결합하는 것은 우주 공간보다 매우 어렵다.

태권V의 주먹만 하더라도 태권V를 작동시키는 데는 여러 가지 제한이 있음을 알 수 있다. 이런 문제는 주먹에 한한 것은 아니다. 모든 부속장치가 과다하면 로봇 크기가 커져야 하며 정교한 제어도 불가능하며 속도도 느려진다. 그러나 태권V가 실제로 구동되기 위해서는 속도와 힘 두 마리 토끼를 모두 잡아야 한다. 학자들은 인간의 근육과 골격 모델이 여기에 활용될 수 있다고 추정한다.

현재 이 분야 연구로 EAP^{Electro-active Polymer}가 진행되고 있다. 아직까지 사람의 근육과 같은 성능과 효율을 낼 수 있을 정도의 기술은 개발되지 않았지만 조만간 인간형 모터기술은 실현 가능한 분야로 추정한다. 태권V가 근래에 실용화되어 우리들 눈앞에 나타나는 것은 다소 어려울 전망이지만 만드는 것 자체가 불가능하지 않은 것은 그야말로 신선하다. 많은 사람들이 도전하기 바란다.[10]

⑧ 에너지

전투로봇인 태권V가 조금이라도 움직이려면 반드시 에너지가 필요하다. 1400톤이나 되는 엄청난 무게의 로봇을 정지 상태에서 하늘 높이 솟아오르게 하거나 장거리 비행을 위해서는 에너지를 꾸준히 공급해야 한다. 태권 동작 같은 기본적인 활동을 하기 위해 필요한 에너지는 태권V가 스스로 몸 내부에서 공급해야 한다. '④ 광자력 레이저'에서 설명했지만 가장 중요한 것은 태권V의 강력한 힘 즉 악당을 향해 발사하는 힘을 어떻게 확보하느냐이다.

권면 박사가 이의 해결에 도전했다. 권면 박사는 태권V가 악당 로봇의 몸체를 순간적[1초]으로 녹이기 위해서는 약 1.26GW가 필요하다고 계산했다. 이 에너지는 현재 일반적인 1GW급 원자력 발전소가 내는 순간출력과 맞먹는다. 이런 에너지를 순간적으로 발사하기 위해서 태권V의 몸 안에 대형 원자력 발전소가 있어야 한다는 뜻이다. 하지만 광자력 빔은 태권V가 순간적으로 내야하는 최대 출력이다. 더불어 평상시에는 이런 대용량의 에너지가 필요하지 않기 때문에 효율적으로 저장했다 필요할 때 한꺼번에 꺼내 쓰는 방법이 적절하다.

「로봇 태권V」에서 태권V는 악당 로봇에게 당하다가 마지막 필살기로 에너지가 많이 드는 무기를 사용해 위기를 모면하고 악당을 물리친다. 물론 극적인 효과를 위해서 짜여 진 시나리오지만 실제로 필살기에 사용할 에너지를 모으기 위해서 시간을 확보하는 것은 매우 합리적이다.

학자들은 태권V의 에너지원으로 '핵융합'을 제시했다. 핵융합로는 터널 같은 빈 공간에 플라스마를 가두고 자기장을 걸어 핵융합 반응을 일으키며 중수소와 삼중수소를 연료로 한다. 중수소와 삼중수소는 석탄, 석유와는 달리 바닷물에서 얻을 수 있는 무한한 자원이다. 또한 핵융합 발전은 원자력 발전과 달리 고준위 방사능 폐기물이 배출되지 않으므로 매우 깨끗한 에너지원이라 할 수 있다. 태권V가 만일 24시간동안 20MW의 출력으로 쉬지 않고 가동된다면 핵융합에 필요한 중수소-삼중수소 연료는 고작 5g 밖에 안 된다. 만약 석탄을 이용해 똑같은 양의 에너지를 만든다면 하루에 약 60톤의 석탄이 필요하다. 석유로는 약 5만 리터에 해당하는 양이다.

물론 현재 기술에 의한 핵융합 장치로는 키 56m에 불과한 태권V에 사용하기는 불가능하다. 특히 태권V의 심장 역할을 하려면 핵융합 발전로의 크기가 적어도 지름 3~4m와 길이 10m를 넘지 않아야 탑재할 수 있다. 이 아이디어는 「로봇 태권V」에만 국한된 것은 아니다.

영화 「스파이더맨2」에 등장하는 닥터 옥토퍼스는 삼중수소를 이용해 핵융합 에너지를 연구하는 과학자로 등장하며 매우 작은 규모로 태양과 같은 에너지를 만들 수 있다고 한다.[11] 「아이언맨」에서도 심장에 소형 핵융합장치를 장착하여 에너지를 해결하는데 현재 기술로는 어림없는 일이다.

그러나 현재 미국항공우주국 NASA에서 이 조건에 가장 부합하는 핵융합로를 미래 우주선용 엔진으로 개발하고 있다. 적은 양의 연료로 큰 추진력을 내는 핵융합 추진체인데 발전기로도 사용할 수 있어 태권V의 에너지원으로 적당하다. 특히 이 가운데 TV발명가 판스워즈가 구상한 '관성정전형 핵융합로'는 한때 잊혔다가 1990년대 다시 등장한 모델로 대형 전자석이 필요 없으며 핵융합 반응에서 생겨난 전하 물질의 운동에너지를 전기에너지로 직접 바꿀 수 있다. 에너지를 전자빔으로 바꾼 뒤 이를 다시 액체산소에 섞어 분사하면 엄청난 추력을 발생시킨다. 이들 연구가 성공한다면 태권V를 실용화하는데 가장 큰 문제점인 에너지는 간단하게 해결될 것이다.

⑨ 시스템 디자인

현존하는 2족 보행 로봇을 감안한다면 태권V처럼 거대한 로봇은 비행은커녕 한 걸음도 움직일 수 없다. 태권V는 이름 그대로 태권도 기술이 가장 큰 무기인데 발차기 동작으로 상대를 파괴하려면 엄청난 속도로 다리를 내지르거나 자체 질량을 늘려 충격량을 늘려야 한다. 그러나 로봇의 몸무게가 늘수록 움직이는데 필요한 에너지와 힘은 함께 늘어나게 된다. 또 태권V가 자유롭게 날아다니려면 추진체와 유선형 몸체가 필요한데 이를 위해 비행할 때 양력을 얻기 위한 일체형 구조로 변신해야 한다.

따라서 적 로봇의 다양한 공격을 견딜 수 있는 강인하지만 가벼운 재질과 최대 순간 속도를 낼 수 있는 혁신적인 구동장치가 필요하다. 또 날아다니는 팔과 다리로 상대를 공격할 수 있으려면 이들 안에 연료장치, 추진체, 제어장치, 통신장치가 포함되어야 한다.

⑩ 기지

10가지 기술 중에서 현재에도 아무런 문제점 없이 완성시킬 수 있는 것이 바로 태권V의 기지이다. 기지는 사람의 집처럼 로봇의 안

식처라 할 수 있다. 태권V 기지는 로봇을 정비하는 공간이자 출동하는 발진장소인데 김청기 감독은 서울 여의도의 국회의사당 지하로 설정했다.

사실 의사당 둥근 돔 형태의 지붕이 가진 외형적 특징뿐만 아니라 처마 역할을 하는 수평의 파라펫^{평판 석조물}과 이를 지탱하며 줄지어 서있는 기둥의 크기가 로봇을 숨길 수 있을 정도로 막대한 크기이기 때문에 이런 이야기가 나올 만하다. 태권V가 한국의 아이콘으로까지 발전하자 시사 만화가들은 '방탄 국회' 때마다 돔 안의 태권V를 출동시켜 위정자들의 무능을 고발하는 장면을 그려내기도 했다.

이 내용은 워낙 잘 알려져 있으므로 필자가 직접 김청기 감독에게 왜 국회의사당 지하를 태권V의 기지로 설정했느냐고 질문했다. 김 감독이 로봇 태권V의 기지로 국회의사당 지하를 생각한 것은 당대에 태권V의 비밀 격납장소로 그보다 좋은 곳은 없다고 생각했기 때문이다. 국회의사당 자체가 한국에서 가장 보안이 철저한 곳임은 물론 국회의사당 돔을 닫았다 열었다 하는 것이 그렇게 어렵지 않다고 생각했기 때문이라고 한다. 전 세계에 있는 수많은 천문대의 돔이 필요에 따라 열린다는 것은 잘 알 것이다.[12]

그런데 로봇 태권V 부활 프로젝트를 기획한 전문가들은 태권V의 비밀 장소가 공개되었으므로 수많은 악당들이 출동할 것에 대비하여 국회의사당보다는 다른 위치로 옮기는 것이 적절하다고 제시했다. 새로운 태권V의 부지로는 우선 악당이 미사일을 쏘거나 전투기를 충돌시키더라도 안전하게 보호받을 수 있는 곳이어야 한다. 따라서 원작 애니메이션에 등장하는 돔 형태의 국회의사당 지상기지보다

지하기지가 유리하다는 설명이다.

지하기지는 내구성도 좋다. 일단 지하에 구조물을 설치한다면 일반 건축물과 다름없다. 대상 지역의 지질, 지하수 상태 등을 면밀히 조사해야 한다. 기지가 로봇이 출동할 현장에서 너무 멀리 떨어져서도 안 된다. 태권V의 주요 출동지역이 서울이라면 수도권 구릉지에, 해안 부근이라면 섬에 기지를 건설하는 것이 좋다. 태권V가 발진할 때 상당한 소음과 가스가 발생할 것이란 점도 고려해야 한다. 기지가 민가에 가깝다면 주민의 민원이 빗발칠 것이다.[13]

기지를 세우기 위해 특별한 공법이 필요하지 않으며 단지 격납고의 높이를 태권V의 56미터에다 상하좌우로 최소한 15미터를 추가하면 태권V를 수리할 만한 공간이 확보된다. 폭격이나 지진에 대비해 내진설계 등 특수 설계가 필요하다. 문제는 태권V가 이륙할 때다. 로켓 엔진 방식을 이용하므로 이때 엄청난 열과 가스가 발생한다. 이를 재빠르게 배출하고 바깥 공기를 주입하는 1종 환기 시설을 설치해야 한다. 돔구장의 개폐 장치를 이용해 격납고 돔을 열 수 있다.[14]

참고로 한국에서 태권V를 부활시키려는 노력과 마찬가지로 일본에서는 마징가Z에 이은 '건담로봇'을 실제로 제작할 때 비용이 어느 정도일지 추산했다.

건담로봇은 태권V에 비해 여러 면에서 성능이 떨어지는데도 불구하고 그들이 제시한 가격은 그야말로 놀랍다. 인건비나 로봇 운용에 필요한 기반 시설 건설비용은 제외하고 재료비와 가공비만을 따져도 7백9십5억 엔이 조금 넘는다. 우리 돈으로는 9540억 원[100엔당 1200]

제작비가 9천억원이 넘는 「건담 로봇」

원 기준을 상회하는 액수이다.

〈사이언스포털〉은 탱크의 가격은 50억 원, 전투기는 1천억 원, 항공모함은 4조 원 정도라면서 건담의 제작비가 불가능한 고가는 아니라고 말한다. 문제는 비용대비 효과다. 예컨대 실물 건담이 전투기 10대 보다 더 큰 효용이 있을지 의문이라는 설명이다.[15]

건담의 키는 18미터이며 무게가 43.4톤으로 56미터에 달하는 태권V에 비해서는 그야말로 꼬마다. 태권V는 이보다 훨씬 많은 제작비가 들어갈 것은 자명한 일이다. 물론 앞에서 설명한 현대과학으로 불가능한 것을 제외하더라도 말이다. 그러나 태권V이든 건담이든 꿈과 희망을 주는 로봇이므로 실물로 꼭 등장해야 하는 것은 아니다. 물론 먼 미래, 전투기보다 더 효율적인 전투 로봇이 나오지 말란 법은 없다. 그 정도의 기술이 축적되면 태권V가 하늘을 날아다니는 모습을 보는 것도 결코 상상만은 아닐 것이다.

주석

1) 「반갑다, 태권로보트야!!」, 박근태, 과학동아, 2006. 3.
2) 「로봇 태권V 크기 줄이면 제작가능」, 진정근, 「TV리포트」, 2006. 4. 7.
3) 「로봇을 통해 휴머니즘 그리고파」, 박근태, 과학동아, 2006. 3.
4) 「한반도 지키는 태권 거인」, 김영훈, 과학동아, 2006. 3.
5) 「태권V 날개도 없이 비행하려면?」, 장영근, 과학동아, 2006. 5.
6) 「태권V 생각으로만 조종하려면」, 신형철, 과학동아, 2006. 5.
7) 「태권V 광자력 빔 가능할까」, 이충환, 과학동아, 2006. 5.
8) 「태권V 가볍고 튼튼하려면」, 김경태, 과학동아, 2006. 5.
9) 「태권V 로켓주먹 발사하려면?」, 이충환, 과학동아, 2006. 5.
10) 「로봇 태권V 크기 줄이면 제작가능」, 진정근, 「TV리포트」, 2006. 4. 7.
11) 「태권V 지치지 않고 싸우려면」, 권면, 과학동아, 2006. 5.
12) 「국회 해태상 밑에 와인·로봇 태권V 있다? 없다」, 임유진, 이투데이 2012.06.12
13) 「태권V 지하기지냐, 수중기지냐」, 강준호, 과학동아, 2006. 5.
14) 「태권도 10대 기술」, 김상연 외, 「과학동아」, 2006. 3.
15) 「18m 43t 실물 건담 제작비는? 7천억 원」, 김경훈, 팝뉴스, 2008.1.11

5
로봇이
달려온다

무궁무진한 로봇의 활용
의료용 로봇
극한용 로봇
군사용 로봇
가정용 로봇
섹스 로봇

로봇이 우리에게 친밀하게 느껴지는 것과 더불어 위해한 대상으로 변질될 수 있다는 것은 우리의 실생활에 로봇을 얼마든지 활용할 수 있는 길이 열려있기 때문이다. 로봇이 인간의 미래 생활에 큰 영향을 미칠 것임을 의미하는데 과연 그런 가능성이 있는지 현재까지 우리에게 다가 온 로봇을 살펴본다. 사실 로봇이 인간 생활에서 선하게만 사용된다면 우려는 전혀 없다.

인간사를 보면 어떤 경로를 통하든 일단 발명된 것이라면 이를 인간이 선용하느냐 악용하느냐 당대의 정황에 따라 달라진다. 이와 같이 선악이 극단적으로 변질될 수 있는 발명품으로 화약을 거론한다. 화약은 매우 오래전부터 중국에 알려졌는데 이들은 화약을 단지 폭죽으로 사용하거나 또는 연금술의 일환인 신기한 물질로 간주했다.

그러나 화약의 특성이 서양인에게 알려지자 그들은 폭죽과 같이 재미를 돋우는 것이 인간을 살상하는데도 적합한 물질이라는 것을 발견했다. 이와 같은 발상의 전환이 추후 서양이 세계로 진출하는 근원이 되었고 결국 화약을 발견한 중국조차 서양에 무릎 꿇는 계기가 되었다.

로봇도 이와 같은 예로 설명될 수 있지만 화약과는 달리 전 인류를 위협할 수 있다는데 심각성이 있다. 물론 엄밀한 의미에서 아직 그런 정도의 로봇이 개발된 것은 아니다. 그러나 현재의 기술이 토대로 미래가 예약되므로 실생활에 다가 온 로봇을 통해 미래의 로봇에 대해 알아보자.

현실세계에서 다루는 로봇은 지능형 로봇_{휴먼 로봇}과 산업형 로봇으로 나뉜다.

지능형 로봇이란 인간이 주입하는 정보에만 의존하는 로봇이 아니라 인간과 같은 기능을 나름대로 가진 로봇을 뜻한다. 로봇에게 지능이 있다는 것은 다음 세 가지 핵심 요소를 갖고 있다는 것을 말한다.

첫째는 자율성으로 로봇이 인공지능을 갖고 있다는 뜻이다. 여기에는 음성 인식, 비전을 통한 인식, 자율 주행, 감정 인식 및 표현 등이 포함되며 궁극적으로는 인간의 명령이 있기 전에 그 의도를 파악하고 적절한 행동을 로봇 스스로 할 수 있는 것을 말한다.

둘째는 이동성 또는 운동성이다. 로봇이 '똑똑한' 컴퓨터와 다른 점은 스스로 움직이거나 주변의 사물을 움직여 조작할 수 있다는 점이다. 이는 로봇이 주변 상황에 맞추어 인간과 공존하며 움직일 수 있다는 것을 의미한다.

마지막으로 유용성이다. 스스로 움직이는 로봇이라 할지라도 유용성이 없으면 단지 비싸고 복잡한 기계에 불과하다. 빨래를 하는 로봇, 집을 지키는 로봇, 안내하는 로봇은 물론 인간이 범접할 수 없는 위험한 환경 등에서 인간의 수고와 취약점을 보완해 주어야 한다.[1]

즉 외부 환경을 인식하고 스스로 상황을 판단하며 자율적으로 동작할 수 있는 로봇을 지능형 로봇으로 정의하기도 한다. 지능형 로봇은 서비스용 로봇, 제조업용 로봇, 네트워크 로봇으로 나뉘기도 하므로 산업용 로봇을 따로 분류한다는 자체가 다소 모호한 면도 사실이다.[2]

그러나 이 책에서는 로봇을 큰 틀에서 산업용 로봇과 지능형 로봇으로 나누어 설명하며 지능형 로봇도 사이보그와 자율형 로봇안드로이드 포함을 각 장으로 나누어 설명한다. 이 장은 배일한, 정일, 김종환, 공성곤, 오준호, 수 넬슨, 도지마 와코 등 많은 저자의 글에서 참조했다.

 무궁무진한 로봇의 활용

컴퓨터를 이용하여 반복적인 일을 수행하는 명령을 입력하는 기술이 도입되자마자 이를 도입한 아이디어가 도출된다. 자동인형은 순수하게 역학적으로만 만들어졌으므로 빛을 바꾸는 등 외부 환경에 반응하는 것은 아니다. 그러나 진공관을 사용하는 소위 대형 계산기는 외부신호에 반응할 수 있는 가능성을 제시했다. 즉 인형 스스로 조절 가능성을 가진 것이다.

W. 그레이 월터는 1948년 빛의 강도에 반응하고 동물과 비슷하게 움직이는 소형 로봇을 개발하는 데 성공했다. 외부 환경에 스스로 반응하여 자신을 제어할 수 있는 자동기계 즉 로봇 제작의 가능성이 입증된 것이다. 이런 성과는 인간의 지능 수준을 지닌 로봇의 가능성을 예시했고 궁극적으로 현재의 로봇 세계를 여는 단초가 되었다.[31]

그러나 학자들은 로봇의 활용도로 이런 자동기계의 개념이 아닌 산업체에서의 활용 가능성을 보다 높게 보았다. 산업용 로봇은 간단히 말하여 인간의 노동력을 대체할 수 있는 기계를 의미한다. 즉 컴퓨터를 이용하여 대량 생산을 전문으로 하는 산업체에 접목시킬 수 있다는 것이다. 로봇을 재빨리 도입한 나라는 미국과 일본이다.

1954년 미국의 조지 데볼이 '프로그램이 가능한 장치'를 특허 출원하고 1958년 산업용 로봇의 시제품이 미국의 컨솔리데이티드 컨트롤사로부터 발표되었다. 그러나 로봇이 현실에 등장한 것은

1961년으로 제너럴모터스GM가 세계 최초로 공작물을 옮기는 작업에 산업용 로봇을 사용하면서 부터이다. 미국의 조 엥겔버거가 개발한 것으로 '유니메이트Unimate'란 이름을 가졌는데 유니메이트는 유압으로 움직이는 팔을 가진 로봇으로 지능은 현대 말로 '빵점'이지만 쇳물을 녹여 주형에 부어넣는 몇 단계의 일을 충실히 수행했다. 엥겔버거는 세계 최대의 자동차 제조업체인 GM에게 자신이 개발한 로봇이 생산라인에서 대단한 비용을 절감할 수 있다고 설득했는데 그의 제안이 받아들여졌다. 4), 5)

이후 대부분의 산업용 로봇은 인간의 팔을 본떠서 만든 '로봇팔'을 갖고 있는데 사람처럼 어깨, 팔꿈치, 손목에 해당하는 관절이 있다. 어떤 로봇은 허리 관절이 있어 방향도 바꿀 수 있다. 이들은 공기 압력이나 유압 또는 전동 모터 등으로 움직인다. 또한 손에 해당하는 부분에 용접 작업이나 각을 다듬을 수 있도록 특수한 장치를 장착하여 보다 다양한 작업을 소화할 수 있게 만든다.

일본도 산업용 로봇 만들기에 곧바로 착수하여 1967년부터 가와사키 중공업, 야스카와, 나찌-후지코시 등이 로봇 산업에 잇달아 뛰어들어 미국을 따라잡기 위해 엄청난 예산을 투입했다.

유럽도 가만히 보고만 있지 않았다. 스웨덴의 아베베ABB가 1973년 수직 다관절 로봇을 세계 최초로 상용화시켰고 독일 쿠카KUKA사도 독자적인 로봇 제품을 양산해 유럽 자동차업계를 석권하기 시작했다. 프랑스의 푸조Peugeot도 많은 노동자들의 반대에도 불구하고 91개 종류의 용접 로봇을 생산라인에 배치했다. 이들의 효과는 놀라웠다. 이전에는 공장에서 하루에 최대 1,230대 정도의 푸조

405 모델을 생산할 수 있었으나 로봇이 배치된 후에는 한 시간에 500대를 생산할 수 있었다. 더구나 인간이 하기 어려운 위험한 작업에 로봇이 투입되자 자동차의 생산은 더욱 제고되었다.[6]

로봇의 장점은 정밀한 움직임과 강력한 힘으로 주어진 작업을 정확하게 처리할 수 있다는 점이다. 또한 위험한 장소나 혹독한 환경도 개의치 않고 반복되는 지루한 작업에도 전혀 싫증 내지 않는다. 때로는 인간보다 훨씬 빠르게 일을 처리하고 심지어는 장인에게 뒤떨어지지 않는 솜씨를 보여주기도 한다. 더구나 로봇들은 혹사당해도 노조를 구성하지 않으므로 산업체에서 꼭 도입할만한 가치가 있다고 설명하는 사람들도 있다.[7]

한 가지 주목할 만한 것은 대한민국의 산업용 로봇은 순위로 따지자면 가히 세계적인 수준이라는 점이다. 용접용·조립용·운반하역용·도장용 등 통계수치로 나타난 우리나라 로봇산업 규모는 일본·독일·미국에 이어 세계 4위이다.[8]

1984년 대우중공업의 아크용접용 로봇 '노바NOVA-10'을 개발한 후 본격화된 국내 산업용 로봇 규모는 여러 기업과 대학, 그리고 연구소가 참여해 매년 증가했다. 즉 '자동차 생산력 = 로봇 수'라는 공식이 성립된 것이다. 물론 자동차 공장에 설치된 조립용 로봇의 숫자를 바로 그 나라의 로봇산업 수준으로 간주하는 것은 상당한 무리라는 점을 이해할 필요가 있지만 정부에서 로봇산업을 정책적으로 육성하고 있으므로 로봇에 대한 환경이 좋아진 것은 사실이다.

이에 부응하여 최근에는 국내 산업용 로봇의 용도가 자동차 분야를 넘어 다양해지고 있다. 원자력연구소에서는 방사능에 노출된 관의 내부를 청소할 수 있는 로봇을 개발했다. 포항공대에서는 제철소의 뜨거운 쇳물 양을 노즐로 조절하는데 사용되는 무거운 센서를 커다란 쇳물통에 꽂을 수 있는 로봇시스템을 개발했다. 또한 제철소 굴뚝을 청소하고 뜨거운 쇳물찌꺼기를 걷어내는 로봇도 개발했다. 산업체에서의 로봇이 활약할 분야는 무궁무진한 셈이다.[9]

영화 「포트리스 Fortress」는 미래 사회를 배경으로, 지능을 가진 컴퓨터가 통제하는 첨단 시설의 지하 감옥을 탈출하는 이야기를 그렸는데 이곳에 나오는 장면 중 일부는 실제로 활용 중이다. 영화에서는 쇠창살을 대신하는 살인 레이저 빔, 죄수를 감시하기 위해 그들의 몸 속에 이식하는 기생충, 죄수의 뇌와 행동을 실시간마다 체크하는 로봇 등이 등장하는데 이와 유사한 로봇을 '데닝모빌로보틱스 Denning Mobile Robotics, Inc'에서 길이 1.22미터, 무게 91킬로그램의 죄수 감시형 로봇을 개발했다. 아직 영화보다는 떨어지는 수준이기는 하지만 이 로봇은 「포트리스」처럼 감옥의 복도를 시속 5마일로 이동하면서 순찰할 수 있다. 이들 로봇은 소리와 화면을 전송할 수 있으며 인간의 냄새도 감지하며 죄수 폭동 등과 같은 위험한 상황 속에서 임무를 수행한다. 로봇의 활용도가 얼마나 넓은지를 알 수 있는 대목이다.

오스트레일리아에서는 양털을 깎는 농업용 로봇이 개발되어 유용하게 쓰이고 있다. 흥미 있는 개발품은 로봇 돼지엄마이다. 일반적으로 새끼 돼지 중 20퍼센트 정도가 어미 돼지의 질환이나 젖 분비 부족으로 희생된다. 미국의 돈 고던 박사는 암돼지가 젖을 주는 속성

규칙적으로 젖을 주는 로봇 어미돼지

을 철저하게 연구했는데 암돼지가 매우 규칙적으로 아기 돼지들을 키우는 것을 발견했다.

우선 어미 돼지는 엄격한 규칙성을 가지고 한 시간에 딱 한 번만 아기 돼지에게 젖을 물린다는 사실이다. 어미는 정확하게 55분이 지나면 아기들을 불러 5분 동안 젖을 주었다. 둘째는 아기 돼지들을 확실하게 조정하는 것은 꿀꿀거리는 소리의 장단으로 어미가 1분 정도 느리게 내는 꿀꿀 소리는 '젖줄 시간이다'라는 소리이고 이어 두 배쯤 빠른 꿀꿀 소리는 빨리 와서 먹으라는 소리이며 더 줄 젖이 없으면 어미는 다시 꿀꿀 소리의 속도를 줄인다. 이런 습성을 그대로 로봇이 차용하자 어린 돼지들은 돼지 로봇에 적응하여 규칙적으로 젖을 공급받을 수 있었다.[10]

미국 조지아공대 개리 맥머리 박사 연구팀이 개발한 것은 인간만큼 빠르고 확실하게 닭의 뼈를 발라낼 수 있는 로봇인데 예상보다 반응이 좋다. 사실 이 분야는 로봇 개발자들의 오랜 숙원이었다. 미국인이 가장 많이 먹는 육류가 닭고기인데 1인당 1년에 약 38킬로그램을 소비한다. 이들의 자동화 처리는 오래전부터 연구 대상으로 세계 수많은 과학자들이 닭 뼈를 제거하는 로봇 개발에 도전했지만 실패했다. 로봇의 기능이 정교해져 수술을 할 정도가 되었지만 사람의 눈과 손이 하는 것처럼 정확하게 닭의 뼈와 살을 분리해내는 기술은 로봇이 모방할 수 없으므로 닭의 뼈를 제거하는 지루하고 단순한 작업은 반드시 사람이 해야 했다.

맥머리 박사의 로봇은 3차원 스캐닝 방식으로 생닭의 정확한 크기, 굵기, 형태 등을 인식한다. 체형과 육질이 제각각인 닭의 껍질·살·뼈 위치를 파악한 다음 한쪽 팔에 장착된 외과용 칼로 뼈와 살코기를 분리해낸다. 로봇이 생닭 한 마리의 뼈를 깨끗이 발라내는 데 걸리는 시간은 숙련된 사람이 하는 것에 크게 뒤지지 않는다.[11]

흥미로운 로봇은 달팽이 킬러로봇 SlugBot이다. 한국에서는 달팽이의 피해가 많지 않지만 유럽에서의 달팽이는 농사를 망치는데 일등 공신인데 영국에서 개발된 달팽이 킬러로봇은 1시간에 100마리 이상의 달팽이를 잡아낸다. 달팽이는 기본적으로 야행성이므로 이미지 센서를 장착하여 팔 끝에 있는 3개의 손톱이 달팽이를 발견하면 정확하게 잡아 탑재한 받침접시에 넣는다. 가동에 필요한 에너지는 달팽이를 분해하여 전기로 변환시키므로 일석이조의 효과도 갖는다. 이 로봇은 4개의 다리로 360도 회전이 가능하며 반경 2미터의 범위에 있는 달팽이를 잡을 수 있는 팔을 갖고 있다.

수중에서 사용될 수 있는 물총 로봇 Robo-Boat도 있다. 양어장이나 작은 호수 등에서 양식하는 어패류를 노리는 새들을 쫓아내는 로봇이다. 이 로봇은 물 위를 순회하면서 새들이 물속에 있는 어패류를 먹으러 날아오면 곧바로 물을 발사해 쫓아낸다. 한마디로 물 위의 '허수아비'다. 물총로봇은 소형 보트와 같은 모습으로 동력은 태양전지가 해결한다. 학자들은 물총 로봇이 수면을 끊임없이 이동하고 있는 자체만으로도 새를 쫓아버리는 효과를 얻을 수 있다고 생각한다.[12]

로봇의 활용도에서 건설, 조선 분야도 빠질 수 없다. 토목·건설 분야는 인간이 하기 싫어하는 대표적인 3D 작업difficult, dirty, dangerous 중의 하나이다. 산업용 로봇이 사람이 하기 힘든 용접 분야에 가장 먼저 채택되었듯이 토목·건설에 동원되는 로봇의 활약은 대단하다. 건설 로봇을 투입하여 초고층 빌딩도 기능 인력을 동원하지 않고 건설할 수 있다. 토목·건설 공사는 의료 기구와 같이 정밀하지 않아도 되는 부분이 많으므로 골조공사에서부터 내·외장 공사에 이르기까지 전 공정에서 인간 대신 로봇이 작업을 대신한다. 학자들은 로봇 건설이 활성화되면 인원 대체효과 외에도 작업시간을 이전의 절반으로 단축할 수 있다고 추정한다.

현재 토목·건설 분야에서는 벽을 인식해 충돌 없이 경로를 바꾸면서 공사하는 바닥 연마 로봇, 벽면을 따라 가면서 드릴로 뚫는 로봇 등이 투입되고 있다. 이들 로봇은 고층 건물의 벽면을 따라 이동하면서 음파 센서와 CCD카메라를 이용해 건물의 안전을 진단하고 결과를 컴퓨터에 도면으로 표시한다. 벽에 그림을 그리는 벽화 로봇은 원화의 정보를 컴퓨터에 입력하면 그것을 바탕으로 벽화를 원화에 따라 그려 준다. 대형 작업 외에도 건물 내부의 환기통이나 배관 속을 돌아다니면서 작업하는 로봇도 활동 중이다.[13]

한국의 조선 산업은 세계 점유율 1위를 차지하고 있다. 특히 액화천연가스LNG를 운반하는 선박은 타의 추종을 불허한다. 그런데 국제 규약에 따라 선박의 벽을 설계하는 표준이 이중 구조로 바뀌었다. 즉 바닷물과 접촉하는 외벽이 있고 3m 정도 간격을 두고 내벽이 또 있어야 한다. 외벽이 뚫려도 내벽이 있으면 선박 내부의 액화천연가스 등이 유출되지 않기 때문이다. 그런데 이런 이중 구조의 벽은 제작하기 어렵다. 작업자가 3m의 간격 속으로 들어가서 용접 작업을 해야 하기 때문이다. 이 3m의 간격은 거의 밀폐된 고립된 공간으로 용접할 때 용접열과 용접 연기 등으로 엄청나게 괴롭고 위험하다. 이 작업을 로봇이 할 수 있다면 그야말로 적격이다. 한국에서 개발된 자율주행형 용접 로봇이 바로 그것이다.[14]

교통 체증이나 도로 공사 등의 정보를 바탕으로 자동차의 흐름을 유도하는 '지능형 교통 시스템 Intelligent Transport Systems'도 따지고 보면 인간을 둘러싼 거대한 로봇의 한 개념으로도 간주한다. 자동차가 차선을 벗어나면 경고하거나 장애물을 감지해서 자동차에 알려주는 주행지원 시스템도 로봇 개념이 도입되지 않으면 해결할 수 없는 분야이다.

사실 이 분야로 가장 잘 알려진 것은 영화 「배트맨」과 텔레비전 시리즈 「전격 Z작전 Knight Rider」이다. 「전격 Z작전」에서 주인공 마이클이 타고 다니는 자동차 키트 Knight Industry Two Thousand는 로봇화 된 자동차의 전형이다.

키트는 자동조종, 자동추적, 충돌 회피기능이 있고, 주인공과 대화할 수도 있다. 놀라운 것은 마이클의 지시를 받기도 하지만 자신의 판단으로 마이클을 감옥에서 구하거나 위기에서 구출하기도 한다. 엄밀한 의미에서 「배트맨」에 나오는 자동차는 키트에 비해서 한참 아래 수준이다.[15], [16]

인하대 기계공학과 김재환 교수는 종이에 전기를 걸면 진동으로 떨린다는 사실에 주목했다. 고체에 전기를 흘려주면 떨림 현상이 발생하는 압전효과와 종이 내부의 결정과 비결정 부분을 옮겨 다니는 전하 움직임이 힘으로 바뀌는 이온전이현상을 실제 소형기구에도 활용할 수 있다는 것이다. 김 박사의 예상대로라면 무선을 이용한 전기 공급까지 가능해져 '종이 로봇'도 만들 수 있는데 이는 종이의 아주 미세한 떨림을 이용해, 잠자리나 나비처럼 아주 유연하게 움직일 수 있다. 김 박사는 무거운 배터리를 싣고 다니지 않고도 10~20기가 헤르츠 GHz의 전파만 쏘여주면, 수신된 전파를 이용해 이동하는 데 필요한 동력과 수집한 정보를 되돌려 보내는 데 필요한 신호를 만들어낼 수 있다고 한다.[17]

　　종이를 접는 것으로 정교한 로봇이 만들어 질 수 있다면 한국의 손재주 좋은 어린이가 로봇 만들기에 1등할 것은 틀림없다.

　　산업용 로봇에서 중국의 도전은 거세다. 우선 장난감 분야에서 중국이 독보적인데 로엔드 Low-End 분야는 물론 하이테크 토이 말하고 원격조종되는 로봇 장난감의 약 80퍼센트를 공급한다. 또한 세계 자동차업체들이 중국에 신규 설비투자를 하면서 자동차 분야에서의 로봇 수요도 세계 선두권이다. 더불어 중국이 우주선을 발사하고 우주도킹까지 성공하는데는 중국이 자체로 개발한 로봇이 큰 역할을 했다. 이에 고무되어 미국에 이어 두 번째로 달에 보내는 계획을 추진하고 있을 정도다.

　　중국의 산업용 로봇 개발은 다른 나라와는 궤를 달리한다. 중국 자체가 다른 나라에서는 상상할 수 없는 값싼 노동력이 있으므로 로봇보다는 인간의 노동력을 우선하기 때문이다. 로봇의 시장이 무한대로 성장할 수 없는 한계가 있다는 뜻이다. 그럼에도 불구하고 외국의 수많은 회사들이 중국에 진입하면서 로봇을 활성화시키고 있으므로 21세

기의 로봇 개발에서 중국이 큰 역할을 할 것은 틀림없는 사실이다.[18]

 **의료용 로봇**

로봇이 가장 활발하게 활용되는 분야는 인간의 생명과 관련된 의료 분야이다. 캘리포니아 공과대학의 졸 버딕^Joel Burdick 교수팀이 개발한 진단용 로봇은 직장을 통해 장 속으로 들여보내면 장 속의 여러 가지 상황을 몸 밖으로 전송한다. 한국과학기술연구원^KIST에서 개발한 '미로'형과 같은 로봇으로 알약처럼 꿀꺽 삼키면 로봇에 내장된 카메라가 영상을 찍어 컴퓨터로 전송하는데 의사들이 모니터를 보면서 조이스틱을 사용하여 로봇의 진로를 조종할 수도 있다.

의료용 로봇의 장점은 고부가가치 때문이다. 미국에서 청소로봇은 300달러 정도인데 의료용 수술 로봇은 250만 달러에 달한다. 삶의 질을 향상시키는데 의료분야가 중요한 것은 부연할 여지가 없다. 의료용 로봇의 분야는 크게 다음 네 분야로 집중된다. ① 수술 로봇, ② 의료 시뮬레이터, ③ 재활 로봇, ④ 마이크로 로봇이다.

일부 의학 전문가는 로봇 수술의 정확도가 미사일보다도 높다고 말할 정도다. 헨리 마시 박사는 현재의 뇌수술을 대형 굴삭기로 옷핀을 집어 올리는 일에 비유했다. 1밀리미터 이하의 오차라도 발생한다면 환자는 치명상을 입을 수 있다. 이런 면에서 로봇이 인간 의사보다 더 유리할 수가 있다.

실제로 심각한 운동장애를 일으키는 파킨슨병 수술 즉 뇌에 전극을 심을 때 정확한 위치를 찾기 위해 로봇이 큰 활약을 한다. 파킨

슨병에 걸린 환자는 몸을 떨고 근육이 굳어지는데 병의 근원은 뇌 깊숙이 자리 잡은 작은 구역인 흑질 substantia nigra에서 발생한다. 그 구역의 일부 뉴런들은 매우 중요한 전령과 수송자 역할을 하는 도파민을 생산한다. 그 뉴런들의 계를 전기적으로 자극하면 도파민 분비가 증가하는데 문제는 그 도파민 계의 위치를 정확하게 파악하는 것이 중요하다. 로봇이 환자의 머리 전체에 티타늄 구슬을 기준점으로 배치하여 3차원 좌표를 찾은 후 전극을 이식하는 것이다. 이런 장치를 로봇이라고 부르기 보다는 정밀제어기로 부를 수도 있지만 큰 틀에서 로봇의 범주에 포함되는 것은 물론이다.[19]

지극히 정밀성을 요구하는 최소 침습수술^{외과 수술 중 적절한 도구나 방법을 이용해서 절개 부위를 최소화하는 수술}을 위한 뇌나 복강경 수술 로봇, 고관절 전치환술용 수술^{사고나 질병으로 골반과 대퇴골을 연결하는 고관절이 손상되었을 때 인공 관절로 고관절을 치환} 로봇이 개발되었고 로봇이 수술할 수 있도록 고안된 지능형 수술도구도 개발되었다. 이런 기술은 암 환자들에게는 구세주와 같다. 의사들이 뇌종양을 제거하기 위해 두개골을 열어도 육안으로는 어디에 종양이 있는지 파악하는 것이 쉽지 않다고 한다. 뇌는 인체의 사령탑이므로 뇌종양 수술이라도 뇌의 중요 부분은 가능한 건드리지 않고 종양만 없애야 하기 때문이다.

자기공명영상장치^{MRI}는 로봇의 성능을 한 단계 업그레이드시키는데 큰 기여를 했다. 뇌를 단층 촬영하는 MRI는 강한 자기장 속에서 세포의 수소 원자핵이 발생시키는 자기 공명을 측정하여 종양의 위치를 파악한다. 의사들은 수술하는 동안에도 종양의 위치가 계속 변할 수 있으므로 종양의 위치를 수술이 끝날 때까지 계속 확인해야 한다고 하는데, 여기서 로봇의 진가가 발휘된다.

수술실에서 사전 검사를 통해 얻은 영상정보를 하나로 모아 가상현실 기술을 이용해 환자의 뇌를 투영한다. 의사가 종양들 중 큰 덩어리들을 우선 제거하고 수술을 일단 중단한다. 그리고 옆에 있는 MRI 장치로 수술 침대를 회전시켜 환자의 뇌를 촬영하면서 종양을 계속 절취한다. 이때 원격조종이 가능한 로봇을 이용하면 의사의 손으로 제거할 수 없는 매우 미세한 종양까지 남김없이 제거할 수 있다는 설명이다.

사람 손을 대신해 예리한 메스를 잡아 암 덩어리를 잘라내고 찢어진 부위를 정밀하게 실과 바늘로 꿰매는 수술로봇. 흔히 '다빈치'라는 별명으로 불리는 이 로봇은 1999년부터 보급되기 시작해 2008년까지 세계적으로 약 1000대가 보급될 정도로 폭발적인 인기를 끌고 있다. 다빈치는 크게 두 부분으로 되어 있는데, 팔과 몸통으로 구성되어 있는 로봇 카트 the robotic cart, 그리고 의사가 로봇을 조종하는데 쓰는 수술콘솔 the operating console 이다. 로봇카트와 수술콘솔은 전선으로 연결돼 있어 수술실 환경에 따라 어느 정도 거리가 떨어져 있어도 상관없다.

로봇 카트는 약 2m의 높이로 무게가 544kg이나 되는데 본체에 4개의 팔이 붙어 있다. 가운데 있는 팔에는 환자의 몸속을 들여다볼 수 있는 복강경 endoscopic stack 카메라가 붙어 있고, 그 주위로 수술용 기구를 다루는 팔이 3개가 더 붙어 있다.

작동 방법도 그야말로 간단하다. 다빈치는 의사의 손동작을 그

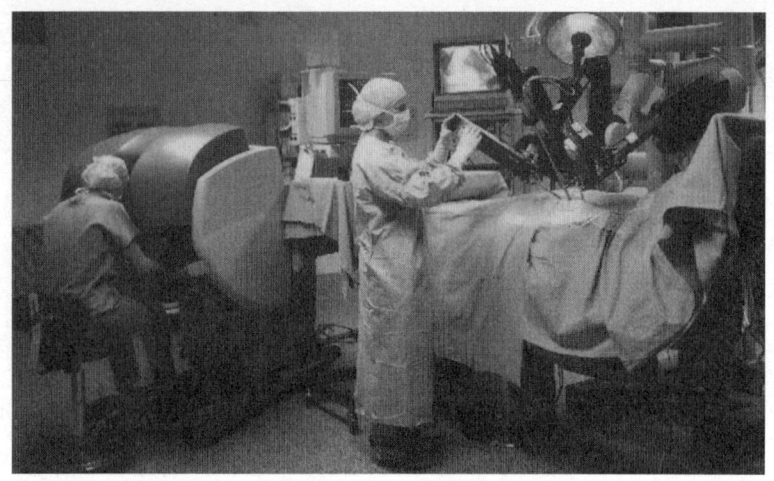

로봇 다빈치의 수술장면

대로 흉내 낼 수 있도록 만들어져 있다. 양쪽 손의 엄지와 검지를 수술콘솔 안에 있는 골무에 끼우고 움직이면 로봇의 팔에 붙어있는 수술집게도 그대로 움직인다. 밑에 있는 발판을 밟고 팔을 앞, 뒤로 움직이면 로봇팔도 따라서 작동한다. 이때 환자에게 직접 수술하는 것은 의사가 아니라 로봇 팔이다.[20] 로봇은 의사의 동작을 로봇이 그대로 재현할 뿐만 아니라 로봇팔이 사람의 손보다 정교해 수술 부위의 신경세포를 건드리지 않아 부작용을 줄일 수 있다.

우리나라에도 다빈치가 2005년 처음 도입된후 2010년 기준 39대나 설치되어 로봇 수술에 관한 한 세계를 선도하고 있다. 우선 다빈치 로봇을 전립선암에 거의 100% 쓰는 외국과 달리, 한국은 갑상선암·자궁암·췌장암·대장암 등 다양한 암에 적용하고 있는 등 전 세계에서 로봇수술이 가장 활발하다. 고려대 안암병원은 2008년부터 미국 메이요클리닉이나 클리블랜드클리닉 등 세계 최고 암병원 의료진이 보고 배우도록 직장암 로봇수술을 원격으로 생중계 해줄 정도로 그 능력을 인정받고 있다.[21]

뇌수술과 함께 최고 난이도를 보이는 '바이패스 수술'도 로봇이 해결한다. 바이패스 수술은 심장 박동을 멈춘 후 막힌 심장혈관을 갈아 끼우므로 함부로 수술하기 어렵다. 그런데 조이스틱처럼 생긴 조종기를 이용하는 '로봇 수술'의 발달로 환자들은 이제 가슴에 구멍 몇 개만 뚫어 바이패스 수술을 할 수 있다.

전통적인 심장외과 수술은 환자의 가슴을 30센티미터 정도 가른 뒤 흉골 사이로 톱질을 해서 심장이 드러날 때까지 갈비뼈를 절개한다. 이러한 수술이 환자의 몸에 엄청난 부담을 주는 것은 물론, 상처 자국을 크게 남긴다.[22] 그런데 최소절개 흉부수술을 가능하게 만든 '다빈치 시스템'을 사용하면 가슴 등을 길게 가르지 않고 1센티미터 정도의 구멍 서너 개만 뚫으면 된다.[23] 그러므로 특히 일반적으로 2~4주 정도 입원해야 했던 기존 심장수술의 요양기간도 3~4일로 줄일 수 있다.

퇴행성관절염, 류머티즘성 관절염, 외상성 관절염으로 인해 무릎이나 엉덩이 관절에 이상이 생겨 일상생활이 어려운 관절수술도 로봇이 담당하고 있다. 관절 자체가 망가져 이로 인해 통증, 운동제한 및 보행에 제한을 받을 경우 인공으로 관절을 바꾸어 새로운 관절을 만들어주는데 기본적으로 뼈의 공간에 임플란트를 삽입한다. 수술의 정밀도는 물론 연한 뼈의 손상 등으로 성공률이 낮은 것이 문제였다. 그러나 로봇 수술은 수술 전 뼈의 모양, 형태, 위치 및 방향 등을 컴퓨터에 그대로 본떠 입력하여 거기서 산출한 데이터로 사람의 손이나 눈 대신 로봇을 이용하므로 성공률이 높다.[24]

로봇을 이용한 인공관절 치환수술은 수술 전 3차원 전산화 단층 촬영CT을 통해 수술부위의 피부를 절개하고, 0.1㎜ 내의 오차로 뼈를 정밀하게 절삭, 체중이 실리는 부위에 인공관절을 안착시킬 수 있다는 것이 장점이다.[25]

로봇 수술의 중요성은 환자의 생존율로서도 알 수 있다. 의사들은 종양제거 환자의 수술 후 5년간 생존율은 환부 전체를 제거했다면 약 40퍼센트라고 말한다. 그런데 95퍼센트밖에 제거하지 못한 경우에는 그 절반인 20퍼센트로 떨어진다. 단 5퍼센트의 차이로 5년 이상 살 수 있는 환자의 수가 2배로 증가하는 것을 보면 로봇 수술이 얼마나 효율이 좋은 지 알 수 있다.

수술 로봇은 외과 의사에게 특히 호평을 받고 있는데 그것은 외과 의사의 정년을 크게 늘릴 수 있기 때문이다. 수술 로봇은 의사의 수명을 단축시키는 주범 중 하나인 손떨림이 로봇 팔에는 전달되지 않기 때문에 손이 다소 떨리는 사람도 정밀한 수술을 가능하게 해 준다. 최신형 디지털 카메라에서 흔히 볼 수 있는 손떨림 방지장치가 설치돼 있는 것과 같은 원리이다. 수술 로봇의 등장으로 과학자들은 80세의 노老의사가 수술하는 광경도 적지 않을 것으로 추측한다.

치명적인 사고로 부상을 당해 다리를 잃어버린 경우를 보완할 수 있는 로봇다리도 개발되었다. MIT공과대학의 휴 헤르 박사는 열일곱 살 때 산을 오르다 조난을 당해 구조되긴 했으나 심각한 동상으로 결국 두 다리를 자를 수밖에 없었다. 사고 이후에도 의족을 구입해 다시 등반을 시작했지만 의족으로 산을 오른다는 것은 매우 위험하고 힘든 일이었다. 그는 조금씩 의족을 자신에게 맞게 개조하기 시작했고 결국 의족을 착용한 채 빙벽 등반에 성공하기도 했다.

산악인에서 과학자로 꿈을 바꾼 그는 자신의 예를 참고삼아 로봇 다리를 개발했는데 로봇 다리는 무릎과 발목 각 부분에 있는 센서로 하여금 사람의 걷는 속도와 힘을 파악해 자동으로 작동하게 만들었다. 과거의 의족은 센서나 동력 없이 그냥 스프링만 있는 단순한 보조기구였다. 그래서 걸을 때 발생하는 충격을 충분히 받을 수 없어 계속 걸으면 의족을 착용하지 않은 다리에 더 많은 충격을 준다. 의족을 착용한 사람들이 걸을 때 훨씬 힘들어하는 것은 이 때문이다. 이런 문제점을 해결한 로봇 다리를 착용하면 보다 빨리 걸을 수 있고 쉽게 계단을 오를 수 있다.[26]

원격조종 수술이 가능하다

의료 로봇으로 가장 각광을 받는 것은 원격조종 수술 로봇이다. 2001년 세계 최초로 본격적인 대륙간 원격수술이 성공했다. 프랑스 루이 파스퇴르대학 원격수술연구소의 자크 마레스코 박사의 지휘로 미국 뉴욕의 수술진이 원격조종 수술로봇을 이용해 프랑스 스트라스부르에 있는 환자의 손상된 담낭을 제거하는데 성공하였다. 수술의 성공으로 68세의 여자 환자는 수술 후 이틀 만에 퇴원했다고 알려진다.

이 수술은 미국과 프랑스의 의료진이 비디오와 초고속 광통신으로 서로 연결돼 이뤄졌다. 환자가 있는 스트라스부르와 7천km 떨어져 있는 뉴욕 마운트 시나이 메디컬센터의 수술진은 비디오 화면을 통해 환자를 보면서 수술로봇을 원격조종했다. 연구진에 따르면 환자의 안전을 위한 원격수술 영상의 최소 전송시간 간격은 0.33초인데 원격조종으로 0.155초 만에 수술진의 비디오 화면에 수술로봇의 움직임이 그대로 전송되어 수술을 진행할 수 있었다.[27]

의료 로봇은 전쟁터에서 더욱 큰 활약을 하는데 군사용 로봇의 단원에서 설명하지 않고 여기서 설명한다. 미국은 국방첨단연구개발국 DARPA과 에너지부 등의 지원으로 수술 침상과 로봇팔 등을 개발하고 있는데 목적은 다양한 시스템을 결합해 원거리에서 로봇을 이용해 최대한 빨리 응급수술을 하는 것이다. 미국 텍사스 대학의 델버트 티저 교수는 전쟁터에서 '트라우마 포드 Trauma Pod'라는 원격수술 로봇 시스템이 활약할 시나리오를 이렇게 말한다.

전쟁터에서 병사가 다치면 동료 병사가 상황을 무선으로 알린다. 곧바로 응급 수술실이 딸린 무인 후송차량을 출동시켜 부상병을 들것으로 옮기도록 한다. 부상병이 수술 침대에 누우면 신체 스캐닝장비가 작동돼 부상 부위를 찾아 진단을 내린다. 이어서 원격지의 의료진들이 차량에 있는 로봇을 작동시켜 수술을 한다. 수술이 끝나면 무인 비행기가 출동해 병사를 싣고 병원으로 후송한다.

전장에서 부상당한 장병의 생사는 신속한 시술에 달렸으나 위험한 현장에 의료진이 직접 투입하기는 어려우므로 이 일을 로봇이 담당한다면 부상병 치료의 개념이 획기적으로 바뀔 것이라는 전문가들의 설명이다.

원격 조종 로봇개념을 보다 확대하면 전 세계 의료 체계를 일원화시킬 수 있다는 생각으로까지 발전한다. 화장실에서 오줌이나 변을 보면 곧바로 인터넷망과 연결되어 의료정보센터로 입력된다. 입력된 정보는 일차적으로 전문요원에 의해 분석되어 이상이 발견되면 곧바로 전문의에게 연결, 후속조치를 취하게 한다. 필요시 앞에 설명한 것과 같이 원격 수술도 불가능하지는 않다.

의료 로봇이 활성화되면 수술실에서 집도의를 돕는 간호사들이 자취를 감출 수도 있다. 미국 컬럼비아대학의 마이클 트리트 박사는 로봇 간호사 '페넬로페Penelope'를 개발하고 있다. 이 로봇은 인간 간호사 수업을 다년간 받아 의사의 음성에 반응하면서 수술도구를 정교하게 다룰 수 있다. 로봇이 본궤도에 오르면 머지않아 동네 병원에서도 로봇수술이 이루어진다. 이상이 생기면 로봇에게 갈지, 명의를 찾을지 고민해야 하는 때가 금명간 다가올 것이다.[28]

보모와 같은 기능도 로봇이 해결할 수 있다. 자폐아와 같이 놀 수 있는 친구 로봇이다. 미국 밴더빌트대학교의 닐란잔 사르카르 교수는 자폐아와 간단한 공놀이를 할 수 있는 로봇을 개발했다. 이 로봇은 자폐아의 심장박동, 발한, 시선 등 생리적인 지표와 미세한 변화를 측정해서 자폐아의 감정을 관찰한다. 그리고 자폐아가 지루해하거나 짜증내는 징후가 포착되면 놀이를 바꿔 아이가 다시 흥미를 느낄 때까지 한다. 자폐아라는 특수성을 감안하면 인간의 정교함을 모두 대입하지 않아도 되는 장점이 있지만 로봇이 상대방의 마음과 감정에 따라 자신의 행동을 조절하게 된다는 것은 휴먼 로봇으로 다가

가는 중요한 단계임이 틀림없다.[29]

 ## 극한용 로봇

사람을 대신하는 로봇이 진가를 발휘하는 곳은 아주 위험한 곳 즉 극한 환경이다. 1986년 옛 소련 우크라이나 지방의 체르노빌 원자력발전소에서 누출된 방사능으로 인해 소련은 물론 유럽 전역에 걸쳐 농산물이 방사능의 영향을 받았다. 당시 전 세계인들이 염려하던 원자력발전소의 추가 붕괴를 막기 위해 투입된 소방관과 군인들이 진압 활동을 하면서 상당수가 희생되었다. 이 당시 로봇이 있었다면 불필요한 인명피해는 없었을 것이라는데 많은 사람들이 공감했다.

이러한 방재 분야에서 로봇이 활동할 수 있는 공간은 상상할 수 없을 정도로 많다. 작게는 화재 발생시 조기 신고를 하거나 직접 초기 진화를 하는 시스템이 있으며, 크게는 인간이 직접 진화하기 힘들거나 아주 위험한 화재 진화를 위한 로봇도 개발되고 있다.

2001년 9월 테러로 인해 뉴욕의 세계무역센터가 붕괴되자 20여대의 수색·구조 로봇이 행방불명된 사람들을 찾는데 동원되었다. 행방불명자의 수색과 구조에 동원된 로봇은 로빈 머피 박사가 개발한 것으로 형태가 다양하여 복부로부터 소형 로봇을 꺼낼 수 있는 캥거루와 같은 아기주머니 형태의 로봇, 몸체를 평평하게 하여 좁은 틈새를 통과할 수 있는 로봇, 수직으로 똑바로 서서 장애물을 뛰어넘는 로봇, 주변의 상황에 따라 자세를 바꾸는 로봇은 물론 군사용으로 설계된 극비로봇도 출동했다. 이들 군사용 로봇은 구출작업에 한정해 기밀취급이 해제된 것이라고 한다.

아기주머니 형태의 로봇은 대형의 '엄마'로봇과 소형의 '아이'로봇을 합체한 것이다. 아이로봇은 몸체가 매우 작기 때문에 붕괴현장의 좁은 틈새를 비집고 들어가 수색할 수 있는데 엄마로봇에는 아이로봇을 조종하는 컴퓨터가 탑재되어 아이로봇이 무엇을 발견하면 엄마로봇을 거쳐 구조팀에 알린다. 이들이 열악한 환경임에도 구조에 투입될 수 있는 것은 가스나 연기에 영향을 받지 않고 피로나 공포감도 느끼지 않기 때문이다.

애벌레와 같은 기능이 있는 로봇도 활용도가 많다. 애벌레처럼 폈다 접었다하면서 몇 센티미터에 불과한 좁은 공간에 들어갈 수 있다. 이 로봇은 구조대원들이 투입되기 전에 방사능이나 산소 수치 등을 체크하여 현장이 안전한지 여부를 알려준다. 이를 보다 발전시켜 침입자를 판단하여 신고 또는 감시 더 나아가 검거하는 방범시스템도 있다. 화재예방과 방범활동 등 위험한 분야라면 앞으로 로봇이 기본적으로 제일 먼저 출동한다고 해도 과언이 아니다.

하수구의 어디가 막혔는지를 찾아내는데 로봇처럼 적합한 도구는 없을 것이다. 기본적으로 하수구의 문제점은 파이프 안에서 생기는데 인간이 들어갈 수는 없다. 독일에서는 직경 1미터 이하인 파이프 속으로 사람을 들여보내는 자체가 법으로 금지되어 있다. 파이프 속의 환경이 매우 나쁘기 때문에 로봇을 작동시키는 것조차 어려울 정도지만 로봇이 파이프 속에 들어가 파이프 속의 문제점을 알아내고 최적화된 행동을 취하는 것이 마냥 불가능한 일은 아니다.[30]

소형로봇은 고고학 탐험에도 사용된다. 1990년 8월 이집트 고

고청은 독일 고고학 연구소에 가장 큰 대형 피라미드의 환기 시스템의 설치를 의뢰했다. 쿠프의 대형 피라미드에 시리우스별을 향한 환기구 2개가 있음. 독일 고고학 연구소장 라이너 슈타델만은 독일의 로봇 기술자인 루돌프 간텐브링크에게 최첨단 소형로봇을 이용하여 환기창을 탐색하도록 허가했다. 간텐브링크는 왕비의 방 남쪽 갱도의 좁은 입구로 카메라가 달린 로봇을 투입하여 놀라운 사실을 포착했다. '유퍼트 2호 Upuaut-2'라고 명명한 로봇이 60미터 지점에서 '내리닫이식 문'을 발견한 것이다. 이 표면이 부드럽고 광택이 날 정도로 잘 연마되어 있는 내리닫이식 문 밑에 약간의 틈새도 보이는데 흥미롭게도 문 표면에서 직각으로 두 개의 동제 못이 반대방향으로 박혀있다. 이 문을 촬영한 비디오는 1993년 4월 런던의 〈인디펜던트〉지에 게재되어 세계적인 주목을 받았다. 그 당시의 기사는 다음과 같다.

고고학자들은 이집트 최대의 피라미드 내부에서 이제까지 알려지지 않았던 방의 입구를 발견했다. (중략) 몇 가지 증거에 의하면 이 방에 쿠프 파라오의 보물이 소장되어 있을 가능성이 있다. 보물은 거의 틀림없이 완전한 상태로 있을 것이다. 방의 입구는 폭과 높이가 20센티미터에 길이가 65미터인 긴 통로 끝에 있다. (중략) 이 통로는 큰개자리의 시리우스별을 가리키며….

이 발견은 쿠프의 피라미드 내에 보물이 있느냐 없느냐로 비화되었고 피라미드 내부를 본격적으로 탐사하자는 여론이 비등했다. 그러나 간텐브링크로 하여금 갱도를 탐사하게 했던 독일 고고학 연구소는 '갱도 끝에 방이 있을지도 모른다는 생각은 넌센스다'라고 단호하게 부정했다. 결국 이집트 정부는 이들의 논쟁이 가열되자 독일 탐사팀에게 피라미드 탐사 재개를 허가하지 않는다는 통보를 보내 시끄러운 논쟁에 종지부를 찍었다. 이집트가 대피라미드의 발굴을 허가하지 않은 이유는 간단했다. '파라오의 안식을 해칠 수 없다'는 것이었다.[31]

과학자들이 가장 기대를 거는 분야가 극한 환경에서 작동할 수 있는 로봇인데 해저 탐사에는 로봇이 없으면 원천적으로 연구 자체가 불가능할 정도이다. 지구 표면적의 70퍼센트를 차지하는 바다 속이나 영하 수십 도의 극지 탐사는 이제 로봇의 활동무대가 되었다. 현재 석유 회사들은 원격조종 로봇을 이용해 수심 1킬로미터 이상에서 석유 탐사작업을 하고 있다.

1985년 대서양에 침몰한 인도 여객기의 블랙박스를 회수한 것도 심해용 로봇이었다. 공전의 흥행에 성공한 영화「타이타닉」에서 1912년 처녀항해 때 빙산과 충돌하여 침몰한 타이타닉 호를 해저 4킬로미터에서 사진 촬영하고 수장품을 인양한 것도 원격조종 로봇이다.

1993년 미국 알래스카 스푸르 화산을 탐사하던 8명의 화산 학자들이 목숨을 잃는 사건이 발생했다. 화산의 분기공에서 나오는 가스의 온도가 너무 높았기 때문이다. 그러자 NASA와 카네기멜론대학은 공동으로 단테 2호라는 로봇을 개발해 1994년 7월 스푸르 화산을 성공적으로 탐사했다. 단테는 8개의 다리가 있으며, 무게는 8백kg이다.

그러나 로봇이 가장 잘 알려진 분야는 우주에 관한 분야이다.

'로봇 우주비행사'를 뜻하는 '로보넛 robonaut'은 열 손가락을 지닌 휴머노이드이다. 로보넛이 개발된 이유는 간단하다. 우주에서의 유영은 매우 위험하다. 우선 인간이 우주 공간으로 나가기 위해서는 나가기 전에 최소 2~3시간 전에 가만히 앉아 100퍼센트의 산소를 들이마셔야 한다. 그러므로 우주선 외부에 긴급 상황이 발생해도 즉각 출동할 수 없고 응급 복구도 2~3시간 늦어진다. 그러나 로봇의 경우 우주비행사가 우주선 안에서 로봇을 원격조종하면서 우주에서 작업한다. 로보넛의 가장 큰 효용가치는 고장이 나지 않는 한 죽지 않는다는 점이다.

'캐나다암 Canadarm'도 이 분야에서 발군의 실력을 발휘한다. 캐나다의 스파 에어로스페이스 Spar Aerospace가 개발한 이 로봇은 우주왕복선에서 통신위성을 발사대로 옮기거나 고장 난 위성을 수리하는데 활용하는 원격조종 장치이다.³²⁾ 캐나다암은 1981년 최초로 우주왕복선에 설치되었고, 캐나다암2는 2001년 국제 우주정거장에 설치되었다. 자극을 감지하는 촉각센서와 주위를 볼 수 있는 카메라가 장착되어 있다. 여러 개의 관절을 이용하여 우주왕복선과 우주정거장에서 정밀하고 난이도가 높은 작업을 수행하고 있다.

화성에 착륙한 탐사로봇 「스피릿」

1976년 7월에 화성에 착륙한 바이킹 1호에 화성의 토양 채집에 머니퓰레이터manipulator라고 불리는 로봇 팔이 사용되었고 1982년 3월에는 RMS가 우주왕복선 컬럼비아호에 탑재되어 과학 장비를 다른 우주선으로 이동시켰다. 1999년 일본인 우주 비행사인 와카타 고이치가 우주왕복선에 장착된 로봇 팔을 조작해서 관측용 인공위성을 성공적으로 회수했다.

로봇의 활동은 1997년 7월 화성탐사선 마스패스파인더호를 화성에 착륙시켰을 때 진가를 발휘했다. 마스패스파인더호는 역사상 처음으로 로봇을 태운 탐사선이다. 소저너로 불리는 탐사 로봇은 길이 63센티미터, 폭 48센티미터, 무게 10.6킬로그램으로 중형 텔레비전 크기의 차량형 로봇이다. 이것은 여섯 개의 바퀴를 이용해서 초속 10센티미터의 속도로 움직이는데 바퀴에는 중량을 더해 주는 추가 붙어 있기 때문에 45도의 경사도 쉽게 올라갈 수 있으며 높이 20센티미터의 암석도 거뜬히 넘을 수 있으며 두 대의 카메라로 진로를 가로막는 장애물을 피할 수 있다.

소저너가 탁월한 성능을 보이는 것은 인공지능을 도입했기 때문이다. 극한 환경에서 움직이는 로봇을 제어하기 위해 작업 순서를 일일이 프로그램 할 수 없기 때문에 생물의 행동을 본뜬 프로그램으로 소저너의 행동을 제어하도록 했다. 탁월한 성능을 보인 소저너는 화성의 광물질 채취, 과학 실험, 화성 표면의 근접 촬영에 성공하여 그동안 궁금해 하던 인간들의 호기심을 한껏 채워주었다.

2004년에는 보다 업그레이드된 쌍둥이 탐사 로봇 '스피릿spirit호'와 '오퍼튜니티opportunity'호가 화성에 착륙했다. 거북처럼 생긴 이 로봇은 키 157센티미터, 무게 185킬로그램, 6개의 바퀴와 9개의 카메라가 있다. 이 카메라 덕분에 몸통의 균형을 잡아 넘어지지 않고 화성의 표면을 돌아다녔다.

앞으로 추진될 우주기지 건설에서 로봇의 역할은 더욱 높아진다. 우주기지를 건설하려면 영하 100도에서 영상 100도를 오르내리는 극심한 기온의 변화, 무중력 상태, 우주 방사선에의 노출 등 인간으로서는 해결하기 어려운 극한 환경을 견뎌내야 하는데 로봇은 파업도 하지 않으면서 묵묵히 자기 업무를 수행할 수 있다.

이와 같이 로봇의 극한 환경인 우주에서의 역할이 중요한 것은 인간이 해결할 수 없는 신체적 제약을 받지 않기 때문이다. 로봇은 인간처럼 음식을 먹지 않아도 되고 지구로 귀환할 걱정도 없다. 지구에 남겨진 가족도 없기 때문이다. 그들에게 필요한 것은 오로지 태양으로부터 에너지를 얻는 것이다.[33]

이인식은 한국 특수 여건을 감안한 마이크로 물고기 로봇의 활용도에 주목했다. 우리나라 수도관의 총연장 길이는 11만 4000킬로미터를 상회하며 수도관의 노후화로 인하여 발생하는 누수 때문에 연간 4000억 원의 경제적 손실을 초래한다고 발표되었다. 더구나 식수원 오염 문제가 갈수록 심각해지는 실정인데 소형 물고기 로봇이 상수도관 누수검사와 상수원 검사에 사용될 수 있다.

이와는 다소 다르지만 4대강의 수질오염을 감시하는 로봇물고기도 흥미 있다. 〈한국기계연구원〉에서 개발한 로봇물고기는 수중환경을 측정하고 오염원을 추적하고 생태계 감시를 수정할 수 있는 물고기 형상의 수중탐사로봇으로 50센티미터에서 1미터 정도이다.

일본의 미쯔비시중공업이 개발한 물고기 로봇 '실러캔스'는 길이 70센티미터 체중 12킬로미터인데 몸 안에 배터리를 내장 수중 무선 정보통신을 사용한 컴퓨터 제어로 움직이는데 배터리 용량이 거의 고갈되면 자동적으로 충전기가 있는 곳으로 헤엄쳐가 자동으로 충전시킨다. 이들 물고기로봇은 육안으로 접할 기회가 적은 심해를 탐사하는데 큰 기여를 할 수 있을 것으로 생각한다.[34]

앞으로 로봇이 아주 긴요하게 사용될 분야는 각종 사건으로 유출된 기름을 제거하는 것이다. 2010년 멕시코만灣은 490만 배럴의 석유로 뒤덮였다. 물고기는 물론 바닷새, 바다거북, 돌고래의 사체가 해안가를 뒤덮었다. 미국 정부는 멕시코만을 정화하기 위해 화학물질, 흡착포, 수천 척의 선박, 심지어 무인 잠수함 등 총 800여 가지의 방법을 동원하였지만 이들 방법으로 제거한 기름은 전체 유출량의 3%에 불과했다. 이처럼 효율이 낮았던 것은 바다 표면에 둥둥 뜬 기름이 물결 따라 이리저리로 떠돌아다니기 때문이다. 한국에서도 2007년 태안 유조선 사고가 발생하자 온 국민이 사고 해안으로 달려가 손으로 일일이 기름을 닦아내며 오염을 걷어낸 것은 이런 원천적인 방법이 오염을 제거하는데 보다 효율적이기 때문이다.

이에 착안한 아이디어가 오염된 지역을 알아서 찾아가 기름만을 흡수하는 '바다벌레 Seaswarm' 로봇이다. MIT 센서블 Senseable 도시연구소가 개발한 바다벌레 로봇의 외견은 컨베이어 벨트와 비슷하다. 길이 5m, 폭 2m 크기의 바다벌레는 원유를 감지할 수 있는 센서를 내장하고 있다. 바다벌레 로봇을 사고 해역에 풀어놓으면 이들이 스스로 순찰하면서 기름 성분을 만나면 일단 기름띠가 덮는 영역을 확인한 후 바다벌레 로봇들이 둥그렇게 기름띠를 포위해 컨베이어 벨트로 흡수하며 포위 영역을 좁혀간다. 바다벌레 로봇의 컨베이어 벨트는 자신의 무게에 20배에 달하는 기름을 흡수할 수 있으며 이들을 가동시키는 전기 에너지는 태양전지로 충당한다.[35]

 ## 군사용 로봇

로봇의 활용도는 군사용으로 빛을 본다고 할 수 있다. 학자들은 앞으로 20년 이내에 군사 로봇이 획기적으로 인간의 여러 가지 임무를 대신할 것으로 추정한다.

이 분야에 가장 앞선 나라는 미국으로 2003년부터 군사 로봇이 중심이 될 '미래전투체계FCS, Future Combat System'를 개발하고 있다. 미래전투체계란 세계 어느 곳이라도 96시간[4일] 안에 군사 로봇을 보내고, 로봇을 배치한 뒤 2시간 이내에 100km 이상의 지역을 확보해서 전투의 지지기반을 갖춘다는 개념이다. 미래전투체계에서 대표적인 로봇은 'MULEMultifunction Utility Logistics and Equipment'이다. MULE은 무게가 약 2.5톤으로 바퀴가 6개 달린 차량 모양이다. 지뢰를 처리하고 군수물자를 수송하며 경전투에 투입되는 3가지 임무를 수행한다. MULE 한 대로 보병 18명이 3일 동안 사용할 수 있는 탄약과 식량, 물을 실을 수 있다. 전투에 투입되면 대전차미사일이나 기관총으로 적을 공격한다.

MULE보다 한 등급 높은 'ARV Armed Robotic Vehicle'도 개발 중이다. 무게가 8.5톤가량으로, 완성되면 가장 크고 강력한 전투 로봇이 된다. ARV의 외관은 전차와 비슷한데 기관포와 대전차미사일이 장착되어 적의 전차나 진지를 파괴할 수 있다. 미군이 실전에서 가장 많이 활용한 로봇은 '타론 EOD'다. 타론EOD는 2000년 보스니아 작전 때 처음 실전에 투입된 폭발물 처리용 소형 로봇으로 9·11 테러 당시 세계무역센터빌딩 수색에도 사용됐다. 로봇에 있는 카메라 4대가 현장의 컬러 영상을 보내오면, 담당 병사가 휴대형 제어 장치로 영상을 보면서 로봇을 조작하여 폭발물을 처리한다.

무인 다목적 감시정찰 및 전투 로봇들도 투입된다. 이들은 부대에서 멀리 떨어진 곳까지 혼자 진출해 적군에 대한 정보를 수집하거나 통신 중계, 전투피해 보고, 화생방 탐지 및 전파 임무 등을 맡을 수 있으므로 현재도 많은 작전 지역에서 활용되고 있다.

지휘소 또는 지휘통제 차량에서 최대 25㎞ 떨어진 곳까지 진출해 작전을 벌일 수 있고 필요할 경우 기관총이나 기관포, 유탄발사기 등을 사용하여 직접 전투를 벌일 수도 있다. 스스로 주변 지형 등을 인식해 주행走行하는 자율주행 기술 개발이 무인 로봇의 핵심인데 무인 전투차량 '블랙 나이트 Black Knight'는 포탑에 30㎜ 기관포, 기관총을 달고 전장을 질주할 수 있다.[36]

미군은 이라크에 정찰 로봇인 '팩봇 Packbot'을 1,000대 이상 배치하기도 했다. 최대 무게 34㎏인 팩봇은 병사가 휴대해 특수지역을 감시, 정찰하는데 투입시킬 수 있다. 다족형 로봇인 '빅 독 Big Dog'도 실전용이다. 다리가 네 개 달려 동물처럼 이동하는 이 로봇은 무게중심을 인식해 걸음을 내딛는 자세 제어시스템을 갖추고 있어 험난한 지형에서도 재빨리 걸을 수 있다. 시속 6㎞의 속도로 35도의 비탈진 경사를 올라갈 수 있고, 60㎏ 이상의 짐을 나를 수 있으므로 병사들이 무거운 군장에서 벗어나 더욱 효과적으로 전투를 수행할 수 있음은 물론이다.[37]

이런 군사 로봇을 이용한 미래전투체계에는 군사 로봇을 활용하여 적보다 먼저 보고 먼저 판단해 적을 섬멸하겠다는 의도가 들어 있다. 특히 평화 시에는 병력의 감축 효과가 있으며 전투 시에는 정찰, 재급유, 지뢰 탐지, 기타 인간이 쉽사리 들어갈 수 없는 곳에 로봇이 들어가 현장을 생생하게 컴퓨터로 전송하여 군 작전 수립에 활용할 수도 있다.

특히 위험한 폭발물 등의 취급에 인간을 대신하여 로봇이 사용되는 것이 기본인데 포로의 감시 등 인간이 하기에는 지루하거나, 정밀성에 한계가 있는 분야의 감시용으로도 로봇은 적격이다. 미국이 얼마나 로봇 개발에 힘을 쓰는가는 2115년까지 모든 군사용 비행 임무의 30퍼센트, 지상 이동의 10퍼센트를 무인 즉 로봇으로 대체할 계획임에서 알 수 있다.

영국도 로봇의 개발에는 뒤지지 않는데 전쟁터에서 정찰 임무를 수행할 '로봇 거미', '로봇 뱀' 등 소형 군사용 곤충 로봇을 개발해 실전에 투입하고 있다. 거미와 유사한 모양의 곤충이나 뱀 모양의 로봇이 지뢰나 부비 트랩^{폭발물 함정}이 설치된 위험지역을 정찰하거나 적의 은신처를 수색하는 임무를 수행한다. 곤충 로봇들은 장착된 소형 카메라로 촬영한 영상을 무선으로 송신할 수 있고, 일부 로봇에는 화학물질이나 방사능물질을 탐지하는 센서가 장착된다. 병사들은 곤충 로봇을 휴대하고 다니다가 정찰할 건물 등 목표물을 발견하면 이 로봇을 먼저 들여보낸 뒤 시계처럼 손목에 찬 컴퓨터로 로봇이 보내온 영상을 수신하고 명령을 내릴 수 있다. 소위 미니 로봇 스파이이다.[38]

SF 영화 「에일리언」시리즈에는 주인공 시고니 위버가 로봇 안에 들어가 거대한 집게 팔로 외계생명체를 한방에 날리는 장면이 나온다. 시고니 위버가 조종하는 장치는 인간과 로봇이 한 몸이 된 '입는 로봇wearable robot' 또는 '로봇 외골격robot exoskeleton'의 한 형태이다. 3D 영화로 세계를 놀라게 한 제임스 카메론 감독의 영화 「아바타」에서 마일즈 쿼리치 대령이 탑승하고, 강력한 중화기로 나비족을 공격하는 로봇 무기인 'AMPAmplified Mobility Platform 슈트'와 같은 개념이다. 이들 로봇은 병사들의 근력을 강화, 병사들이 무거운 장비를 지고 장시간 행군을 해도 지치지 않도록 만든 무기로 볼 수 있다.[39]

「아바타」나 「에일리언」 수준은 아니지만 군에서 다용도로 활용할 수 있는 로봇다리는 상당한 진전을 이루고 있다. 미국 버클리 소재 캘리포니아대 연구팀은 2004년 3월 사람 다리의 외골격 기능을 할 수 있는 이른바 '버클리 다리 골격 브릭스BLEEX, Berkeley Lower Extremities Exoskeleton'라는 로봇다리를 발표했다. 브릭스는 국방부 산하 연구기관인 국방첨단연구기획청DARPA의 지원을 받아 개발된 것이다. 소아마비 환자들이 다리에 장착하는 보행보조기와 같은 형태인 금속재질의 로봇다리는 배낭받침대와 연결돼 있는데, 배낭 안에는 로봇다리를 움

209

직이는 동력장치와 컴퓨터가 들어있다. 배낭의 여유 공간에는 상당한 무게의 짐을 담을 수 있다. 로봇다리를 장착한 사람은 다리 무게 50kg에 배낭의 32kg의 짐까지 모두 82kg을 몸에 실은 상태지만, 실제로 느끼는 중량은 2kg에 불과하다. 브릭스를 팔이나 다리에 착용하면 4.5킬로그램의 물건을 나를 수 있는 힘으로 약 90킬로그램의 물건을 들고 최장 다섯 시간 동안 이동할 수 있다. 특히 로봇다리는 무게를 효율적으로 배분하기 때문에 사람이 로봇다리의 무게감을 전혀 느끼지 못한다.

　　로봇다리를 개발한 호마윤 카제루니 교수는 로봇다리는 작동을 위한 조이스틱이나 키보드 또는 버튼이 전혀 필요 없다고 설명했다. 로봇다리를 움직이려면 가고자 하는 곳으로 자신의 다리를 움직이면 된다. 기술의 핵심은 배낭에 든 컴퓨터와, 사람의 다리가 움직이는 형태를 감지하는 40개의 센서에 있다. 신발 바닥 등에 설치한 센서들이 근육의 움직임을 포착해 배낭에 든 컴퓨터에 전달하는데, 컴퓨터는 이를 바탕으로 다리가 어디로 가려고 하는지를 계산해낸다. 로봇다리는 컴퓨터의 명령을 받은 유압 모터의 힘으로 움직인다.

　　학자들이 큰 기대를 하는 것은 로봇다리가 군사용뿐만 아니라 특수 전문분야에서의 수요가 폭증할 것이라고 추정하기 때문이다. 무거운 소화 장비를 지고 빌딩 계단을 걸어 올라가야 하고 때로는 화재현장에서 정신을 잃은 사람을 짊어지고 나와야 하는 소방 구조대원들에게도 적절하다. 그들도 군인들만큼이나 특수 환경에서 일을 한다. 물론 이 로봇 다리가 가장 많이 활용될 분야는 군사 분야뿐만 아니라 다리가 불편한 사람들이 정상적으로 걷는데 응용될 수도 있

으므로 그 활용도는 무한하다고 볼 수 있다.[40]

인질 구출을 목적으로 하는 로봇도 활용도가 높다. 미네소타 대학에서 개발한 로봇은 지름 4센티미터 정도의 깡통 모양인데 굴러다니거나 뛰어다닐 수 있어 건축물 내부에서 자유롭게 이동한다. 이 로봇의 특징은 다른 로봇 대원들과 서로 연결돼 있다는 점이다. 로봇 대원 중 하나는 작전 지역 주위의 영상을 포착하기 위해 몸에 캠코더를 내장하고 있으며 필요에 따라 이를 꺼내 상하좌우로 움직이거나 기울여 동료 로봇들에게 상황정보를 제공한다. 나머지 로봇 대원들은 작은 진동센서와 마이크로폰을 가지고 있어 주변 상황을 작전본부에 알린다. 본부에서는 상황에 따라 원격제어를 통해 수많은 로봇 대원의 움직임을 조절할 수 있다고 공성곤 박사는 설명했다.[41]

군사 로봇이 각광받는 것은 인명 손실을 줄이는 것은 물론 경제성이 매우 높아 로봇을 개발하면 장기적으로는 20~30퍼센트의 비용만으로 동일한 효과를 거둘 수 있다. 예를 들어 복무중인 군인에게는 퇴역 위로금이나 지원금 등을 지불해야 하지만 로봇에게는 이런 비용이 필요 없다. 더구나 군사 로봇을 개발하고 운용하는데 드는 비용은 평균 1명의 병사에게 평생 지급되는 비용의 10분의 1에 불과하다고 한다.

로봇 개발자들이 군사용 로봇을 전쟁도구로만 개발하는 것은 아니다. 전쟁 자체가 인간이 벌이는 것이므로 로봇 개발자에게 가장 먼저 주문하는 것은 도덕성이다. 무지막지한 전장에 투입되는 로봇에게 도덕성을 갖게 한다는 의미는 간단하다. 전쟁으로 인해 무고한 민간인들이 다쳐서는 안 된다는 것을 뜻한다. 전쟁이란 어차피 인간에게 피해를 주는 것이 목적임을 감안하면 다소 어폐가 있지만 이런 생각을 전제로 하는 것은 로봇을 만든 주체가 인간이기 때문이다.

전쟁터에서 발생할 수 있는 예를 보자. 아군이 아군을 공격하거나 부상당한 적군을 공격하기도 한다. 또는 공격을 받은 아군이 적군과 민간인들을 구별하지 못하여 무차별로 공격하면서 수많은 민간인들을 살상하는 경우도 생긴다. 이는 인간의 자위본능이 발동되어 상황을 정확하게 판단하기 전에 우선 쏘고 보자는 생각이 앞서기 때문이다. 이런 문제점은 로봇으로 하여금 혼란스러운 전투 속에서 감정에 좌우되어 즉흥적으로 행동하지 않도록 설계하면 된다. 급박한 상황에서 공격을 당한다 하더라도 민간인을 공격하는 따위의 실수를 저지를 가능성을 배제시키는 것이다.

다시 말해 적절하게 설계한다면 도덕적인 결정이 필요할 때 로봇이 인간보다 낫다는 이야기로 로봇에 내장된 '도덕성 총괄 제어장치'가 전장에 투입된 후 어떨 때 발포해야 하는지를 지시하는 것이다. 로봇이 어떤 목표물을 조준하면 전쟁법규 등을 바탕으로 미리 입력된 제약 사항 등을 검토하여 교전 수치를 정한다. 가령 적군의 탱크가 넓은 들판에 있다면 발포한다. 그러나 적군이 공동묘지에서 벌어지는 장례식에 참석하고 있다면 교전 수칙에 어긋나므로 발포를 금지한다는 것이다.

무기를 선택하는데도 도덕성이 개입한다. 무기가 너무 강력해서 의도하지 않은 피해가 발생할 수 있는 경우 가령 미사일이 탱크는 물론 사람들이 많이 있는 건물까지 파괴할 것 같으면 시스템 조정에 따라 무기를 하향 선택한다. 그러나 로봇에게 모든 것을 맡길 경우 생길 수 있는 오류를 방지하기 위해 인간이 로봇에 조언하는 측면에서 최종 결정을 내리는 권한을 갖는다. 즉 로봇에 예기치 않은 상황이 봉착했을 때 인간이 이를 조정한다는 것이다. 이런 로봇이 개발된다면 로봇을 반대하는 일부 사람들이 제기하는 로봇의 무차별 확산에 큰 제동이 걸리지 않으리라고 추정한다.[42]

로봇 군사 강국인 한국

한국도 군사 로봇을 개발하는데 뒤지지 않는다. 정찰용 로봇인 '리모아이'Remoeye 006는 이미 육군에 배치돼 있다. 리모아이는 무인비행 로봇으로 무게가 2킬로그램밖에 되지 않아 손으로 종이비행기를 날리듯 던지면 쉽게 이륙하고 수직 착륙한다. 길이와 폭이 각각 150센티미터와 130센티미터로 작아 레이더에도 잘 노출되지 않는다. 또

위험작업 로봇 「롭해즈」

적외선 카메라가 달려 있어 밤에도 정찰이 가능하다.

2004년 '롭해즈Robhaz'가 이라크에 파견되어 6개월간 자이툰 부대에서 활약했는데 롭해즈는 로봇과 위험을 뜻하는 '해저더스 hazardous'를 합성한 말이다. 한국과학기술연구원KIST의 지능로봇기술개발사업단장 김문상 박사팀이 개발한 것으로 전차 바퀴 같은 무한궤도를 달고 정찰하는 로봇이다. 2004년 〈국제로봇경진대회〉 구조 부분에서 우승한 이 로봇은 야간투시경을 장착하여 주야간에 경계병을 대신하여 경계임무를 담당하는 것은 물론 폭발물 수색 작전도 펼치는데 폭발물을 발견했을 때 원격 조정을 통해 폭발물을 해체한다. 길이 74센티미터, 너비 47센티미터, 높이 29센티미터로 라면박스 크기로 최대 1킬로미터까지 떨어진 거리에서 원격 조정할 수 있다. 경사가 45도에 달하는 계단이나 울퉁불퉁한 길도 최대 시속 12킬로미터로 달린다. 롭해즈는 로봇의 선진국인 일본에 6만 달러를 받고 한국 최초로 비산업용 로봇으로 수출하여 기염을 토하기도 했다.[43]

경계전투 로봇인 '이지스AEGIS'는 이라크에 파병된 자이툰 부대의 경계병을 대신해 주야간에 보초를 섰다. 이지스는 국산 K-2 소총을 달고 있어 전투 시에는 적을 사살할 수 있는 능력까지 갖췄다.[44]

국방과학연구소ADD는 한국군에서의 로봇의 미래를 다음과 같은 상황으로 예상했다.

'철책선에 있는 무인감시 로봇이 자체 센서와 카메라를 통해 확보한 적의 침입 영상을 상황실로 전파한다. 상황실은 즉각 인근에 배치된 전투 로봇도 함께 투입해 적을 제압한다.'

한국은 2025년을 목표로 '병사'와 '군사 로봇'과 한 팀이 돼 작전을 벌이는 첨단형 조직으로 바뀌는 계획을 발표했다. 이 내용은 미 육군의 '미래전투체계 Future Combat System'와 비슷하다. 군사 로봇 개발계획에 따르면 앞으로 10년 내에 정찰용 로봇을 먼저 개발해 보병부대와 대테러부대 등에 배치한다. 이 계획은 1단계로 지뢰탐지·제거 로봇과 휴대 가능한 정찰용 군사 로봇, 2단계에서 다목적 군사 로봇과 정찰·전투용 군사 로봇, 3단계로 중전투 및 화력지원 군사 로봇을 아래와 같이 개발한다는 것이다.

① 정찰용 휴대 군사 로봇 : 무게가 20킬로그램을 넘지 않아 휴대가 가능하며 어떤 지역에서도 정찰 임무를 수행할 수 있다. 험준한 지형이나 장애물을 극복할 수 있고 적 앞에서 연막탄을 터뜨리거나 화학무기 유무를 판별한다. 모퉁이를 돌기 전 목을 길게 빼 정탐하는 기능도 있다. 넘어져도 다시 일어나고 혼자 알아서 기지를 찾아온다. 미국이 개발한 '팩봇 packbot'과 흡사하다.

② 지뢰탐지·제거 군사 로봇 : 땅속에 묻힌 불발탄이나 대인·대전차 지뢰 등을 탐지하고 제거한다. 지뢰나 폭탄이 매설된 위치와 영상을 무선으로 본부에 송신하며 연못도 건널 수 있다. 무게는 4.8 톤으로 미 육군의 '미어캣 Meercat'과 기능이 같다.

③ 다목적 로봇 : 개처럼 땅을 기어 다닌다고 해서 견마 로봇으로 불린다. 지뢰탐색·제거를 비롯하여 정찰·경계·순찰 등 다목적 임무를 수행한다. 산악지역에서도 360도로 자유롭게 기동할 수 있도록 6~8개 바퀴가 있고, 원거리에 있는 통제센터나 휴대용 통제장치

를 통해 작동된다. 특히 센서와 카메라 등으로 얻은 영상을 후방 수 킬로미터 지점에 있는 통제센터로 송신하면 영상을 토대로 통제센터에서 보낸 지시에 따라 사격을 가하는 임무도 수행할 수 있다는 설명이다.[45]

④ 중전투 및 화력지원 로봇 : 무인 전차와 유사한 로봇으로 구경 100밀리미터 이상의 직사포와 대전차 미사일, 기관총 등 중화기가 탑재된다. 영상 센서가 부착돼 악천후나 야간에도 적을 확인해 공격할 수 있다.[46]

수류탄 크기 만한 투척용 감시 로봇도 개발 중이다. 적군이 있을 것으로 예상하는 지역에 던지면 주위의 모든 정보를 아군 병사가 차고 있는 손목형 컴퓨터에 전달해 주는 역할을 한다. 앞에 설명한 미국의 군사용 로봇과 궤를 같이한다.

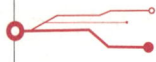
가정용 로봇

로봇의 진정한 매력은 산업계뿐만 아니라 인간의 생활 전반에 걸쳐 활용된다는 점이다. 이것은 로봇이 인간과 함께 생활할 수 있다는 개념으로부터 출발한다. 이런 용도의 로봇에는 두 가지 분야가 있다. 그중 하나는 로봇화한 장비나 기구들을 인간이 활용하는 공간에 배치하는 것이고 다른 하나는 휴머노이드 로봇 즉 가정용 로봇의 개념이다.[47]

첫째 로봇의 개념은 이미 우리들의 실생활에 깊숙이 들어와 있다. 이런 것도 로봇일까 라고 질문하겠지만 집이나 거리의 환경을 로봇화 하는 것이다. 간단히 설명하여 사람의 음성을 이해하고 텔레비전이 켜지거나 세탁기가 돌며 냉장고가 열리는 등 머리 좋은 가전제품 등이 이런 예이다. 영화에서 주인이 "배가 고프다"고 하면 자동으로 냉장고에서 재료가 나와 전자레인지에서 데워지는 것 등도 한 예이다.

청소로봇

교통 체증이나 도로 공사 등의 정보를 바탕으로 자동차의 흐름을 유도하는 '지능형 교통시스템 Intelligent Transport Systems'도 따지고 보면 인간을 둘러싼 거대한 로봇의 한 개념으로도 간주한다. 자동차가 차선을 벗어나면 경고하거나 장애물을 감지해서 자동차에 알려주는 주행지원시스템도 로봇 개념이 도입되면서 유용하게 발전되었다고 볼 수 있다.

가정용 로봇이 실생활에 접근하게 된 직접적인 요인은 퍼스널 컴퓨터 PC, Personal Computer의 발달 때문이다. 산업체에서 기계적인 단순 작업을 주로 하는 로봇을 제1세대라고 부른다면 가정용 로봇은 제2세대라고 부를 수 있다.[48]

청소 로봇은 벽면을 따라 한 바퀴를 돌아 방의 모습을 파악한 후 청소를 한다. 이 청소 로봇은 진공청소기에 구동 바퀴, 위치제어 센서를 장착해 혼자서 방안을 청소하는 '움직이는 가전기기'다. 가전기기에 바퀴를 달아놓은 방식은 다소 진부하긴 해도 초기 생활로봇 시장 진출에 따르는 위험 부담을 줄일 수 있어 가전업체들이 선호하며 가장 빨리 상용화가 진행되는 분야이다.

홈서비스 로봇의 또 다른 방식은 컴퓨터에 인공지능과 홈오토메이션 제어기능을 부여하는 퍼스널 컴퓨터 기반의 생활 로봇이다. 이 생활 로봇은 기동성보다 주인의 음성 명령을 인식하고 무선 인터넷 검색으로 날씨와 주식 정보에서 최신 유머까지 말해주는 지적인 처리 능력이 최우선시 된다. 컴퓨터 기반 생활 로봇은 물리적인 가사 노동은 못하지만 주인과 직접 의사소통이 가능한 인간친화직접인터페이스를 바탕으로 방범, 온라인 예약, 비서 등 가정 내 응용 범위가 비약적으로 넓어질 전망이다. 전문가들은 앞으로 퍼스널 컴퓨터 기반 생활 로봇은 가정용 시장을 잠식하면서 홈오토메이션의 허브 역할을 수행할 것이라고 전망한다.

인간의 일상 노동 중 얼마만큼을 로봇에게 맡길 것인가? 사실 이처럼 어려운 질문은 없다. 로봇을 어떤 모습으로 만들어야 할까라는 원천적인 문제부터 로봇이 주방 일을 할 때 무슨 업무까지 맡겨야 하는 지도 정해야 하기 때문이다. 로봇이 냉장고에서 음료를 가져오거나 칵테일을 만들어 올 수는 있다. 그런데 고기를 굽거나 국이나 반찬도 만들도록 해야 할지는 간단하지 않다. 불판 위에 올려놓은 바비큐 고기를 어느 정도로 구워야 할지를 비롯하여 까다로운 요리까지 로봇에게 맡길 수 있는지를 정하는 것은 정말로 어려운 일이다. 물론 로봇이 인간이 요구하는 수많은 요리를 정말로 수행할 수 있을지 의문이지만 이런 이야기가 나오는 자체가 로봇이 담당하는 분야가 무한대라는 것을 의미한다.

각광받는 복지로봇

로봇이 청소나 일반 가사 분야에만 국한하여 영역을 확장하고 있는 것은 아니다. 복지에 대한 사회적 요구가 큰 유럽, 미국 등에서는 가장 심혈을 기울여 개발하는 것이 노약자와 장애인들을 위한 복지형 로봇이다. 노약자 및 장애인을 위한 지능형 침대, 휠체어, 그리고 침대와 휠체어를 잇는 보조 로봇 등 주로 주거 공간에서 거동이 불편한 사람들을 대상으로 한다. 또한 보행보조 로봇은 실내외에서 노인들을 항상 부축해줄 수 있는 파트너가 될 수 있다.

노령인구가 많은 일본은 환자나 장애인을 위한 로봇 개발에 많은 투자를 하고 있는데 재미난 것 중의 하나가 입는 로봇이다. 이 옷을 입으면 기계장치를 활용해 걷지 못하는 노인이 걸을 수 있고 무거운 물건을 들 수 있다.

대표적인 예가 쓰쿠바대 요시유키 산카이 교수 연구실에서 개발된 'HAL-3'인데 인체결합 보조다리 Hybrid Assistive Leg란 뜻을 갖고 있다. HAL은 앞에서 설명한 버클리 다리골격 브릭스와 마찬가지로 다리에 장착하는 로봇다리인데 그저 입는 것만으로 다리와 팔을 강력하게 만든다. 이 다리는 배낭에 들어있는 컴퓨터의 명령을 받아 무릎과 엉덩이 근처의 모터가 작동하면서 움직인다. 인체의 움직임은 근육의 전기신호와 관절의 각도변화를 센서가 감지함으로써 파악된다. 실험 결과 15~17킬로그램의 HAL을 장착한 사람이 피로감을 느끼지 않고 시속 4킬로미터로 걸을 수 있는데 충전식 배터리로 동작한다. 전신 착용일 경우 다소 무거운 23킬로그램의 하중이 있지만 일반사람들의 평균 보행속도인 4킬로미터로 걸어 큰 부담감을 주지 않는다.[49]

일본 카나가와 공대에서 개발한 '근력보조 슈트wearable power assisting suit'도 입는 로봇이다. 근력보조 슈트는 로봇 모양의 팔과 허리, 다리로 구성돼 있는데 실험 결과 20kg 무게의 근력보조 슈트를 입은 45kg의 여성이 68kg의 남성을 쉽게 들어 올릴 수 있었다. 로봇 슈트의 원리는 팔과 무릎, 엉덩이 윗부분에 닿는 근육강도 측정센서가 힘을 내는 근육을 감지한 다음 이를 마이크로컴퓨터로 보내면, 휴대용 니켈-카드뮴 배터리로 작동하는 공기펌프가 풀무 모양의 장치를 부풀린다. 이에 따라 근육이 사용되는 부분의 소형 모터가 작동되면서 로봇 장치를 움직이는 것이다. 일본은 65세 이상의 노년층이 전체 인구의 거의 20퍼센트에 달할 정도이므로 이들의 신체활동을 돕는 로봇의 수요가 폭발적으로 증가할 것으로 추정한다.[50]

일본에서 개발된 멜독은 맹인용 길안내 로봇이다. 이 로봇은 도로상에 설치된 유도선을 따라 움직인다. 특징적인 것은 사용자의 걸음 속도에 따라 자신의 속도를 조정하는 기능이 있다. 또한 사용자가 정해진 길에서 많이 벗어나면 미약한 전기 자극으로 경고 신호를 주며 사용자가 지팡이에 설치된 몇 개의 버튼으로 원하는 명령을 내릴 수도 있다.[51]

혼다사의 이화학연구소가 개발한 간병형 로봇 'RIBA'는 근력이 떨어지는 고령자들의 보행을 돕는 보행 보조기구이다. 움직이지 못하고 침대에 누워 있는 노인을 안아서 전동휠체어로 옮겨준다. 접촉센서가 장착돼 있어 마치 간병인이 노인을 안아서 들어 올리는 것처럼 부드럽게 작동하는 것이 특징으로 다시 침대에 눕는 등의 동작이 가능하다.

허리와 허벅지에 착용하는 HAL과 유사한 보조기구도 개발했는데 이를 착용하면 모터의 도움을 받아 힘들이지 않고 넓은 보폭으로 빠

복지형 로봇(로봇 캐어)

른 보행이 가능하다. 이 보조기구를 착용하면 걷지 못하는 노인이 혼자 쇼핑을 할 수 있다. 식사보조 로봇 '마이 스푼'은 팔을 움직일 수 없는 사람을 위한 장치이다. 밥과 반찬을 자동으로 입에 넣어준다. 이 밖에 목욕이나 배설을 돕는 로봇도 수십 종이 개발 중이다.[52]

일본은 장수국가답게 양로원이 많은 것으로 유명한데 노인의 외로움을 덜어주기 위한 '대화형 로봇'도 여러 종류가 판매 중이다. 간병시설 등에 보급된 대화형 로봇은 치매예방 등에 효과가 있는 것으로 알려져 있다. 양로원의 노인들에게 중요한 것은 가족과 어떻게 친밀한 유대관계를 맺느냐이다. 이 문제를 위해 일본이 택한 아이디어는 그야말로 놀랍다. 자식이 나이가 많은 부모에게 자신들과 닮은 쌍둥이 로봇을 보내자는 것이다. 아직은 몸통이 없는 머리만 자식과 닮은 사이보그인데 이 로봇은 자식에 대한 많은 정보를 갖고 있어 양로원에 있는 부모와 거리낌 없는 대화를 할 수 있다.

즉 떨어져 있기는 하지만 가족들이 갖고 있는 과거의 정보를 공유할 수 있으므로 보다 친근감을 느낄 수 있다는 장점이 있고 필요할

때마다 칩을 교환하여 업그레이드 할 수 있다. 물론 이 로봇의 단점은 부모들이 로봇을 자식과 같은 대화상대로 인정해 줄때에 한한다는 점이다. 양로원 노인들을 위문하는 귀여운 새끼물개 로봇도 개발됐다. 물개가 사람과 대화를 하면서 재롱을 떨 수 있으므로 양로원에서 무료하게 지내는 노인들에게는 더 없이 좋은 위안거리이다. 육아 도우미 로봇도 있다.

그런데 이런 로봇의 개발이 모든 사람들로부터 호평을 받는 것은 아니다. 즉 로봇이 노인들 간의 인간관계를 차단한다는 비난이 제기된 것이다. 육아 도우미 로봇에 대해서도 비슷한 우려의 목소리가 나온다. 어린아이와 부모 간의 감성적 접촉까지 차단하여 결국 어린아이가 기계적인 인간으로 성장한다는 것이다. 인간의 입맛에 맞는 로봇 개발이 만만치 않은 일임을 알 수 있다.[53]

교육용 로봇과 엔터테인먼트 로봇이 있다. 보모에서부터 교육을 담당하는 로봇과 로봇축구로 시작해서 오락용 로봇 등이다. 한국은 이 부분에서 로봇 선진국에 뒤떨어지지 않는데 '픽토'라는 이름의 화가로봇은 사람의 눈·코·입뿐만 아니라 피부색이 다른 얼굴 형태까지 정확하게 그려낸다. 교육용 로봇 '키봇'은 만화영화는 물론 학습용 프로그램을 내려받아 보여줄 수 있고 사람의 음성도 알아듣는다. 교육용 로봇인 '제니보'는 어린이들에게 동화책을 읽어줄 수 있고 해외에 있는 원어민 강사가 원격으로 제니보를 조종하며 외국어도 가르칠 수 있다. 제니보는 150만원이 넘는 고가인데도 2008년 출시 후 지금까지 7000대 가량이 팔릴 정도로 호평을 받고 있다.[54]

단순한 엔터테인먼트만을 추구하는 것이 아니라 가상현실도 접목된다. 도쿄 대학의 다치 스스무 교수는 로봇을 네트워크로 연결해 가상공간에서 현실 세계를 체험할 수 있도록 하는 제3세대 로봇을 개발하고 있다. 예를 들어 다리가 불편한 사람은 자기 대신에 로봇으로 하여금 후지산에 올라가게 한 후 그 로봇을 통해 눈앞에 펼쳐진 풍경을 조망하거나 나뭇잎 등을 밟아보는 즉 자신이 후지 산에 올라가 있는 듯 하는 체험을 하는 것이다.

 **섹스 로봇**

로봇이 진출할 수 있는 분야는 그야말로 많은데 그 중에서 섹스 로봇도 빠지지 않는다. 섹스 로봇이 큰 호응을 받는 것은 기술적인 관점에서 인간과 연애하는 로봇의 개발이 그다지 어렵지 않기 때문이다. 마누엘 반 로젬이 쓴 『파트너 로봇 : 완벽한 사랑을 찾아서』를 보자.

파트너 로봇은 침실의 이상적인 동반자입니다. 최신 버전은 자동온도조절장치를 설치하여 흥분 정도에 따라 피부 온도가 조절되도록 설계했습니다. 소비자의 특별 주문에 따라 동작이 개선되었고 은밀한 피부가 촉촉하게 유지되며 적절한 때 소리가 나오는 기능도 한층 더 강화되었습니다. 우리의 파트너 로봇은 완벽한 짝짓기 기술을 습득하고 있기 때문에 천연 인간보다 한층 더 소비자 여러분의 욕구를 충족시킬 수 있습니다.[55]

미국의 트루컴패니온사가 근래 개발한 로봇을 보자.

'록시Roxxxy'로 불리는 섹스 로봇은 인간의 특성을 최대한 살려 인공지능과 실제 피부와 같은 느낌의 합성피부를 지니고 있으며 키는 170센티미터, 몸무게는 54킬로그램, 가슴 크기는 꽉 찬 C컵이다. 인공관절이 있어 초보적으로 사람 같은 움직임을 보이지만 혼자 걷지 못하고 손발을 독립해 움직이지는 못한다.

록시의 놀라운 점은 주인과의 대화가 가능하다. 예컨대 주인이 손을 만지면 "난 당신과 손을 잡는 게 좋아요"라고 말하는 식이다. 록시는 여러 종류가 있는데 사교적이며 대담한 '웬디', 얌전하고 부끄러움이 많은 '파라', 여리고 상처받기 쉬운 성격이지만 배려심이 넓은 '마샤' 등 모성애와 대담한 성격을 가진 5가지 모델이 탑재되어 있다. 머리와 피부 색깔, 가슴크기 역시 원하는 대로 바꿀 수 있다.

록시를 개발한 트루컴패니온은 남성 섹스로봇 '록키Rocky'도 개발하겠다고 기염을 토했다.[56] 이에 고무된 포르노물 제작업자는 다음과 같이 말했다.

"우리가 보다 정교한 로봇을 출시해서 시장을 장악할 겁니다. 포르노 사업의 성패는 전적으로 시간에 달려있죠. 근간 집에 돌아가면 아내가 아니라 로봇이 당신을 즐겁게 해 줄 준비를 하고 있을 겁니다."[57]

아직 로봇이 인간처럼 섹스할 단계는 아니지만 사람은 참 묘한 동물이다. 보다 상상력을 동원하면 로봇과 인간의 결혼도 그렇게 어려운 일이 아니다. 「바이센테니얼 맨」에서 로봇 주인공인 앤드류가 궁극적으로 인간인 포샤와 결혼하는데 이것은 섹스가 전제되었음은 물론이다.

2010년 영국의 보니 버튼이라는 여성이 로봇과 결혼했다는 소식이 언론을 타기도 했다. 그녀는 「스타워즈」의 열혈 팬으로 캐릭터 로봇 R2-D2와 실제 결혼식을 올린 것이다. 물론 이 결혼식은 「스타워즈」 박람회의 이벤트로 진행된 것이지만 여성은 진지했

로봇 R2-D2와 결혼하는 여성

다. 그녀는 8살 때부터 「스타워즈」의 팬이었다며 특히 R2-D2가 그녀의 이상형이었으며 그와 꼭 결혼하기를 원했다고 소감을 밝혔다.

로봇과의 결혼이지만 서약 과정도 똑같았다. 주례는 버튼에게 "당신은 R2-D2의 배터리가 다할 때까지 영원히 사랑하겠습니까?"라고 물었고 그녀는 "네"라고 대답했다. 신랑 R2-D2에게는 "자신의 몸이 파괴될 때까지 그녀를 안아주고 존경하고 사랑할 것을 맹세하겠습니까"라고 묻자 그는 기계음으로 대답을 대신했다. R2-D2는 버튼에게 결혼반지를 선물했으며 결혼 서약서에 서명을 하면서 결혼식은 끝을 맺었다. 이런 예를 볼 때 로봇이 보다 인간화된다면 앞에 설명한 파트너 섹스 로봇 이상의 역할을 할 수 있다는데 이의를 제기하지 않을 것이다.[58]

섹스에 관한 한 정답이 없다고 말한다. 이는 식욕과 섹스가 인

간의 가장 큰 본능 중의 하나라는 말로도 설명되는데 근래 과거에는 전혀 거론되지 않은 새로운 쟁점이 토출되었다. 의학의 발달로 인한 고령화로 노인계층이 늘면서 노년의 성생활이 새로운 사회문제로 떠오르고 있다. 문제는 섹스에 대한 정신적 에너지는 충만하지만 육체가 이를 감당하지 못한다. 노년들이 원만한 성생활을 할 수 있도록 보조해 주는 러브 로봇이 개발된다면 파급 효과가 만만치 않음을 이해할 것이다.

그뿐이 아니다. 섹스로봇은 육체적 장애를 지닌 사람들에게도 매우 유용한 도구가 될 수 있다. 배일한은 누구나 정신적, 육체적으로 사랑할 권리가 있으므로 과학기술이 이러한 인간의 기본권을 보장하는데 사용되어야 한다고 강조했다. 세계적인 선풍을 일으키고 있는 비아그라나 시알리스가 성기능 장애가 있는 환자들에게 축복으로 다가온 것처럼 소외받는 사람들의 숨겨진 행복을 찾아주는 '사랑의 로봇'을 사회복지나 산업차원에서 결코 무시할 것이 아니라는 주장이다. 이 문제는 성인용 로봇 제조사들이 음란도구 제작, 유통 혐의로 사회적 몰매를 맞을 가능성도 있으므로 다소 껄끄러운 문제를 야기하지만 섹스로봇이 차후 큰 화두가 될 것임은 틀림없다. 현대의 기술만으로도 섹스 로봇을 만들 수 있는 큰 틀이 확보되었다는데 더욱 그러하다.[59]

인간의 아이디어는 이런 정도에 끝나지 않는다.「데몰리션맨 Demolition Man」은 미래 사회가 가져올 수 있는 다소 황당한 이야기를 주제로 삼고 있다. 피닉스가 시민 30명을 인질로 삼아 빌딩에서 인질극을 벌이지만 스파르탄의 영웅적인 활약으로 피닉스는 체포된다. 스파르탄은 뛰어난 경찰이기는 하지만 임무를 수행하는 과정에서 무엇이든지 사정없이 파괴하므로 파괴자라는 의미의 '데몰리션맨'이란 별명이 있다. 피닉스를 체포할 때도 인질 모두 화재로 사망하는 참사가 일어나 스파르탄은 70년, 피닉스는 종신형을 받고 냉동감옥에 갇힌다.

영화 「데몰리션맨」

인간을 벌주기 위해 인간을 냉동감옥에 수감한다는 영화의 기본 아이디어는 많은 논쟁을 야기했다. 냉동인간은 다시 살려내야 한다는 기술이 전제가 되어야 하기 때문이다. 인간이 냉동된 후 정말로 다시 되살아 날 수 있는가는 과학이 해결할 일이지만 냉동인간이 실제로 가능하다면 냉동감옥은 여러 가지 긍정적인 면도 있다. 우선 이런 형태의 감옥은 간수가 필요 없으므로 죄수를 관리하는데 골머리를 썩이지 않아도 될 만큼 능률적이다. 생명유지 프로그램이 입력된 컴퓨터에 일임하면 그만이다. 죄수의 입장에서도 그다지 나쁜 것만은 아니다. 냉동당하는 순간만 지나면 옥살이의 고통을 느끼지 않아도 된다. 또한 냉동은 생체 시계마저 중단시키므로 아무리 오래 감옥살이를 하더라도 늙지 않는다.

그러나 이 방법에 많은 사람들이 반대한 것은 인간이 다른 인간의 시간마저 구속시킬 자격이 있느냐이다. 또한 영화에서는 냉동 죄수에 대한 정신 개조까지 암시하는데 그것을 바라는 죄수는 아무도 없을 것이다.

여하튼 영화는 36년이 지난 2036년을 시대 배경으로 전개된다. 콕토 박사가 정신적 리더 역할을 하는데 음주, 흡연, 육식을 비롯해 건강에 좋지 않은 음식도 법으로 금지되고 비속어를 사용해도 경고의 벌점을 받는다. 한마디로 사람들의 성격은 비폭력적이고 유순하게 바뀌었으며 매우 절제된 생활을 해야 한다. 가장 놀라운 것은 섹스도 신체적인 접촉이 아닌 자극을 교류하는 센서와 전극, 환상을 일으키는 아이폰 등 컴퓨터 섹스 시스템을 이용하는 원격 섹스로 해결해야 한다.

스파르탄에게 여주인공 레니나 헉슬리가 함께 섹스를 하자고 제의하자 스파르탄은 당연히 신체적인 접촉을 생각한다. 그러나 헉슬리는 스파르탄에게 가상섹스가 훨씬 손쉽고 짜릿한 쾌감을 느끼는데 어째서 힘들게 접촉하여 섹스하느냐 하며 HMD^{Head Mounted Display}를 준다.

이런 주제를 차용한 SF물은 매우 많은데 「론머맨^{The Lawnmower Man}」은 두 남녀가 각각 다른 기계 속으로 들어가 환상적인 가상섹스를 즐긴다. 반면에 「타임캅^{Time Cup}」에서는 버튼 하나로 가상의 상대에게 접근해 성적 욕구를 해결하는 간편한 사이버섹스가 펼쳐진다. 대표적인 에로티시즘 영화인 「엠마뉴엘 7^{Emmanuelle 7}」에서도 사이버 섹스가 등장한다. 영화에서는 가상현실 시스템을 이용하여 서로 얼굴도 모르는 남녀가 가상 환경에서 만나 섹스를 한다.

이와 같은 사이버섹스는 필요한 장비를 신체에 장착하여 실제 성 접촉과 유사한 촉감을 컴퓨터를 통해 느낄 수 있도록 돕기 때문이다. 즉 HMD와 데이터 장갑 그리고 성 감각을 느낄 수 있는 신체 주요 부위에 센서를 장착하여 가상공간에서 환상의 섹스 상대자와 실제로 섹스하는 듯한 기분을 느끼게 만든다.[60]

이런 시스템은 현실적인 가능성 때문에 상당한 미래가 있다. 연인들이 서로 떨어져 있어도 즉 실제접촉 없이도 섹스하는 느낌을 가질 수 있다. 좀 더 상상력을 동원하면 다소 변태스런 이야기지만 60세의 남자가 30세의 여성이 되어 가상섹스를 즐기고 원하는 만큼 많은 사람들과 집단 섹스도 가능하다. 이런 경험을 위해 필요한 것은 인터넷뿐이라는데 장점이 있다.[61]

더불어 성적 강박 관념에 사로잡힌 사람들이 이 시스템을 이용해 치료할 수도 있다. 에이즈나 성병에 걸릴 위험도 없고 언제 어디서나 섹스를 즐길 수 있으며 원하는 상대를 마음대로 선정할 수도 있어 이들 섹스가 현대인의 생활 습성과도 같다는 설명도 있다.[62]

반면에 사이버 섹스가 인간들의 '최고의 환각제'가 될 것이라고 걱정하는 사람들도 있다. 사이버 섹스가 사랑의 감정을 공유하거나 생명 탄생을 위한 것이 아니라 쾌락과 유희만

HMD를 착용 사이버섹스시스템으로 들어가는 모습

을 위한 놀이의 형태로 변질될 수 있기 때문이다.63) 여하튼 이런 내용은 뇌파로 무엇이든 할 수 있다는 전제가 깔려있다.

위의 예를 보면 로봇이 인간의 근원이라고도 볼 수 있는 감성적인 부분까지 침투하는 것을 보여주지만 가장 놀라운 것은 영국 웨일즈대학교의 로스 킹 교수가 개발한 '로봇 과학자Robot Scientists'이다. 로봇 과학자는 가설을 세우고 실험을 통해 검증하는 능력을 가진다. 실예로 이 로봇은 빵을 만들 때 쓰는 효모의 특정 유전자 기능을 실험을 통해 찾아내는 능력이 있다. '로봇 과학자'의 연구 결과는 과학자들이 수행한 실험 결과와 거의 차이가 없었다. 로봇 과학자는 가설을 세우고 실험을 계획하는 인공지능 프로그램과 실제 실험을 수행하는 자동기계가 결합된 형태로 하나는 가설을 만들어내는 프로골Progol이며 다른 것은 가설을 검증하는데 적합한 실험을 선택한다.

킹 교수는 로봇 과학자로 하여금 효모에서 페닐알라닌이나 티로신과 같은 아미노산을 만드는데 관여하는 유전자를 찾아내도록 했다. 과학자들은 이미 이 유전자의 정체를 밝혀 놓았지만 로봇 과학자에겐 아무런 정보도 주지 않고 유전자의 기능이 밝혀지기 전 단계에 해당하는 정보만을 제공했다. 그런데 로봇 과학자는 소프트웨어로 가설과 실험계획을 세우고 컴퓨터에 연결된 자동 실험기계를 작동시켜 실험을 수행했다. 사람이 관여한 것은 효모가 자라는 배양접시를 배양기에 집어넣고 꺼내오는 경우에 한정됐다. 킹박사는 로봇 과학자가 정확성에서 인간과 대등했을 뿐 아니라 실험 횟수를 적게 수행한 것은 인간보다 오히려 효율적이었다고 설명했다. 소프트웨어가 가장 빨리 답을 얻을 수 있는 가설과 실험을 선택하도록 했기 때문이다. 더욱 킹 박사를 돋보이게 한 것은 로봇의 실험 경비는 대학원생들의 3분의 2에 불과했다는 점이다.

사실 유전자 기능을 규명하는 실험처럼 단조로운 반복 작업은 없다. 이 분야 과학자들이 늘 고역으로 여기는 작업의 하나이다. 킹 박사는 이 같은 단조로운 연구를 로봇 과학자에게 맡기면 연구자들이 좀 더 창조 분야에 투입할 시간이 많아질 것이라고 기염을 토했다.

로봇 과학자의 성공적인 개발은 신약개발 분야에서 로봇이 두각을 나타낼 것으로 생각한다. 수만 개의 서로 다른 화합물을 반응시켜야 하는 신약 후보물질 탐색작업도 로봇에 딱 맞는 일이기 때문이다.[64]

현재까지 지구상에서 개발된 로봇만 해도 상상할 수 없을 정도로 많은 분야에서 활동하고 있으며 이어서 보다 업그레이드된 로봇이 등장할 것으로 생각한다.

주석

1) 『인류의 새로운 동반자 휴머노이드 로봇』, 오준호, 모닝캄, 2007년 6월호
2) 『지능형로봇산업 주요 정책방향』, 2007지능형로봇그랜드워크샵
3) 『영화로 과학읽기』, 이필렬 외, 지식의 날개, 2006
4) 『산업용 로봇-단순조립공에서 공장장으로』, 박종오, 〈과학동아〉
5) 『로봇 비즈니스』, 김광희, 미래와경영, 2002
6) 『로봇의 행진』, 케빈 워윅, 한승, 1999.
7) 『로봇의 시대』, 도지마 와코, 사이언스북스, 2002.
8) 『[신영수 칼럼] 중국 제조업과 '로봇' 이야기』 내일신문, 2012.05
9) 『첨단과학으로 가는 길 - 로봇공학』, 이충환, 〈과학동아〉, 2001년 4월
10) 『아기돼지를 잘 이해하는 로봇 돼지엄마 등장』, 〈과학동아〉, 1990. 8.
11) 『美서 닭고기 뼈 바르는 로봇 개발』, 박승혁, 중앙일보, 2012.06.01
12) 『로봇 비즈니스』, 김광희, 미래와경영, 2002
13) 『서비스로봇 빅4』, 박종오, 〈과학동아〉, 1997. 1.
14) 『이제 로봇이다』, 김종원, 동아사이언스, 2005.11.17
15) 『로봇이 변화하고 있다!』, 사이언스올
16) 『유비쿼터스 시대의 로봇, 유비봇』, 김종환, 사이언스 타임즈, 2004.
17) 『종이로 로봇을 만든다고?』, 유상연, 〈사이언스 타임즈〉, 2005. 12. 26
18) 『인터넷 다음은 로봇이다』, 배일한, 동아시아, 2003.
19) 『미래』, 수전 그린필드, 지호, 2005
20) 『로봇이 수술하는 시대… 다빈치가 다가온다』, 이진한, 〈과학향기〉
21) 『로봇 암수술, 전세계서 '한국 배우러 가자'』, 이종혁, 〈조선일보〉, 2010.
22) 『로봇 이야기』, 김문상, 살림, 2005.
23) 『이젠 로봇이 심장수술 한다』, 임호준, 〈조선일보〉, 2006. 3. 7.
24) 『의료로봇 육성 방안』, 의료로봇육성TFT, 2007지능형로봇그랜드워크샵
25) 『통증적고 정밀 로봇수술시대 성큼』, 이준규, 〈경향신문〉, 2007.7.19
26) 『과학 카페(첨단 과학과 내일)』, KBS〈과학카페〉제작팀, 예담, 2008
27) 『로봇 이용 대륙간 원격수술 성공』, 〈과학동아〉, 2001년 10월
28) 『로봇에게 갈까, 명의에게 갈까』, 김수병, 한겨레21, 2006년
29) 『우리 그리고 그들』, 크리스캐롤, 내셔널지오그래픽, 2011년 8월
30) 『로보 사피엔스』, 페이스 달루이시오, 김영사, 2002
31) 『파라오의 저주』, 이종호, 문화유람, 2010
32) 『서비스로봇 빅4』, 박종오, 〈과학동아〉, 1997. 1.
33) 『나는 멋진 로봇 친구가 좋다』, 이인식, 랜덤하우스중앙, 2005
34) 『로봇 비즈니스』, 김광희, 미래와경영, 2002

35) 「로봇으로 기름띠 제거한다」, 조호진, 조선경제, 2010.10.07
36) 「달려라 달려, 무적 로봇」, 유용원, 조선일보, 2010.08.03
37) 「군장 짊어진 로봇개」, 이정호, 사이언스타임스, 2007.8.20
38) 「영 군사용 곤충로봇 나온다」, 김민구, 〈조선일보〉, 2008.5.6
39) 「달려라 달려, 무적 로봇」, 유용원, 조선일보, 2010.08.03
40) 「터미네이터 만드는 로봇갑옷」, 이영완, 〈과학동아〉, 2004년 4월
41) 「일사불란한 작전 펼치는 소형 로봇」, 공성곤 외, 〈과학동아〉, 2000. 6.
42) 「우리 그리고 그들」, 크리스캐롤, 내셔널지오그래픽, 2011년 8월
43) 「교과서 밖으로 뛰쳐나온 과학」, 이성규, 중심, 2006
44) 「달려라 달려, 무적 로봇」, 박용운, 〈과학동아〉, 2006. 10.
45) 「최전방 경계근무, 2012년 로봇으로 바뀐다」, 진성기, 〈매일경제〉, 2006.
46) 「육군, 군사로봇 만든다」, 김민석, 〈중앙일보〉, 2006. 8. 3.
47) 「로봇의 시대」, 도지마 와코, 사이언스북스, 2002.
48) 「유비쿼터스 시대의 로봇, 유비봇」, 김종환, 사이언스타임스, 2004
49) 「日서 목욕·배설 돕는 간병로봇도 개발 중」, 차학봉,2012.07.31
50) 「터미네이터 만드는 로봇갑옷」, 이영완, 〈과학동아〉, 2004년 4월
51) 「서비스 로봇 빅4」, 박종오, 〈과학동아〉, 1997년 1월
52) 「日서 목욕·배설 돕는 간병로봇도 개발 중」, 차학봉,2012.07.31
53) 「우리 그리고 그들」, 크리스캐롤, 내셔널지오그래픽, 2011년 8월
54) 「IT 이을 新성장동력… 대기업들까지 뛰어들어」, 조형래, 〈조선일보〉, 2011.
55) 「인터넷 다음은 로봇이다」, 배일한, 동아시아, 2003.
56) 「섹스 로봇 '록시' 등장 "당신의 밤을 책임지겠어"」, 오은희,
　　 〈아시아투데이〉, 2010
57) 「포르노 영화 역사를 만나다」, 연동원, 연경미디어, 2006
58) 「"새신랑이 로봇?"…英 여성, '스타워즈' 캐릭터와 결혼」, 오세희,
　　 〈스포츠서울〉, 2010
59) 「인터넷 다음은 로봇이다」, 배일한, 동아시아, 2003.
60) 「포르노 영화 역사를 만나다」, 연동원, 연경미디어, 2006
61) 「미래」, 수전 그린필드, 지호, 2005
62) 「영화속의 바이오테크놀로지」, 박태현, 생각의나무, 2009
63) 「물리학자는 영화에서 과학을 본다」, 정재승, 동아시아, 2002
64) 「로봇 과학자 탄생」, 이영완, 〈과학동아〉 2004년 2월

6 두뇌 논리의 **모사**

인공 지능의 역사
논리게이트를 만들자
하향식 주입
상향식 이론
기본 상식 해결도 어려워
정보 검색의 딜레마
전문가가 중요
무작위성의 승리

초창기 로봇학자들의 기세는 등등했다.

일반적으로 인간의 뇌가 상상할 수 없을 만큼 많은 정보를 축적할 수 있고 이를 순간적으로 병렬 연산 또는 조합할 수 있지만 궁극적으로 컴퓨터의 능력에는 미칠 수 없다고 인식한다. 실제로 대백과사전에 있는 정보를 인간이 모두 기억할 수는 없다. 그러므로 학자들은 인간의 두뇌를 막강한 컴퓨터의 기억 용량을 기반으로 추월하는 것은 어렵지 않다고 생각했다. 한마디로 인간의 두뇌 정도야 컴퓨터가 쉽사리 정리할 수 있다는 것이다. 이런 뜻에서 만들어진 용어가 '인공지능 AI, artificial intelligence'이다.

인공지능이란 용어를 최초로 사용한 사람은 존 매카시 John McCarthy 박사이다. 그는 1955년 신경학 전문가인 마빈 민스키, 카네기 멜론 대학의 허버트 사이몬 1978년 노벨경제학상 수상 교수 등 10여 명이 컴퓨터에 인간의 지적 활동을 가르치는 연구 계획서에 인공지능이란 용어를 처음으로 사용했는데 이후 인공지능이란 단어는 로봇의 개발에 필수적으로 따라 다니는 용어가 되었다.

민스키 박사는 인공지능을 '사람이 수행했을 때 지능을 필요로 하는 일을 기계에 수행시키고자 하는 학문과 기술'이라고 정의했다. 그러므로 인공지능이란 사람의 경험과 지식을 바탕으로 하여 새로운 상황의 문제를 해결하는 능력, 시각 및 음성 인식의 지각 능력, 자연언어 이해 능력, 자율적으로 움직이는 능력 등을 컴퓨터로 실현하는 기술이며 인공지능의 목표는 사람처럼 생각하는 기계를 개발하는 것이라 볼 수 있다.

인공지능의 연구는 크게 두 가지 측면으로 나누어진다. 하나는 인간지능의 원리와 메커니즘을 해명하는 과학적 연구이고 또 다른 하나는 인간의 지능적 정보처리능력을 컴퓨터 프로그램화하여 컴퓨터가 보다 지능적으로 동작할 수 있도록 하는 공학적 측면이다. 따라서 인공지능 연구는 컴퓨터 과학을 중심으로 하지만 철학, 언어학, 생리학, 윤리학 등 인간에 관한 모든 학문 영역을 포괄한다.[1]

인공 지능의 역사

인공지능이라면 컴퓨터가 등장한 이후, 앞에 설명한 존 매카시를 원조로 보지만 사실 앞의 정의를 감안한다면 컴퓨터가 태어나기 이전부터 활용되었다고 볼 수 있다.

김용신 박사는 가장 간단한 예로 수세식 변기를 들었다. 수세식 변기는 물탱크에서 물이 어느 높이까지 차면 저절로 밸브가 잠기는데 이 역시 인공지능이라고 할 수 있다고 말한다. 이런 관점에서 김용선 박사는 인공지능의 역사를 다음과 같이 나누었다.

제1기 : 기계적 부품 Mechanical Component 으로 제어기구 Control Mechanism를 구성하던 중세 수공업 시대의 장인들에 의해 고안된 초기의 인공지능기계의 시대다. 그 당시 발명된 기계와 시스템은 컴퓨터가 보급되기 이전의 공업화 시대에 많이 사용되었는데 수세식 변기, 음악자동연주기와 같은 것들로 이들은 아직도 우리 생활주변에서 자주 보인다.

제2기 : 제어기구에 전자석 Electromagnetic 및 전자 Electronic 소자를

사용함으로써 제1기에 비해 훨씬 고도의 인공기능을 발휘할 수 있는 경우로 서보 컨트롤$^{Servo-control}$, 자동제어 등을 적용하여 대량생산 시대를 열었다.

제3기 : 컴퓨터의 출현 이후로 사실상 인공지능은 이때부터 한 단계 업그레이드된다. 컴퓨터가 등장하자 소프트웨어에 의한 프로그램 제어가 가능해지면서 전자기계 부품 즉 하드웨어만으로 구성된 논리회로는 과거와는 완전히 다른 단계로 진전한다. 즉 높은 수준의 복잡성, 유연성 그리고 외부환경 변화에 대응하여 자신의 다음 작업을 판단 수행하는 능력을 지닌 사람의 지능에 도전할 수 있는 단계가 된다.

컴퓨터는 그야말로 로봇에게 그 어떤 구원군보다 큰 역할을 했다. 컴퓨터의 등장으로 비로소 인간의 사고 과정과 뇌의 구조, 기능, 그 속에서 일어나는 생리 현상에 대한 연구를 촉진시켰다. 사실상 인공지능이라면 제3기 이후의 부분만 말하는 것도 이런 이유 때문이다.

김진형 박사는 인공지능을 '컴퓨터를 좀 더 똑똑하게 하고자 하는 연구'라고 설명하기도 한다. 이 정의는 민스키 박사의 정의보다 훨씬 구체적이다. 즉 기계를 컴퓨터로 이해하면서, '좀 더'라는 표현을 통해 고도의 지능 활동을 연구 목표로, 항상 새로운 것을 추구하는 것을 암시한다.[21]

켈리^{Kelly} 박사는 민스키 박사의 정의를 다음과 같이 수정했다.
'인간 지능과 관련된 특징이 컴퓨터 시스템에 있다면, 이것은 지능적이다.'

한편 글로스^{Gloess} 박사는 인공 지능을 이렇게 정의했다.
'인간이 어느 정도 사고력이 있어야 할 수 있는 작업을 기계가 할 때, 그 기계장치에 의해서 수행되는 작업 과정이 인공 지능이다.

 **논리게이트를 만들자**

컴퓨터의 발달이 상상을 초월하여 발전하자 인공지능 로봇을 만들려는 과학자들은 목표가 별로 멀지 않은 곳에 있다고 생각했다. 로봇 학자들의 생각은 간단하다. 인간이 하는 행동을 잘 파악하여 이를 로봇에게 심어주는 것이다.

학자들은 우선 인간이 보고 듣고 생각하여 그 결과를 행동으로 옮기는 과정을 정보의 흐름을 기준으로 다음과 같이 정리했다.

우선 외부에서 들어오는 물리적 자극을 받아 그 뜻을 알아차리는 입력과정이다. 즉 외부의 물리적 자극을 받아 Sensing 생리학적인 신호 Signal 로 변환하고 뇌로 전달하는 과정과 대뇌가 그것을 인지 Recognize 하는 과정이다. 어떤 정보가 입력되면 다음 단계는 인지된 데이터나 정보를 분류 정리하여 적절한 위치에 저장하고 필요에 따라 꺼내 오도록 하며 이어서 사용 목적에 따라 정보를 적절히 변형하고 가공하는 단계로 이어진다 Processing.

다음 단계는 정보를 분석하고 판단하는 것으로 주어진 일정한 순서와 기준에 따라 정보를 평가하고 다음 단계에 어떻게 할지 결정한다. 이후 단계는 각 개인에 따른 창조의 단계다. 즉 처리, 분석, 판단의 과정을 통해 전혀 새로운 지식이나 개념을 만들어 내는데 이것을 정리하여 출력하는 것이 마지막 단계다. 즉 기억된 내용과 중간 또는 최종적인 결과를 기계 또는 사람이 알 수 있는 형태로 알려주는 것이다. 위의 처리, 분석, 판단, 창조의 과정을 일괄하여 '처리'로 분리하여 입출력, 기억, 처리로 나누기도 하고 음성처리와 영상처리와 같은 처리과정을 입출력과정에 포함시키기도 한다. 또 외부에서 들어 온 신호를 의미 있는 정보로 변환처리하고 난 다음 저장하는 경우도 생각할 수 있다.[3]

사람이 문제를 해결할 때 처리하는 방법과 컴퓨터의 기호 조작이 매우 비슷하다고 추정한 매카시 박사는 컴퓨터의 하드웨어는 인간의 두뇌, 소프트웨어는 인간의 생각에 해당한다고 간주하는 다음의 가설을 세웠다.

① 인간의 마음은 정보 처리^{계산 = 기호 조작} 체계이다.
② 컴퓨터의 프로그램은 기호를 조작하는 체계이다.
③ 인간의 마음은 컴퓨터의 프로그램으로 모형화 할 수 있다.

이들은 인간의 문제 해결 과정을 모형화한 GPS^{General Problem Solver}를 이용하여 인간이 다루는 다양한 종류의 문제해결 프로그램을 개발하였고 이를 통하여 인간의 지능을 가진 기계를 개발할 수 있다고 생각했다.[4]

보다 구체적으로 인공지능을 연구하는 방법도 크게 세 분야로 나눈다. 이 단원은 중앙대학교의 문만기 교수의 글에서 많은 부분을 참조했다.[5]

첫째는 외부로부터의 정보인식에 관한 분야이다. 이 분야는 시각에 의한 2차원 패턴의 인식, 3차원 세계의 인식, 음성의 인식, 언어의 인식 등을 연구한다. 이 인식들은 지식과 추론규칙^{rule of inference}

을 이용하는 탐색에 의거해서 수행되며 화상 이해·로봇버전 음성 이해·자연언어 이해라 불리는 분야를 구성한다. 또 이것에 대응하는 음성 합성, 문장 생성, 로봇의 행동 계획 등 생성과 행동에 관한 분야도 이 영역에서 다룬다.

둘째는 지식의 체계화이다. 여러 가지 사실 지식 _{사실로서의 지식}을 어떤 형식으로 컴퓨터에 기억시키는지를 다루는 지식표현의 문제, 추론 규칙으로서의 지식을 어떤 형식으로 만들고 추론 규칙을 작용시켜서 입력되는 정보와 사실 지식으로부터 희망하는 결론을 어떻게 얻는지 등의 탐색 문제, 정리 증명 등의 주어진 문제를 푸는 과정을 발견해 낸다. 이 분야에서는 시행착오적 탐색이 연구 수단의 중심이 되며 탐색의 효율을 높이기 위해 확실하지 않지만 대부분의 경우에 성립될 수 있는 발견 가능한 지식 즉 '휴리스틱스^{heuristics}'가 이용된다.

마지막 방법은 게임기술 등에서 광범위하게 사용되고 있는 학습에 관한 분야이다. 이 분야에서는 외부 세계로부터 정보를 얻어 사실지식을 증가시켜서 추론 규칙을 자기 형성하는 방법을 밝힌다. 또 몇몇 지식의 구조가 어떤 의미에서 서로 유사하다는 것을 검출해서 이것들을 통합하는 메타지식^{meta-knowledge}을 형성해 가는 방식을 연구한다. 이것은 컴퓨터상의 모델에 의한 심리학적 연구, 또는 인지과학_{認知科學}에 있어서의 인지시스템의 연구에 해당한다고 볼 수 있다.

여하튼 인공지능을 연구하는 학자들은 위 세 가지를 연구하여 뉴런에 가장 가까운 디지털 컴퓨터의 논리게이트^{Logic gate}를 만들면 인공 지능을 가진 로봇을 만들 수 있다고 생각했다.

기본적인 논리게이트에는 세 가지가 있다.

첫째는 'NOT' 게이트로, 뭔가를 입력하면 정반대되는 것이 나온다. 1을 입력하면 0이 나오고 0을 입력하면 1이 나온다. 컴퓨터가 0과 1로만 된 2진법으로 운용된다는 것을 이해하면 이것의 의미를 알 수 있을 것이다.

둘째는 'AND'게이트이다. 입력은 두 가지를 해야 하는데 둘 다 1일 때에만 1이 출력된다. 0과 1의 다른 조합을 입력하면 항상 0이 나온다.

마지막으로 'OR'게이트이다. OR게이트에서는 둘 중 하나만 1이면 1이 출력돼 나온다. 물론 위의 세 가지 기본 게이트를 변형시킬 수도 있다. 'NAND'는 NOT과 AND를 결합시킨 것이고 NOR는 NOT과 OR을 결합시킨 것이다. 이외에도 XOR, XNOR도 있다.

논리게이트의 핵심은 이들 요소의 종류에 따라 입력한 정보에 대해 출력되는 결과가 달라진다는 것이다. 칩 하나로 수백 만 가지에 달하는 연산을 순식간에 처리하더라도 모두 0과 1의 조합에 의한 것임은 틀림없다. 그럼에도 불구하고 이들로 문서의 문자나 숫자, 웹 사이트의 그림을 일반인들이 실제와 거의 구별이 안 될 정도로 표현된다.

기본 논리게이트로 모든 것을 해결할 수 있다고 생각한 학자들은 기계부품으로 만들어진 로봇의 두뇌 속에 인간과 같은 지식을 어떻게 넣어주느냐로 고민하기 시작했다.

학자들은 이 문제도 인간이 어려서부터 축적하는 지식 얻기를 그대로 답습하면 된다고 생각했다. 즉 인간의 경우 선천성과 후천성으로 표현되는 지식이 있다. 선천적이란 태어나자마자 인간으로서의 능력을 의미하며 후천적이란 태어난 후 얻어지는 자신의 정보를 상황에 따라 유용하게 활용하는 것을 의미한다. 로봇의 연구자들은 이를 '하향식 주입'과 '상향식 주입'으로 설명한다.

 **하향식 주입**

로봇 연구자들의 생각은 간단했다. 우선 로봇에게 인간이 선천적으로 갖고 있다고 생각하는 정보 즉 '하향식 주입'을 통해 기본적인 정보를 입력시켜준 후 인간이 태어나서부터 얻는 지식을 '상향식 주입'으로 제공한다는 것이다. 하향식 주입이란 로봇에게 필요한 모든 정보를 사전에 입력시켜 주는 것을 의미한다.

그런데 학자들이 로봇에게 정보를 주입시키려고 착수하자마자 곧바로 커다란 문제점이 도사리고 있음을 발견했다. 하향식에서는 어떤 의미 있는 방식으로 작용하기 위해서는 주어진 상황에 적용할 수 있는 지식과 규칙을 모두 입력시켜야 한다는 점이다. 그런데 세계에서 일어날 수 있는 모든 주변 상황을 로봇에게 삽입하는 것이 가능한지는 독자들도 곧바로 파악할 수 있을 것이다.

그럼에도 불구하고 학자들의 고집은 알아주어야 한다. 하향식으로 인간의 두뇌에 따를 수 있는 인공지능이 불가능하지 않다며 프로그램을 개발하기 시작했다. 드디어 1960년대에 테리 위노그래드 Terry Winograd가 만든 'SHRDLU'라는 프로그램을 개발했다.

이 프로그램은 제한적이기는 하지만 대화를 이해하고 사람과 상호 의견을 교환할 수도 있었다. 공개 시범에서 사람이 '각뿔을 받치고 있는 것은 무엇인가'라는 질문에 컴퓨터는 '상자'라고 대답했다. 그것은 SHRDLU의 세계가 블록들 정육면체, 직육면체, 각뿔 등이 가득 들어찬 방으로 이루어져 있기 때문이다. 더구나 이 컴퓨터는 로봇이 가져야 할 중요한 속성 중의 하나인 언어의 해석력도 어느 정도 갖추고 있었다.

로봇이 인간과 함께 생활하기 위해서는 적어도 인간이 말하는 언어를 이해해야 한다. 우리가 가사 로봇을 구입하여 일상 언어로 '부엌을 청소해'라고 지시를 내릴 때 가사 로봇이 이를 곧바로 처리할 수 있어야 하며 사람이 로봇이 정말로 청소를 완료했느냐를 볼 수 있어야 한다.

그런데 컴퓨터가 사람의 말을 이해하려면 문장 속의 단어의 뜻이 무엇이고 단어의 순서가 어떻게 문장의 구조와 의미를 결정해야 하는지를 알아야 한다. 그러면서 언어가 지닌 다양한 모호성도 이해해야만 한다.

영어 문장을 예로 들어 설명한다. 수 넬슨은 지능 로봇이 다음 문장의 미묘한 차이를 이해할 수 있어야 한다고 적었다.

"Duck, it's a ball."

이 문장은 공이 날아가니까 머리를 숙여 공을 피하라는 의미일 수도 있고 오리와 근사한 파티에 대해 이야기하는 것일 수도 있다. 그것은 'Duck'라는 단어에 '오리'라는 뜻 외에도 '머리를 숙이다'라는 뜻이 있고 'ball'이란 단어에는 '공'이라는 뜻 외에도 '무도회'라는 뜻도 있기 때문이다.

더구나 컴퓨터는 오리가 인간의 대화를 이해할 수 없다는 사실 동화가 아니라면도 알고 있어야 하며 공이 날아다닐 수 있고 빠른 공을 맞으면 위험하다는 사실도 알고 있어야 한다는 것을 의미한다.

그런데 로봇에게 언어를 교육시키면서 발견한 것은 논리게이트로 무장한 컴퓨터가 설사 사람이 지시한 것을 이해한 것처럼 보인다고 해서 반드시 이해했다고 말할 수는 없다는 점이다. 마이크로소프트의 빌 게이츠는 인공지능의 문제점을 다음과 같이 지적했다.

컴퓨터나 로봇이 주변 환경을 느끼면서 빠르고 정확하게 반응하도록 만드는 것은 생각보다 훨씬 어려운 과정이다. (중략) 예를 들어 방 안의 특정 위치에서 소리가 날 때, 정확하게 그곳을 바라보고 소리를 분석하거나_{사람의 목소리였다면 그 의미까지 알아들어야 한다} 물체의 크기와 무늬, 견고성 등으로부터 물체의 종류를 파악하는 것은 로봇에게 너무나 어려운 일이다. 사람은 문과 창문을 아주 쉽게 구별하지만 로봇에게는 이 조차도 일생일대의 과제에 해당한다.

위와 같이 로봇의 미래에 대해 조심스러운 이야기를 빌 게이츠가 표명했지만 그는 로봇의 발전에 대해서는 비교적 후한 점수를 주었다. 그는 로봇공학이 현재 매우 답보상태에 있는 것은 사실이지만 과거 몇십 년 전보다 엄청나게 발전했다는 것을 인정해야 한다며 다음과 같이 말했다.

지금 로봇공학은 도약대 위에 서있다. 로봇 산업이 과연 성공할 수 있을지, 성공한다면 그 시점이 언제쯤인지는 아무도 알 수 없다. 그러나 일단 성공한다면 세상은 혁명적인 변화를 겪게 될 것이다.

빌 게이츠가 로봇에 대해 다소 긍정적인 점수를 주었지만 하향식 인공지능이 제대로 기능을 발휘하기 위해서는 자신이 보고 느끼는 환경에 대한 지식이 절대적으로 필요하다. 그런데 컴퓨터에게 인간의 지식에 바탕을 둔 지식을 주입하기 위해서는 한 사람의 지식으로는 부족하다. 이론적으로 컴퓨터에 대백과사전 전체를 삽입할 수도 있고 유명한 심리학자가 평생 동안 쌓아 둔 전문지식을 넣을 수도 있지만 이것은 백과사전식 정보의 나열에 불과하다.

가사용 로봇이 실제로 가정에서 일하기 위해서는 함께 살아야 하는 사람들의 특성은 물론 자신이 있는 집에 대한 구조를 정확하게 숙지해야 한다. 이것은 가사용 로봇에게 누군가가 일일이 가족에 대한 정보를 주어야 한다는 뜻인데 그것이 현실적으로 가능할까. 컴퓨터를 전공하는 사람이라 할지라도 자신의 모든 특성을 로봇에게 전수하는 것이 불가능함을 누구나 이해한다. 그런데 아내와 아이들에 대한 정보는 어떻게 넣어 주는가.

가정용 로봇 「쥬피터」

가사용 로봇에게 모든 정보를 넣어 주어 어떤 작업을 시키는 것보다는 로봇을 부리지 않고 자신이 직접 냉장고에서 맥주병을 꺼내 오는 것이 더욱 편리한 삶을 살 수 있다고 주장하는 사람이 더 많은 이유다. 더구나 로봇의 가격이 만만치 않다면 굳이 로봇을 구입해야 할 이유가 무엇일까.

이것은 어렴풋하게나마 어떤 결과를 얻으려면 방대한 양의 정보를 일일이 입력해야 한다는 것을 의미한다. 학자들이 로봇을 개발하면서 직시한 것은 대백과사전에 있는 내용을 입력시킨다고 하더라도 로봇이 입력된 정보를 인간처럼 논리적으로 활용하는 것은 다른 능력이라는 것이다.

사실 똑똑하지 않은 로봇이 필요할 이유는 없다. 그것은 로봇이 주인이 무엇을 원하고 있는지 무엇이 부족한지를 알아차리지 못한다면 로봇이 존재할 필요가 없는 것은 당연하다. 인간이 필요한 일을 시킬 때마다 해당 프로그램을 입력하고 일일이 지시를 내려야 한다면 로봇은 결국 인간에게 더 불편한 존재일 뿐이다.[6]

이런 개념은 하향식 방법으로는 '내 팬티는 어디 있지'라는 일반적인 문제조차 수월하게 풀 수 없다는 것을 의미한다. 그것은 로봇은 인간이 매일 보고 느끼는 현실 세계에 대한 문제를 풀 수 있는 지식이 전혀 없기 때문이다. 인간을 모사하는 로봇 개발에 치명적인 문제점이 발견된 것이다.

 **상향식 이론**

하향식 주입에 문제가 있지만 학자들은 좌절하지 않았다. 하향식에서 생기는 문제점은 상향식 정보 제공으로 보완될 수 있다고 생각했기 때문이다.

사실상 인간도 살아가면서 제기되는 모든 상황을 말끔하게 대처할 수 있는 능력을 갖고 태어나지 않는다. 아무리 성장하여 위대한 사람이 될 재목이라도 태어난 직후의 유아기를 거쳐야 한다. 음식도

먹여주는 것을 받아먹어야 하며 기저귀 등을 제공받아야 하고 위험물에 접근하지 않도록 사전에 격리시켜 주어야 한다. 인간의 유아기 지능이 높지 않기 때문이다. 그러므로 최소한 몇 년 간은 부모를 비롯한 많은 사람들의 도움으로 주위 상황을 습득하면서 시간이 지날수록 점차 똑똑해진다.[7]

학자들은 하향식 주입으로 어느 정도 정보를 축적한 후 어떤 상황에 대처할 수 있는 능력을 제공한다면 로봇이 상황을 스스로 판단하여 결정할 수 있다고 생각했다. 사람이 어떤 상황에 대처할 수 있는 능력이 있다는 것은 두뇌에 있는 어떤 정보 전체를 불러들이는 것이 아니라 그 정보를 활용할 수 있는 능력 즉 학습 능력을 의미하므로 로봇에게 그런 기능을 부여하자는 것이다.

잘 알려진 상식으로 곤충은 슈퍼컴퓨터처럼 주변 환경을 수조 곱하기 수조 개의 픽셀로 이루어진 영상으로 인식하지 않는다. 곤충의 두뇌는 학습이 가능한 신경망으로 이루어져 있어서 끊임없는 반복을 통해 비행술을 터득한다. 이를 토대로 MIT 연구원은 벌레같이 생긴 소형 신경망 로봇을 제작한 후 반복 학습을 통해 수 분 동안 스스로 걸을 수 있게 만들었다.

문제는 곤충을 모방한 로봇이 어느 정도 효용성을 발휘하였지만 포유류와 같은 고등동물을 흉내 내는 것과는 차원을 달리한다. 인간과 단순 비교하자면 로봇은 현재 수백 개의 뉴런neuron을 갖고 있지만 인간은 무려 1000억 개가 넘는 뉴런으로 이루어져 있다. 로봇으로 인간과 같은 뉴런 조직을 만든다는 것이 간단하지 않다는 것을 이해했을 것이다. 뉴런에 대해서는 뒤에서 다시 설명한다.

그러므로 로드니 브룩스는 로봇이 현 위치를 파악하는데 수학적 프로그램을 사용하는 것보다 시행착오와 경험을 활용하는 것이 보다 현실적이라고 설명했다. 물론 이 과정에도 컴퓨터가 필요하지만 적어도 하향식 접근법처럼 무지막지한 계산은 필요하지 않다는 장점이 있다. 참고적으로 화성탐험에 결정적인 역할을 한 로봇은 브룩스 교수가 제안한 것이다.

엄밀하게 컴퓨터를 정의하자면 '더하는 기계'라는 말이 틀린 말은 아니다. 더하는 방법에 관한 한 인간이 하루가 다르게 발전하는 컴퓨터를 따를 수 없다. 그러나 인간의 지식은 몇 백만 년 전부터 생존이라는 현실적 문제를 해결하기 위해 정교하게 디자인 되었다는 점이다. 생존을 위해 수백만 년 전부터 인간에게 부여된 능력을 역으로 로봇에게 적용시키기는 아직은 어려운 로봇의 취약점이다.

과거 인간의 선조들은 포식자를 피하고 먹이를 찾는 능력 그리고 변하는 환경에 적응하는 능력을 나름대로 터득하고 이를 후손에게 물려주는 것에 주저하지 않았다. 하지만 수백만 년 전부터 습득된 노하우를 인간이 정확하게 분석하여 로봇에게 전달해 줄 수 있느냐이다.[8] 물론 상향식 교육이 갖고 있는 문제점도 만만치 않다.

케빈 워윅의 설명을 보자.

어떤 일들이 왜 일어나서는 안 되는지를 설명하는 것이 오히려 부정적인 영향을 끼칠 수 있다. 그것은 이전에 그런 일에 대해서는 본 적이 없는 사람들에게 그 일의 실체를 알려주며 또한 자신과 비슷한 사람들이 그러한 일을 저질렀다는 것을 알면 호기심을 느끼게 된다. 그러므로 그것이 얼마나 나쁜 행동인지 말하더라도 원초적인 본능은 그 일을 하게 만든다.

마약 복용 문제가 그 중의 하나이다. 뉴스에서 마약 복용이 얼마나 해로운가를 보도하면서 그들이 어디서 마약을 구입했으며 어떻게 복용하는지와 같은 정보를 모두 설명했을 때 어떠한 파급 효과가 있을 것인가. 마약의 나쁜 점을 모두 가르쳐 준다면 오히려 전혀 관심이 없었던 사람들조차 마약 복용에 대한 흥미를 유발시키는 계기가 될 수 있다.

이것은 어떤 정보를 제공하더라도 내용을 잘 모르는 사람에게 어떤 주어진 환경에서 무엇을 해야 하는가를 정확하게 알려주는 것이 간단하지 않다는 것을 의미한다.[9]

그럼에도 불구하고 학자들은 상향식 주입 즉 어떤 정보를 기초로 하여 그것을 적시 적소에 활용하게 만드는 것이 가능하다고 생각한다. 그것은 인간 두뇌의 신경망을 이용하면 가능하다는 의미로 신경망 이론이라고 설명한다. 최초의 신경망 이론 모델은 워렌 맥클럭 Warren McCulloch과 월터 피츠 Walter Pitts이다. 그들은 인간의 두뇌를 논리적 서술로 된 2진법의 집합으로 생각했다. 즉 뉴런이 ON과 OFF 두 종류로 작용한다는 것이다. 그들이 제시한 뇌의 모델은 다음과 같다.

① 뉴런의 활동

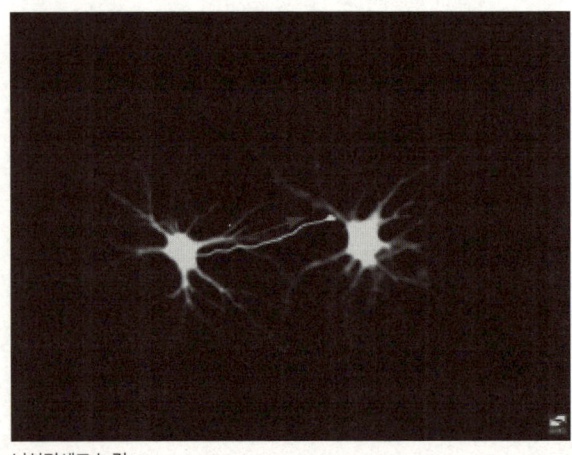

뇌신경세포 뉴런

6 두뇌 논리의 모사

은 '전부' 아니면 '전무'의 과정이다.

② 어떤 뉴런을 흥분하게 하려면 2개 이상의 고정된 수의 시냅스가 일정한 시간 내에 활성화되어야 한다.

③ 신경 시스템에서 유일하게 의미 있는 시간지연 delay은 시냅스에서의 지연이다.

④ 어떤 억제적인 시냅스 inhibitory는 그 시각 뉴런의 활성화 activation를 절대적으로 구속할 수 있다.

⑤ 네트워크 연결구조는 시간에 따라 바뀌지 않는다.

그들의 모델은 네트워크 내의 단순한 요소들을 연결하면 무한한 컴퓨터 능력으로 계산과 함께 논리적인 처리를 통하여 어려운 문제들을 간단하게 해결할 수 있다는 것으로 크게 주목받았다.

1949년에는 캐나다의 도날드 헵 Donald Hebb은 '헵의 시냅스'를 발표했다. 그는 시냅스의 연결 강도 조정을 위한 생리학적 학습 규칙을 연결했다. 그의 학습 이론은 체계적이지는 못했지만 그 후 뉴런의 상호 작용에 관한 연구에 큰 영향을 주었다.[10]

1958년 미국의 프랭크 로젠블렛 Frank Rosenblatt 박사는 훈련시킬 수 있는 프로그램인 퍼셉트론 Perceptron을 개발했다. 이 프로그램은 신경세포와 비슷한 방식으로 작동한다. 수 넬슨은 퍼셉트론이 다음과 같이 작동한다고 설명했다.

퍼셉트론의 각 단위는 여러 가지 입력 정보를 받아들인다. 이것들이 합쳐져 사전에 정해놓은 어떤 한계 값을 넘어서면 출력이 발생한다. 이것은 많은 수상 돌기들이 자극을 받을 때에만 신경세포가 신경 신호를 발사하는 것과 같다. 각각의 단위가 특정 입력 정보에 부여하는 상대적 중요도를 변화시킴으로써 퍼셉트론은 훈련을 통해 올바른 답을 얻을 수 있다.

로젠블렛은 인공뉴런망을 훈련시켜 특정 문자와 숫자의 패턴을 인식하도록 하는 데 성공했다. 그의 주장은 고전적인 인공지능에 반대되는 주장이다. 고전적인 인공지능은 외부에서 두뇌의 동작 방법을 관찰하고 다양한 방법에 의해 행동과 응답을 모델링하는 것으로 한 예로 '태양이 빛나면 나는 행복하다'라는 것이다. 반면에 로젠블렛의 인공신경망은 하위 수준의 세포인 뉴런의 입출력 관계로 두뇌를 모델링한다는 것이다. 이는 다음으로도 설명된다.

'두뇌의 행동을 두뇌가 가진 특징으로 생각해서 이들 특징으로 두뇌를 조사하는 것보다는, 두뇌를 뉴런으로 생각하고 이를 통해서 두뇌를 면밀히 조사하는 것이 훨씬 쉽고 적절하다'

로젠블렛 박사의 모델은 뉴런을 서로 연결하는 것에 지나지 않는데 이 시스템에서 놀라운 점은 시작할 때의 규칙이 반드시 올바른 것이 아니어도 된다는 사실이다.[11]

문자 'P'를 입력했더니 퍼셉트론이 'R'이라는 결과를 내놓았다고 하자. 이것은 틀린 답이기 때문에 오류를 네트워크에 피드백^{되먹임}함으로써 그 출력 정보들의 상대적 중요도를 약간 조정한다. 이 과정은 퍼셉트론이 올바른 답을 내놓을 때까지 계속되는데 컴퓨터의 연산 속도를 감안하면 사실상 수백분의 1초도 걸리지 않는다.

이와 같은 학습 컴퓨터가 기술에 혁명을 가져올 것으로 보였는데도 현재 대부분의 사람들이 사용하고 있는 퍼스널컴퓨터는 이런 기능이 없다. 그것은 퍼셉트론의 한계성 때문이다. 퍼셉트론일지라도 네트워크에서 일어난 문제점 즉, 보통의 2진 부호 컴퓨터나 인간의 뇌가 아주 잘 푸는 기본적인 논리 문제조차 말끔하게 풀지 못하기 때문이다.[12]

이후 다층 퍼셉트론이론이 나왔고 '홉필드 네트워크', '코호넨 네트워크', 'ART 네트워크', '카운터프로게이션 네트워크' 등이 계속하여 제시되었다.

기본 상식 해결도 어려워

아직까지 초창기 로봇 과학자들이 예상한 인간의 능력을 모사한 로봇은 태어나지 않았다. 그야말로 컴퓨터 등의 과학 분야에서 비약적인 발전을 생각하면 다소 의아하지만 로봇학자들의 말은 간단하다. 인간이야말로 로봇이 따라가기에는 너무나 정교하게 만들어졌다고 말한다. 즉 기계적인 현대 과학기술로는 인간을 모사하는데 한계가 있다는 것이다.

초창기 로봇학자들이 기세 좋게 도전한 분야는 초능력 신경컴퓨터를 개발하겠다는 것이다. 한국에서도 신경망칩이 개발되었다는 보도도 있었다. 신경망칩이란 인간 두뇌를 목표로 집적회로 소자에 수많은 기억 기능과 논리 소자를 집약시켜 논리 판단을 수행토록 하는 소자를 말한다. 신경망 칩은 인간의 두뇌처럼 학습하고 추론할 수

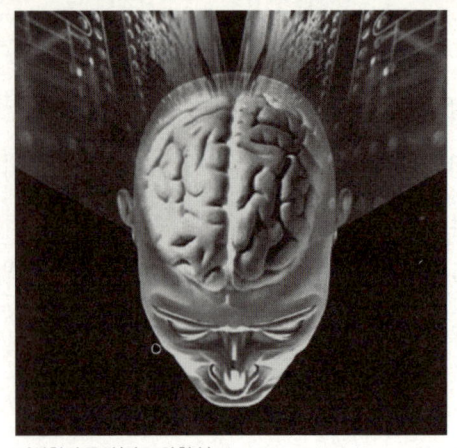
기억칩의 등장(자료 양철승)

있는 다시 말해 생각할 수 있는 능력을 가진 컴퓨터의 핵심 부품이라고 할 수 있다. 당시에 개발된 신경망칩은 갯지렁이 정도의 지능을 갖추었다고 알려졌다.

당시의 신경망칩의 능력 즉 갯지렁이 정도의 능력이란 대체로 6개의 트랜지스터로 구성된 단위 연결 고리 약 640개를 집적한 것으로 1초에 10억 회의 덧셈, 곱셈 등의 연산을 수행할 수 있을 속도이다. 그야말로 극히 미미한 초보 단계에 지나지 않지만 연결 고리 1천 개까지의 신경망칩은 문자 인쇄체 인식이나 자연음 합성, 로봇 제어 등에 더 능률적이며 3,500~5,000개 정도가 되면 무인차량, 음성 인식, 필기체 인식 등에 이용될 수 있으므로 큰 반향을 일으켰다.

그러나 학자들이 인간의 두뇌를 연구하면 할수록 신경컴퓨터의 개발이 간단치 않다는 것을 발견했다. 그 이유는 인간의 두뇌는 1,000억 개 이상의 신경세포 뉴런 가 있고 이들 간의 연결 고리인 시냅스의 숫자도 몇 십 조가 넘는 복잡성이 있기 때문이다. 더욱 문제를 심각하게 만드는 것은 시냅스에서의 신경 전달이 여러 종류의 신경전달물질에 의해 조절되고 시냅스 자체가 입력되는 정보에 따라 동적으로 변화하기 때문에 단순한 기계적인 장치 즉 전기적 장치로의 대체가 쉬운 일이 아니라는 점이다.

즉, 분자 수준에서의 뇌의 작용은 매우 다양한 물질과 방법에 의해 전달되고 조절되기 때문에 현재 사용하고 있는 고체 소자 한 종류로는 상당한 제한을 받는다. 설사 수십만 개의 연결 고리를 갖는 신경망칩이 개발된다 하더라도 스스로 학습하고 판단할 수 있는 SF 영화 주인공들처럼 자유자재로 사고할 수 있는 순간이 올지는 불분명하다.[13]

더불어 인간의 우수성은 지능뿐만 아니다. 학자들은 인간과 유사한 로봇이 태어나지 않은 이유로 종종 인간이 얼마나 환경에 잘 적응하는지 다음 두 가지 예를 제시하곤 한다.

첫째는 인간에게는 매우 간단하지만 로봇에게 큰 난관이 되는 경우이다. 상자 안에 수많은 나사못이 들어 있다. 그 나사못들을 꺼내서 나사못의 끝이 한 방향을 향하도록 나란히 놓아야 한다고 하자. 우리는 그 나사못들을 꺼내어 어떻게 제대로 놓아야 하는지 금방 알 수 있다. 또 그 못들을 눈으로 볼 수 없더라도 손으로 만져보고 그 모양을 파악할 수 있다.

그러나 현재까지 지구상에서 개발된 로봇에게는 이런 일이 불가능한 과제이다. 로봇은 자신의 카메라 렌즈를 나사못에 향하고 나사못의 모습을 자신의 뇌에 저장된 것과 일치시키려고 한다. 그런 다음 로봇은 자기 눈에 들어오는 나사못을 무수하게 많이 저장된 나사못과 비교해야만 한다. 그런데 나사못들이 마구 뒤엉킨 채 놓여 있기 때문에 로봇은 그 못들이 갖가지 다양한 각도에서 어떤 모양일지 추측해야 한다. 게다가 빛의 방향에 따라 나사못의 모양도 달라진다는 사실을 고려해야만 한다. 수없이 엉킨 나사못을 일렬로 놓는 것조차 간단한 일이 아님을 알 수 있다.[14]

두 번째는 어린아이가 길을 가다가 소똥을 발견했다는 정황을 상정하자. 어린아이들은 소똥을 보는 순간 소똥을 밟지 않고 피해서 걸어간다. 그러나 로봇은 소똥을 보고 그것을 밟지 않고 지나야 한다는 결정을 내리려면 상당한 확인 절차를 거쳐야 한다. 만져 보는 것은 물론 냄새도 맡아보고 성분을 분석하여 결국 소똥이라는 것을 인식하고 옆으로 돌아가야 한다. 여기에서 어린아이는 소똥을 직접 만져보거나 본 적도 없음에도 소똥을 인지하고 피해간다는 사실이 중요하다. 일단 생명체로 태어난 인간에게 적어도 생존 지식이 쌓이기 시작하면서부터 인간은 어떤 사물을 확인하는 데 필요한 시각, 청각, 촉각, 후각, 미각 등 오감으로부터 정보를 받아 순간적으로 판단한다. 적어도 소똥을 꼭 만져 봐야만 소똥이라고 판정을 내리는 것이 아니다.

그런데 이러한 기초적인 작업조차 컴퓨터가 제대로 해결하지 못한다는 사실이 제기된 것이다. 학자들을 더욱 어리둥절하게 만드는 것은 지식이라는 문제에 국한한다면 로봇이 인간의 오감 능력보다 훨씬 높은 수준을 가질 수 있다는 점이다. 적어도 정보에 관한 한 백과사전 정도의 분량은 간단하게 축적할 수 있고 순식간에 정보를 다시 꺼내 확인할 수 있다. 그럼에도 불구하고 인간의 뇌는 백과사전에 수록되어 있는 정보나 지식에는 못 미치지만 자신의 두뇌에 있는 정보를 불러온 후 두뇌 속에서 진행되는 복잡한 메커니즘을 통하여 복합적인 판단을 순간적으로 내린다.

인간이 생각하는 메커니즘이 간단하지 않다는 것은 지난 10여 년 사이의 두뇌 활동을 영상화하는 자기공명영상법MRI으로도 증명되었다. 이들 실험에 의하면 하나의 두뇌 활동에는 여러 회로들이 복잡하게 얽혀서 작동하며 이 회로들은 뇌 전역의 다른 회로들과 크고 작은 상호 작용을 한다. 제임스 슈리브는 이 회로들의 상호작용은 기계를 구성하는 부품들이 작동하는 것이 아니라 교향악단의 악기들이 음조, 음량, 반향을 서로 조율해 특정한 음악적 효과를 내는 것이 비유할 수 있다고 했다.

그러나 뇌의 다양한 활동이 특정 부위에서 일어난다는 사실은 분명히 확인되고 있다. 예를 들면 전화번호를 기억하는 위치는 얼굴을 기억하는 위치와 다르다. 게다가 유명 인사의 얼굴을 떠올릴 때 사용하는 신경회로는 제일 친한 친구를 떠올릴 때 사용하는 회로와 다르다는 것이다.

또한 1950년대 미국의 와일더 펜필드 박사는 간질 환자 수백 명을 수술하면서 전극을 사용해 수술 중 의식이 있는 상태인 환자들의 뇌 부위들을 전극봉으로 직접 자극했다. 그 결과 펜필드 박사는 인체 각 부위가 반대편 대뇌피질과 연결돼 있음을 알게 됐다. 예를 들면, 왼쪽 운동피질의 한 지점을 살짝 자극하자 오른쪽 발에서 반응이 나타났다. 자극한 곳은 오른쪽 다리에 비슷한 반응을 일으키는 지점과 인접해 있었다. 더욱 인간의 뇌가 복잡하다는 것은 어떤 인지 기능이 일어나고 있는 뇌의 부위를 지도 위의 도시처럼 꼭 짚어 가리킬 수는 없다는 점으로도 알 수 있다.

캘리포니아 주립대학의 뇌 영상 연구소 아더 토가Arthur Toga 소장은 "사람마다 얼굴이 다르듯 뇌도 각자 다르게 생겼다"고 말했다. 토가 박사는 과거에 뇌를 컴퓨터가 일을 처리하는 것과 유사하다고 생각했다고 설명한다.[15] 그러나 근래의 연구에 의하면 매우 특이한 점이 발견되었다는 것이다.

'흔히 사물을 바라보는 것이 단순한 과정이라고 생각하지만 뇌는 매우 복잡한 정보를 동시에 처리한다. 이미지는 시각피질의 각기 다른 영역에 의해 색깔·형태·방향 같은 정보로 각각 지각된다. 모든 정보는 뇌의 특화된 영역에 보내져 분석 과정을 거친 후 정보종합적인 이미지의 측면들이 해석된다. 그러므로 이미지는 처음에 분해되었다가 나중에 다시 합쳐진다. 시각 인지 시스템은 뇌의 다양한 영역에 분산되어 있어 인터넷과 유사하다고 볼 수 있다.'

 정보 검색의 딜레마

로봇학자들은 그래도 좌절하지 않았다. 적어도 컴퓨터라는 절대 무기가 있는 한 현재 인간의 지능을 모사하는 것이 기술적으로 미흡하지만 세계의 지식을 모두 활용하면 궁극적으로 인간의 지능을 능가하는 로봇을 개발할 수 있다고 생각하기 때문이다. 이는 지구상에 있는 수많은 지식을 어떻게 활용하느냐에 달려있다.

그러나 이 대안도 곧바로 문제점에 봉착했다. 사실 인터넷에 있는 많은 정보들 중 자신에게 필요한 것을 어떻게 검색해서 찾아낼 것인지가 쉽지 않다는 것은 다음 예로도 알 수 있다.

2012년 12월 초, 검색 사이트 '구글google'에서 '선생님'이란 단어를 검색했더니 101,000,000 건이 올라왔다. 네티즌이 자신이 '선생님'을 친 이유를 정확하게 설명하지 않은 이유도 있지만 컴퓨터는 네티즌이 원하는 대로 '선생님'이 들어있는 모든 정보를 모두 토해놓기 때문이다. 물론 앞으로 정보검색 기술이 발달하면 자신이 원하는 정보를 보다 구체적으로 제공받겠지만 모든 네티즌이 원하는 것을 곧바로 컴퓨터가 완벽하게 찾아주기란 사실상 불가능하다.

이것은 기계로 하여금 자신이 갖고 있는 정보를 순식간에 필요한 부분만 발췌하여 그것을 인공적으로 조합하는 것이 사실상 불가능하다. 뇌 속에 있는 온갖 정보들이 어떻게 유기적으로 연결되는지를 정확하게 확인할 수 없는 단점이 있기 때문이기도 하지만 정작 어려운 것은 각 개인마다 성향이 달라 어떤 특성을 간단하게 묶어줄 수 없다는 것이 더욱 큰 문제이다.[16]

로봇을 개발하려는 학자들을 크게 놀라게 한 것은 인간에게는 상식으로 통하는 지각도 간단히 해결할 수 없다는 점이다. 로드니 브룩스의 글에서 많은 부분을 인용한다.

사람들은 잠에서 깨어나 눈을 뜨자마자 자기가 보는 대상 즉, 공간을 곧바로 알아차린다. 옥내와 옥외임을 알 수 있고 자신의 손을 움직이면서 새로운 날이 되었다는 것도 알아차린다. 그것은 눈으로 무엇을 보았고 또 느꼈음을 의미한다. 개와 고양이는 물론 새들 역시 시각에 의존하여 많은 일을 처리한다. 말벌, 벌, 다수의 파충류도 예리한 시각을 갖고 있다.

그런데 우리의 시각은 보는 것에만 끝나는 것이 아니라 사회적 상호작용에 결정적인 영향을 미친다는 점이다. 즉 시각 활동은 인간의 사회적 상호작용 없이는 이해될 수 없다. 본다는 것이 수동적인 과정이 아니라 능동적이고 지속되는 활동이라는 것도 로봇을 만드는

데 어려움을 주었다. 인간의 눈은 이곳에서 저곳으로 신속하게 움직여 바깥 세상에 무엇이 있는지에 관한 정보를 습득한다. 일반적으로 인간이 지니고 있는 모든 정보 중의 80퍼센트 정도가 시각 정보이다.

인간의 두뇌가 현실적으로 보이지 않는 많은 세부사항들을 채워 넣는다는 점이 놀라운 인간의 능력 중 하나다. 즉 우리가 정적인 세계에 대한 안정적인 모습을 완전한 파노라마식 세부사항까지 보고 있는 것처럼 느끼는 것이다.

사람의 눈이 디지털 컴퓨터와 다르다는 것은 당연하다. 디지털 카메라는 35도 정도의 시야에 걸쳐 한결같은 해상도가 있다. 그런데 인간의 눈은 수평으로 약 160도의 ^{수직으로는 조금 더 큰} 시야를 갖는다. 망막은 간상체라고 불리는 약 1억 개의 밝기 감각기관과 원추라고 불리는 약 500만 개의 색깔 감각기관이 있다. 그런데 이들이 전혀 균일하게 펼쳐져 있지 않다. 인간의 눈의 시야 중앙에는 중심와라고 불리는 아주 두드러진 영역이 있다. 중심와는 5도 각도의 영역이 있는데 눈의 다른 부분들보다 훨씬 높은 조밀도의 감각기관들이 있고 훨씬 더 색깔에 민감하다.

MIT의 로드니 브룩스 Rodney Brooks 교수는 세상에서 가장 아름다운 눈이라고 알려진 영화배우 오드리 헵번의 눈조차 매우 비합리적으로 설계되었다고 지적했다. 즉 그녀도 일반 인간과 같이 빛에 민감한 부분의 표면 위로 혈액 공급이 이루어지며 정보를 두뇌로 전달하는 신경들이 렌즈와 감각기관 사이에 있다는 것이다. 오드리 헵번의 눈이 아름답다고는 하지만 생물(체)학적으로는 대다수의 동물의 눈보다 우수하지는 않다는 뜻이다. 오징어나 문어의 눈에서는 두뇌에서 나온 신경세포의 케이블이 망막 뒤에 붙어 있어서 빛 감각기관의 배후로 펼침으로써 이미지 정보를 얻는다. 반면에 포유동물에서는 그 케이블이 뒤에서 와서 중심과 중앙으로 부터 겨우 15도 떨어진 곳에 있는 구멍을 때린 후 망막의 표면 위로 펼쳐진다.

인간의 경우도 시신경이 망막의 앞쪽에 위치하게 설계되어 있어 신경 다발이 묶인 지점에 맹점이 생기며 그 다발이 흘러내렸을 때 실명의 원인이 되기도 한다. 또한 인간은 한 눈으로 임의의 특정 방향을 바라보면 한 지점에서 완전한 맹인이 된다. 인간의 시야 내의 다른 모든 것에 대한 해상도는 주변부로 갈수록 떨어진다. 색깔 지각 역시 동시에 엄청나게 떨어진다. 그럼에도 대부분의 사람들은 평생토록 그 맹점을 전혀 알아차리지 못한다.

한국과학기술원 장대익 박사는 척추동물의 진화 과정에서 '어쩌다가' 시신경이 망막 앞에 놓였고 그것이 모든 후세 척추동물에게 전달되었기 때문으로 설명했다. 첫 단추를 잘못 끼웠기 때문에 최적이 아닌 적절한 선에서 트레이드 오프 trade off, 어느 것을 얻으려면 반드시 다른 것을 희생하여야 하는 경제 관계가 일어났다는 뜻이다.[17]

그럼에도 불구하고 인간의 놀라운 점은 버스 앞좌석에 앉아서 버스가 가파른 길모퉁이를 돌때 반사작용의 보정을 통해 세상이 안정적으로 보이게 한다는 것이다.

인간의 눈은 대상 쪽으로 기운다. 손 안의 어떤 것을 바라볼 때 왼쪽 눈과 오른쪽 눈은 평행하게 한 방향을 보고 있지 않다. 만약에 손에 펜을 쥐고 있다면 각각의 눈은 상이한 각도에서 또는 초점으로 펜을 직접 본다. 각각의 두 눈이 대충 6도 가량 평행선에서 벗어나 서로를 향하고 있는 것이라고 브룩스 교수는 설명했다. 그 펜은 각각의 눈의 영상의 중앙에 있고 중심 주위의 영상과 비교함으로써 우리 두뇌가 국지적 장면의 어느 부분이 더 앞에 있는지, 어느 부분이 다소 뒤에 있는지를 알아낸다. 즉 두 상이 합쳐지면서 깊이, 거리 즉 원근감을 느끼는데 이것을 입체시각 stereo vision이라고 한다. 특별히 시각 장애가 있는 사람을 제외하고 대부분의 사람들은 이런 능력을 당연하게 여긴다.[18]

로봇은 다르다

엄밀한 의미에서 인간의 시각 시스템을 세부적으로 분석하면 작동 방식에서 기계와 유사하다. 그런데도 로봇의 눈을 인간처럼 만들 수 없다는 것이 다소 아이러니하지만 인간이 유전적인 속성으로 진화되었기 때문이라고 인식한다. 즉 인간의 눈이 결코 합리적으로 설계된 것이 아닌데도 자연스럽게 작동하는 것은 몇 백만 년에 걸친 자연 적응의 소산이라는 것이다. 그러므로 기계에게 인간의 비합리적인 요소를 접합하면 한 마디로 엉망진창이 된다.

학자들은 로봇으로 하여금 인간처럼 작동하는 시각 시스템을 가지게 하려고 몰두했다. 3차원적 시각 시스템을 로봇에 장착시켜 어디에 물건이 있고, 어디에 물건이 없는지 정도를 판별할 수 있는 시스템을 개발하고 또 내가 어디 있는지를 정확하게 알 수 있도록 했다. 그렇지만 로봇의 시각 능력은 개선되지 않았다. 이것은 로봇에게 어떻게 마룻바닥 청소를 시킬지 또는 로봇이 어디를 청소했는지를 파악한다는 것도 간단치 않다는 것을 의미한다.[19]

이를 부연하여 설명하면 브룩스 교수는 보는 것은 수동적인 과정이 아니라 능동적으로 지속되는 활동이라고 강조한다. 우리의 눈은 이쪽저쪽으로 신속하게 움직이며 바깥 세상에 무엇이 있는지에 관한 정보의 조각들을 얻는다. 우리의 두뇌가 아직까지 완전히 이해되지 못한 과정 속에서 아마도 현실적으로 보이지 않는 많은 세부 사항들을 채워 넣는다. 그 결과는 마치 우리가 정적인 세계에 대한 안정적인 모습을 완전한 파노라마식 세부 사항까지 보고 있는 것처럼 느끼는 것이다. 특히 인간의 시각 시스템은 어려운 문제들에 대한 부분적 해결책들을 복잡하게 배열한 것이라고 브룩스 교수는 설명한다. 즉 주의 깊게 공학적으로 설계된 것이 아니라 진화의 산물이라는 점이 곳곳에서 보인다는 것이다.

그래도 로봇학자들의 고집은 알아주어야 한다. 인간이 아무리 정교하고 특별하게 만들어졌지만 과학기술이 발전하면 결국 모사가 가능하다는 것이다. 모라벡 교수도 그 중 한 명이다. 그는 모든 일이 한 술에 배부를 수는 없다고 말한다. 현재의 기술로는 인간을 모사하는 것이 아직 어렵고 불가능해 보이지만 단계적으로 계속 인간의 특성을 연구하면 결국 이를 융합하여 인간이라는 한 개체를 완전히 분석하고 결국 모사할 수 있는 단계에 올라설 수 있다는 것이다.

그의 야심적인 작품이 바로 2003년 발표한 시각을 갖춘 로봇이다. 그가 개발한 시각 시스템은 두 대의 디지털 카메라와 로봇의 컴퓨터 두뇌에 설치된 3D 격자로 구성되어 있다. 이 로봇이 물체를 보는 방법은 인간이 두 눈을 사용해 물체를 보는 방법과 유사하다. 인간의 눈은 두 개이고 미간을 사이에 두고 떨어져 있어 양쪽 눈이 서로 초점이 다르다는 것은 앞에서 설명했다. 모라벡 교수가 발명한 시스템 역시 두 대의 디지털카메라가 찍은 이미지의 차이를 기하방정식을 이용해 물체와의 거리를 측정하는데 여기에 로봇에 내장된 3D 격자 약 3,200만 개의 디지털 구분선으로 이루어진 격자가 계산 값과 실제 값의 미묘한 차이를 보정하여 입체 시각을 만들었다.

그러나 모라벡의 로봇이 인간의 시각을 완전하게 구사한 것은 아니다. 그래서 로봇학자들은 시각에 관한 한 연구 방향을 바꾸었다. 인간의 눈을 모사하는 것이 아니라 인간의 눈과 같은 효과만 얻으면 된다는 것이다. 바로 영화 「터미네이터」에서 터미네이터가 보여 주는 능력이다.

영화 「터미네이터」의 곳곳에서 터미네이터의 입장에서 사물을 바라보는 장면이 등장하는데 이때 터미네이터가 바라보는 세상은 마치 붉은색 선글라스를 쓴 것처럼 온통 붉게 보일 뿐 아니라 실제로는 존재하지 않는 자료 데이터까지 보인다. 터미네이터의 시각을 붉은색으로 처리한 것은 어두운 곳에서도 사물을 볼 수 있는 적외선 안경 시스템을 차용하고 자료 데이터로 시각 능력을 보다 보완한다는 뜻으로 보이는데 이 능력만 본다면 인간보다 업그레이드 된 능력이다. 이는 로봇이 굳이 인간의 눈을 그대로 모사하여 사물을 봐야 할 필요가 없다는 것을 암시한다.[20]

인공지능 로봇 개발이 시각 문제에서부터 비롯하여 예상치 못한 벽에 부딪친 것은 다음 사실로도 알 수 있다. 1990년 미국의 휴

로브너Hugh Loebnet가 '사람과 구별할 수 없는 반응을 보이는 컴퓨터'를 처음 만드는 사람에게 금메달과 10만 달러의 상금을 주겠다고 발표했다. 아직 상금을 탄 사람은 없다.[21]

그렇다고 해서 인공지능이라는 개념이 폐기 처분되거나 사장되었다는 의미는 아니다. 의료 시스템에서는 그동안 개발된 인공지능 프로그램을 적용하여 많은 효과를 보고 있다. 인공지능 프로그램을 이용하여 처방약 사이의 잘못된 상호작용을 예방하므로 의료 사고를 미연에 방지하고 있다. 특히 복잡한 계기의 검사 결과들을 점검하여 의사들이 오판하는 것을 막아주므로 의사들의 전폭적인 지지를 받고 있다. 특히 사람이 일상생활에서 사용하는 자연어를 이해하는 프로그램은 환자와의 대화도 가능하다. 이들 시스템은 환자가 자신의 상태에 관해 이야기하면 그것을 해독한 뒤 환자에게 질문을 하거나 설명을 해주기도 한다. 특히 정신질환자의 치료를 위해 개발된 로봇 '엘리자Eliza'는 의사와 환자들의 대화를 통한 광범위한 대응치료법을 흉내 낸 것이다.

마스터카드는 신용카드 사기를 미연에 방지하도록 설계된 인공지능 프로그램으로 매년 수천만 달러의 손실을 막고 있다. 은행이 사용하는 이른바 신경망 인공지능 프로그램은 초보적인 뇌세포 회로와 흡사하게 설계되어 있어 상세한 지시 없이도 사례를 통해 배울 수 있다. 신경망은 뇌세포 망을 닮은 실리콘 회로나 컴퓨터 시뮬레이션으로 구성되어 있어 개인의 계정과 관련된 구매 패턴의 이상한 점을 찾아내어 신용카드가 도난당했다는 것을 주인이 알기 전에 적발하기도 한다. 그러나 신경망 시스템은 매우 민감하기 때문에 너무 적은 데이터를 다룰 경우 쓸모없는 결과가 도출되는 약점도 있다. 현원복은 이런 결점을 보완할 수 있는 방법이 '유전 알고리듬'이라고 설명했다.

유전 알고리듬은 적자생존의 원칙을 적응시켜 백지에서 시작하여 데이터 속에 감춰진 패턴과의 관계를 찾는 신경망과는 달리 '건축적 블록'을 서로 다른 방법으로 집합한다. 이 방법은 놀라울 정도로 간결하고 창의적인 해답을 얻는데 그것은 끝없는 시행착오적 실험 결과의 소산으로 수백만 개의 순열을 다루면서 필요하지 않는 것은 곧바로 버리도록 하는 것이다.

이의 효능은 제너럴일렉트릭^{GE}의 엔지니어들이 보잉 777 제트엔진용으로 보다 효율적인 팬 날개를 설계할 때 선택해야 할 배열 방법이 수십만 개라는 것을 파악했다. 이들은 모두 제트팬의 성능과 원가에 영향을 주는데 초당 10억 회의 계산을 하는 슈퍼컴퓨터로도 매 조합을 시험하자면 수십억 년이 걸린다는 것을 알고 '유전 알고리듬'을 사용하여 이 문제를 1주일 만에 해결했다. 적자 생존한 것만 골라 소위 '번식'에 이용하는 것인데 GE는 불과 3일 만에 엔진 효율을 1퍼센트나 끌어올릴 수 있는 설계를 완성했다. 제트엔진처럼 발전된 기술부문에서 1퍼센트의 능률을 향상시키는 것은 간단한 일이 아니다.

 **전문가가 중요**

과학자들은 로봇에 하향식 정보 제공과 상향식 즉 인간 신경망 활용 역시 문제가 생기자 두 가지 방식 중에 어느 것을 더 비중 있게

다루어야 할지를 생각했다. 이상의 설명을 본다면 하향식보다는 상향식 주입이 더 유용한 것처럼 보인다.

지능 있는 로봇을 만들려는 학자들이 근래 내린 결론은 다소 의외지만 컴퓨터 프로그램은 고등교육을 받은 성인이 아니라 어린아이들을 모방해야 한다는 점이다. 어린아이들은 지식은 별로 없지만 새로운 것을 빨리 습득한다. 바로 어린아이들이 말하기와 걷기에서 얼마나 빠른 시일 내에 배우는지를 보면 알 수 있다. 아이들이 말하기를 배울 때의 과정을 살펴보자.

주변에서 듣는 낱말들, 예를 들어 '엄마'와 같은 말을 따라 하려고 애쓴다. 대부분 첫 시도에서 '엄마'를 제대로 발음하지 못해서 '어마'나 '머머'라고 말하면 부모는 아이가 '엄마'라고 정확하게 말할 때까지 계속 올바른 발음을 반복해준다. 그와 같은 방법으로 다른 낱말들도 배워 나간다. 즉 아이들은 부모에게서 그 낱말이 어떻게 발음되고 무슨 뜻이며 언제 쓰이는지에 대해 차츰 알게 된다.

이론상으로 컴퓨터 프로그램 역시 그와 같은 방법으로 진행시킬 수 있다. 어떤 프로그램을 어린아이에게 하는 식대로 사람이 '훈련'시키면 그 프로그램은 무엇이 옳고 그른지 배운다. 그러면 경험에 의해 프로그램은 점점 더 빨리 문제를 해결할 수 있을 것이다.[22]

부모가 어린아이에게 필요한 지식을 전달하는 데 많은 시간이 걸리는 것처럼 프로그램을 훈련시키는 것도 장시간이 필요하다. 그러나 어린이와 로봇에게 같은 정보를 입력시키더라도 로봇에게는 어떤 정보를 딱 부러지게 구분하여 프로그램화 할 수는 없다는 것이 학자들의 고민이다. 학자들은 컴퓨터로 인간 지능을 모사하려면 상향식 추론 알고리듬도 중요하지만 프로그램이 보유하고 있는 지식의 양이 보다 큰 역할을 할 수 있다는 것을 알기 때문이다.

다시 말하자면 프로그램이 좀 더 지능적이기 위해서는 특정한 문제 영역에 관한 지식과 정보를 많이 보유하고 있다는 점이 신경망 이론의 단점을 오히려 보완해줄 수 있다는 것이다. 이러한 개념상의 방향 전환은 앞에서의 설명과 같이 전문가 시스템expert system이 도입되어야 한다는 것을 의미한다.

전문가 시스템의 기본은 매우 단순하다. 전문지식과 경험이 비교적 적은 사람도 그 분야의 문제해결에 있어 전문가 수준의 능력을 갖출 수 있도록 만드는 프로그램이다. 전문가의 지식을 지식베이스 안에 적절하게 정리 저장한 후 추론기구가 이 지식을 꺼내서 활용하여 문제를 해결한다. 여기서 지식베이스는 기억, 추론기구는 생각을 맡는 부분이다. 일예로 자동차 고장을 진단하는 컴퓨터 프로그램을 만들고자 한다면 '배터리가 고장이면 실내등이 안 켜진다'는 등의 진단에 필요한 지식을 모아 놓았다가 실내등이 안 켜졌을 때 배터리를 점검하라는 처방을 내릴 수 있다.

전문가 시스템은 고장진단, 의학진단, 법률판단과 같이 주어진 문제를 분석 진단하는 시스템과 기계설계, 프로그램 설계와 같이 주어진 조건을 만족시키는 모델을 만드는 설계형 시스템으로 나뉜다. 처음에는 모델화가 쉬운 이공계 분야에서 먼저 개발되었으며 실용적인 전문가 시스템으로 처음 개발된 것은 분광스펙트럼으로부터 그 분자구조를 추정해내는 덴드릴DENDRAL이다. 그후 사회과학분야에서도 많은 전문가 시스템이 개발되어 오늘날 언론에서 전문가가 컴퓨터로 계산한 결과라고 보도되는 내용은 거의 전부 이들 전문가 시스템을 사용하여 도출된 것이다.[23]

이론적으로 충분한 지식을 모으면 어떤 전문가 시스템도 만들 수 있으므로 하향식 주입이 중요하다는 것을 알 수 있다. 그러나 하향식 주입 즉, 보다 많은 정보를 입력시키는 프로그램 개발이 더 유익하다는 것을 파악했음에도 불구하고 인공지능의 개발은 생각보다 빨리 진전되지 않았다. 그것은 전문지식은 소프트웨어로 입력시킬 수 있지만 인간이라서 당연히 알고 있는 일반 상식과 같은 지식의 제공이 간단하지 않기 때문이다.

이런 일이 생기는 것은 수집해야 할 지식의 양이 방대하고 그들 지식의 관리가 복잡해지면 필요할 때 적절히 지식을 사용할 수 없기 때문이다. 따라서 현실적으로 쓸모 있는 시스템을 구축하지 못하는 경우가 생긴다. 물론 어느 특정 분야에 국한된 지식은 그 경계가 분명하므로 어느 정도 표현할 수 있다. 그런데 유치원에 들어갈 어린이가 갖추어야 할 정도의 상식을 컴퓨터에 모으는 것이 쉽지 않다. 고도의 전문성을 갖춘 전문가 시스템을 만들 수는 있지만 일반상식을 가진 유치원 어린이를 흉내 내는 것이 간단한 일이 아니라는 점이다.[24]

1997년 '딥블루Deep Blue'는 1500년 체스 역사상 최고의 선수로 평가받고 있던 러시아의 게리 카스파로프Gary Kasparov를 6전 2승 3무 1패로 물리쳤다. 공식 경기에서 로봇이 인간을 처음으로 패배시켰는데 그 대상이 세계적인 천재라는 체스챔피언이라는 점에서 세계가 경악했다. 딥블루는 슈퍼컴퓨터 32대를 연결하고 체스 전용 확장프로세서를 512개나 탑재한 컴퓨터이다. 더구나 딥블루는 체스 말의 경로를 1초에 2억 가지나 읽을 수 있고 3분이면 35^{14}에 달하는 경우의 수를 조합할 수 있다. 즉 자신의 순서가 되었을 때마다 열네 수 앞을 내다보고 다음 수를 놓을 수 있었다.[25]

컴퓨터가 체스에서 인간을 이긴 것은 과학사에 큰 획을 긋는 역사적 사건이지만 딥블루의 승리는 프로그램을 설계한 프로그래머에게 공이 돌아가야 하는 것이 정확한 지적이다. 딥블루가 카스파로프보다 순간적으로 수많은 경우의 수를 계산할 수 있지만 그것을 계산할 수 있도록 알고리듬을 만들어 준 것은 체스에 대해 이해가 높은 프로그래머라는 뜻이다. 즉 프로그래머는 카스파로프와 직접 대결하여 체스 경기를 이길 수는 없지만 프로그래머가 입력시킨 수많은 경우의 수를 딥블루가 저장된 정보에서 불러들일 수 있도록 만들었기 때문에 카스파로프가 패한 것이다.

물론 카스파로프는 딥블루와 대결에서 패한 후, 2003년 슈퍼컴퓨터 '딥주니어'와 6차례 경기를 펼쳐 '3 대 3'으로 무승부를 이루었다. 2003년 11월에도 카스파로프는 컴퓨터 체스프로그램 'X3D 프리츠'와 경기를 펼쳤으나, 1승2무1패의 무승부로 끝낸 후 은퇴했다.

무작위성의 승리

학자들은 로봇이 인간을 추월할 수 있느냐 없느냐로 논쟁을 벌이고 있지만 엄밀한 의미에서 일부 분야에서 인공지능이란 개념이 성공적으로 활용되고 있다. 그렇다고 해서 무기물인 기계와 유기물인 인간이라는 절대적인 선이 사라진 것은 아니다. 펜로즈 교수는 기계가 어떤 일이 있더라도 인간의 두뇌를 따를 수 없는 이유로 지능에 대한 인간의 신뢰성이 있기 때문이라고 설명했다.

반면에 로드니 브룩스 교수는 이들 비평에도 좌절하지 않고 의미심장한 비유로 인간을 닮은 지능형 로봇은 만들어진다고 했다. 인간과 기계가 원천적으로 다르므로 이를 굳이 동일 선상에서 비교하는 것은 어불성설이라고 지적했다.

그의 논지는 간단하다. 인간도 기계의 일종이라는 것이다. 다소 비약적인 설명이지만 원리상 실리콘과 강철로부터 진정한 감정과 의식을 모두 지닌 기계를 만드는 것이 불가능하지 않다고 했다. 단지 현대의 과학기술이 일천하여 그 방법론을 찾지 못했기 때문이라는 설명이다. 그의 설명이 맞는 것인지는 독자들이 판단하기 바란다.[26]

로봇학자들의 논쟁은 끊임없지만 로봇 개발의 한계성을 주장하

게리 카스파로프와 딥블루와의 체스 경기

는 학자들의 근거는 매우 중요하다. 이유는 한계성을 정확히 파악한다는 것 자체가 대안을 만들 수 있는 도구가 될 수 있기 때문이다. 앞에서 여러 각도로 인간의 독특성과 차별성에 대해 설명했지만 이 단원에서 정리 차원에서 다시금 설명한다.

우선 인공신경망을 도입한 컴퓨터의 개발이 실패한 이유로 사람과 기계와는 절대로 변경될 수 없으며, 인간은 시냅스를 통해 뇌 세포를 '병렬적'으로 운용한다고 설명했다. 사람은 커피를 마시며 신문을 보고 음악을 듣는 일을 자연스럽게 행한다. 이때 머리 속은 동시에 여러 가지 생각을 하기도 한다. 그날의 주가를 나름대로 예측하기도 하고 회사 일에 대해 계획을 세우거나 기분이 내키지 않으면 다른 음악을 듣기도 하고 습관적으로 허리를 쭉 펴는 운동을 하기도 한다. 그런데 로봇 즉, 컴퓨터가 수행하는 작업의 패턴은 '직렬적'이다. 하나의 데이터로부터 하나의 출력 데이터가 도출될 뿐 뇌 세포의 경우처럼 정보 간에 상호 연관성이 존재하지 않는다.

이와 같이 인간의 지능을 기계가 따를 수 없다는 것은 인간의 지능이 기계와는 또 다른 속성이 있음을 의미한다. 그것은 인간이 다른 동물과 다르다는 뜻도 된다. 특히 인간은 새롭고 예측 불가능하고 비결정론적인 행동을 유발하는 창의성이라는 독특한 특성이 있는데 일부 학자들은 창의성을 지능의 일환으로 간주하기도 한다.

인간의 창의성이 독특하다는 것은 질서와는 정반대이기 때문이다. 눈의 구조는 평행한 광선들을 한 지점에 모으는 반면, 창의성은 아이디어들을 사방으로 분산시킨다. 그런 의미에서 기존의 질서와는 다른 혼돈 그 자체로 보기도 한다. 그렇다면 인간이 왜 다른 동물과

달리 창의성을 가진 동물로 진화했는지 의문이다.[27]

지구에서 최초의 신경계가 진화한 이래, 진화는 '유전자 결정주의유전자가 그 안에 행동을 직접 암호화해 놓는 것'를 극복하기 위해 투쟁해 왔다고 설명된다. 일반적으로 생물은 유전자에 의해 계속 대를 이어가지만 이들 유전자가 조금이라도 다르면 다른 종이 된다. 인간과 침팬지가 다른 것도 몇 퍼센트에 지나지 않는 유전자의 차이 때문이다.

그런데 진화는 동물들에게 주변 환경에서 일어나는 일들을 포착하는 감각들과 그러한 감각들이 운동에 영향을 미칠 수 있도록 해주는 반사 신경들에 의해 진전되었다고 설명된다. 일반적으로 어떤 생명체의 연속 동작을 포착한다면 그 생명체의 다음 행동을 상당히 정확하게 예측할 수 있다. 간단하게 말하면 호랑이가 먹이로 점찍은 동물의 이상한 행동을 포착했다면 그 먹이의 운명은 결정된 것이나 마찬가지이다.

다른 생명체가 나를 잡아먹기 위해 내 행동을 예측하려고 할 때 잡아먹히지 않는 방법은 그의 허점을 찌르는 것이다. 즉 무작위적인 행동을 하여 상대방의 의표를 찌르면 포식자가 예측 못한 사태에 당황한다. 즉 위기에서 슬기롭게 벗어날 수 있다. 이것은 예측 불가능한 행동을 생산하는 뇌 회로가 발달하면 발달할수록 위기에서 탈출하는 데 도움이 된다는 뜻이다. 창의성이라는 개념이 태어날 수 있는 요인으로도 설명된다.

이런 내용을 가장 이해하기 쉽게 설명한 사람이 초창기 컴퓨터 개발자 중의 한 명으로 거론되는 폰 노이만John von Neumann, 1903~1957이다. 폰 노이만은 많은 게임들이 각 단계마다 행동의 무작위화를 통해 최선의 결과를 얻는다는 사실을 발견했다. 그가 예로 제시한 것은 '동전 면 맞추기' 게임이다.

'동전 면 맞추기 게임 방법은 두 명이 각각 동전 하나씩을 주먹에 쥐고 있다가 각자 상대방에게 들키지 않게 동전을 이리저리 움직여 한쪽 면을 선택한다. 번갈아가며 한 명은 '주인', 다른 한 명은 '손님'이 되는데 손바닥을 동시에 펴서 동전이 같은 면이면 주인이 돈을 따고 다른 면이면 손님이 돈을 딴다.'

주인과 손님은 역할이 달라 보이지만 근본적으로 목표는 동일하다. 이기기 위해 상대의 행동을 예측하고 적절한 행동을 취하는 것, 상대의 의중을 파악하는 것이다. 그러므로 가장 명확하게 돈을 딸 수 있는 방법은 상대의 행동을 바탕으로 상대의 전략을 파악하고 이 전략을 다음 판에 대입시키는 것이다.

그런데 이런 상대방의 예측 전략을 무력화시키는 방법은 예측 불가능한 게임을 하는 것이다. 폰 노이만은 그 방법을 다음과 같이 제시했다.

'보통 지능인 상대와 동전 면 맞추기 게임을 할 때는 상대의 의도를 간파하려고 시도할 것이 아니라 매 판마다 동전의 앞면과 뒷면을 불규칙적으로 선택함으로써 자신의 의도를 간파당하지 않는 것이 최선이다.'

이런 전략을 학자들은 행동을 예측 불가능하게 혼합한다는 뜻으로 '혼합전략'이라고 부른다. 이것은 진화 단계에서 예측 가능성 때문에 포식자에게 잡아먹히지 않으려면 예측 불가능성을 높이면 된다는 뜻으로도 이해될 수 있다.

무작위의 중요성은 군사전략, 경쟁적 스포츠, 카드놀이에서는 오래전부터 알려져 있는 내용이다. 심지어 제2차 세계대전 때 잠수함 선장들은 주사위를 던져 정찰 항로를 결정함으로써 적군의 함대에게 발각될 위험이 적은 지그재그 코스를 만들어 냈다고 한다.

나관중의 『삼국지연의』에서 제갈공명이 적군의 의도를 사전에 예측하여 승리하는 것을 볼 수 있다. 그러나 제갈공명이 백전백승한 것은 아니다. 결론을 말하면 제갈공명이 북벌을 여러 번 시도했지만 모두 실패한 것이나 마찬가지이다. 제갈공명이 남다른 지략을 가지고 승리할 수 있는 최적의 상황을 도출하였음에도 결국 실패한 이유가 그의 지시를 장군들이 잘 따르지 않았기 때문이라는 변명도 있지만 모든 전투가 사전에 예상한 아이디어대로 벌어지지 않는 것은 당연하다. 이는 전투 역시 변화무쌍한 인간이 개재되어 있기 때문이다. 제갈공명이 결국은 삼국을 통일하지 못하고 사망한 것은 절대적인 예측이 항상 성공하는 것은 아니라는 점을 분명히 보여준다.

체스 천재 카스파로프가 딥블루 컴퓨터에게 패배했다는 것은 인간의 능력을 다시 한 번 되돌아보는 계기가 되었다. 사실상 카스파로프가 딥블루에게 패배했지만 과정을 보면 카스파로프가 완패한 것은 아니다. 한 게임은 비길 수 있었음에도 포기했고 마지막 게임은 어처구니없는 실수를 저질렀기 때문에 패배하였다.

그런데 이들 시합은 컴퓨터와 인간의 능력이 근본적으로 다름을 확연히 보여주었다. 즉 게임 소프트웨어는 인공 지능의 한 요소로

막무가내 계산에 의존하지만 인간은 패턴 맞추기 능력으로 게임을 진행하므로 당초부터 비교가 문제였다는 것이다. 이유는 유능한 프로그래머라도 정확하게 모든 것을 예측하여 설계하는 것이 불가능하다는 것을 의미한다. 그러므로 인간의 뇌 세포처럼 인공신경망 이론을 접목시켜 일부 분야에서 성공을 거두고 있지만 결론적으로 인간이 두뇌를 운용하는 방법을 모사할 수 없는 것은 인간 두뇌의 뛰어난 작동을 인간조차 정밀하게 분석할 수 없기 때문이다.[28]

그것은 바둑의 예를 보아도 알 수 있다.

바둑의 경우 발생할 수 있는 '경우의 수'가 대략 361!/4[패, 후절수 등과 같이 이미 둔 곳에 돌을 들어내고 다시 둘 수 있는 경우는 제외함] 정도로 본다. 이것을 계산하면 10의 700승이라는 어마어마한 숫자가 된다. 4로 나누는 이유는 바둑판은 상하좌우 대칭의 구조로 되어 있어 4면으로 나누어지며 각 면의 착점은 동일한 경우를 의미하기 때문이다.[29]

물론 인간이 10의 700승을 생각하는 것은 아니다. 실제로 1초에 약 1,000번 작동하더라도 컴퓨터의 분석과는 상대가 되지 않는다. 그러나 인간은 위기 상황에서는 순차적 방법을 사용한다. 예를 들어 큰 숫자를 곱할 때 순차적 방법을 사용한다.

반면에 컴퓨터는 '퍼즐식' 추론에는 능숙하다. 컴퓨터는 더 빠른 하드웨어와 더 효율적인 프로그램을 통해 게임 해결능력을 개선할 수 있다. 컴퓨터 프로그래머도 대규모의 심층 탐색을 피하기 위해 오직 현재의 위치에 가까운 수만 분석하도록 하지만 인간의 병렬 처리 능력을 뒤따를 수 있는 것은 아니다.

즉 하드웨어는 인간이 효율적인 추론이라는 생각을 실행했을 때 비효율적으로 만들 수 있다. 요약하면 어떤 문제는 패턴 맞추기를 사용할 때 가장 잘 풀리는 반면 어떤 문제들은 순차적 탐색을 통해 가장 잘 풀린다. 컴퓨터의 속성을 무시하고 모든 것을 컴퓨터의 장점으로 해석할 경우 문제가 생긴다는 점이다. 이는 바둑에서 컴퓨터가 이길 수 없는 이유도 된다. 경우의 수가 많은 것은 물론 근본적으로 병렬적이기 때문이다. 즉 막무가내식 탐색을 사용하여 바둑을 두는 것은 불가능하다. 참고로 현재까지 개발된 대국 프로그램 중 가장 강한 것이 10급 정도의 기력을 갖고 있다고 최일호 교수는 설명했다.

바둑 한 판의 경우의 수만 해도 이러한데 인간의 이런 능력을 프로그래밍 하는 것이 얼마나 어려운 일인지 알 수 있다. 그러므로 유능한 프로그래머에 의해 잘 설계된 로봇에 호랑이가 다가가자 프로그램에 의해 로봇이 도망간다고 해서 로봇이 인간처럼 공포를 느꼈다고 볼 수 있는가는 기계와 인간의 차이점을 극명하게 보여준다.

외형적인 면만 본다면 로봇이 인간과 유사한 방법으로 행동할 때 로봇도 감정을 표현한다고 생각할 수도 있다. 그러나 인간의 감정은 유전적인 속성도 있으므로 원칙적으로 부모에 의해서 생물학적으로 프로그램 되었다고 간주하기도 한다. 그러므로 로봇이 지식을 계속 입력받았다고 해서 감정을 갖게 되었다고 볼 수 있는가 의문이다. 똑똑한 로봇은 다소 인간과 같은 감정을 가질 수 있다고 학자들은 예측한다.

그러나 인간이나 동물의 두뇌는 생물학적인 변수가 있으므로 호랑이가 달려드는 것을 보고 인간이 도망갈 때와 로봇이 도망갈 때의 감정이 똑같다고 볼 수 없다는 데는 이론의 여지가 없다.

SF영화에서 로봇이 약탈자로부터 도망가는 장면이 있어도 학자들은 단호히 대답한다. 그런 행동은 로봇으로 보아 자기 보호나 자기 의지도 아니며, 타인이나 위험을 인지하는 것도 아니므로 불가능하다는 것이다. 로봇은 로봇으로 단지 기계일 뿐이라는 지적이다. 더구나 어떤 경우에도 로봇은 울지 않는다. 로봇은 공격받더라도 비명을 지르지는 않는다. 그럴 수도 없고, 그럴 필요가 없을지 모른다. 바로 이 점이 인간과 기계의 차이점이다.

1) 『현대과학의 쟁점』, 이인식 외, 김영사, 2002
2) 「도전-실패 되풀이 개발역사 50년」, 김진형, 〈과학동아〉, 1994. 11.
3) 『현대과학의 쟁점』, 이인식 외, 김영사, 2002
4) 『21세기와 자연과학』, 서울대학교자연과학대학교수31인, 사계절, 1994
5) 문만기, 『영상 컨텐츠 기획론』, 『정보와사람들』, 2006.
6) 이현경, 「기계가 정말 반란을 일으킬 수 있을까」, 『과학동아』, 2004. 9.
7) 『교양으로 읽는 과학의 모든 것』, 한국과학문화재단, 미래 M&B, 2006.
8) 『불가능은 없다』, 미치오 가쿠, 김영사, 2010
9) 『로봇의 행진』, 케빈 워윅, 한승, 1999.
10) 김대수, 『신경망 이론과 응용』, 진한앰엔비, 2005.
11) 케빈 워윅, 한국과학기술원 시스템제어연구실 옮김, 『로봇의 행진』, 한승, 1999.
12) 리더스다이제스트 편집부, 『세기 대사건들』, 동아출판사, 1985.
13) 『21세기와 자연과학』, 서울대학교자연과학대학교수31인, 사계절, 1994
14) 『미래 속으로』, 에릭 뉴트, 이끌리오, 2001
15) 정호진, 「차원 뇌 지도 그린다」, 『뇌』, 2003. 6.
16) 「마음과 두뇌 사이」, 제임스 슈리브, 내셔널지오그래픽, 2005년 3월
17) 장대익, 「다윈이 얼마나 흐뭇해할까」, 『한겨레』, 2006. 5. 9.
18) 『하리하라의 과학 블러그(2)』, 이은희, 살림, 2005
19) 『로봇 만들기』, 로드니 브룩스, 바다출판사, 2005
20) 『하리하라의 과학 블러그(2)』, 이은희, 살림, 2005
21) 『20세기 대사건들』, 리더스다이제스트, 1885
22) 『미래 속으로』, 에릭 뉴트, 이끌리오, 2001
23) 『현대과학의 쟁점』, 이인식 외, 김영사, 2002
24) 김진형, 「인간다움을 추구하는 기계」, 『과학동아』, 1991. 3.
25) 도지마 와코, 이상구 옮김, 『로봇의 시대』, 사이언스북스, 2002.
26) 『로봇 만들기』, 로드니 브룩스, 바다출판사, 2005
27) 로이시 그레시 외, 이한음 옮김, 『슈퍼영웅의 과학』, 한승, 2004.
28) 김명원, 「추론: 주인 취향 맞춰 비서 노릇 척척」, 『과학동아』, 2000. 6.
29) 「인간의 사고과정을 들여다 볼 수 있는가」, 최일호, 바둑학회, 2004

7 언어가 핵심이다

이타성이 보이는 언어
언어의 진화
언어유전자가 존재
의사소통은 언어만이 아니다
한글로 통일하자

로봇학자들은 서두르지 않고 점진적으로 로봇을 만들자는데 이해를 같이 했다. 인간의 가장 큰 특성이 무엇인가를 파악해 가면서 쉬운 부분부터 어려운 쪽으로 접목시켜 나가자는 것이다. 이를 다른 말로 표현하면 인간이 가진 독창성이 무엇이냐는 질문인데 학자들은 단호하게 인간의 가장 큰 특징은 언어라고 말한다.

언어는 사실 로봇학자들이 기대하는 특징은 아니다. 로봇학자들은 언어 구사능력은 한마디로 녹음 즉 음성기억 정도로 해결할 수 있다고 믿었기 때문이다. 그러나 인간의 언어를 연구하던 로봇학자들은 매우 놀라운 사실을 발견했다. 인간에게 언어를 제외한다면 인간성을 부여할 수 없다는 뜻으로 로봇이 진정한 자질을 보이기 위해서는 언어가 필수라는 것이다. 이는 아무리 많은 지식 정보가 있더라도 언어로 구현되지 않으면 폐기물이나 마찬가지라는 것이다.

다윈도 언어의 효용성을 특별히 강조했다. 그러면서 언어는 음악과 비슷한 특정한 언어 과시 방법을 획득하려는 본능이라고 설명했다.

인간과 유인원이 여러 가지 다른 면이 있다는 것은 사실이다. 그럼에도 불구하고 언어를 인간의 가장 큰 특징으로 인식하는 것은 그동안의 연구 결과에 기초한다. 학자들이 인간만 사용하는 언어에 주목하여 다른 유인원들도 언어 능력이 있는가에 집중적으로 연구 한 결과 침팬지는 선천적으로 말을 하지 못한다고 한다. 침팬지의 입은 매우 좁아서 그 안에서는 혀를 자유롭게 움직이지 못한다. 혀를 자유롭게 움직일 수 없다면 말을 할 수 없다. 인간의 혀는 이야기할 때 매우 복잡한 운동을 한다. 동그랗게 꼬부라지기도 하고 미묘하게 떨리기도 하며, 입천장에 붙었다가 목소리가 나오는 것을 방해하지 않도록 뒤로 처지기도 하고 반대로 또 이빨에 의지하여 앞으로 내밀어지기도 한다. 인간의 입 안은 어떤 모양으로 움직여도 불편하지 않을 만큼 넓지만 챔팬지의 입 안은 그렇지 않다.¹⁾

이 말은 500만 년 전^{인간이 침팬지에서 분리된 것을 700만 년 전이라는 주장도 있음}에 살았던 인간과 침팬지의 마지막 공통조상 역시 말을 하지 못했다는 것을 의미한다. 즉 언어는 최근 500만 년 동안 진화했다는 뜻이다. 이것은 언어가 생물학적 적응임을 알려주는 것이기도 하다. 언어학자 스티븐 핑거는 다음과 같이 설명한다.

첫째, 언어는 복잡하고 특화된 기술로서 의식적인 노력이나 정식 교육 없이 어릴 때 자연적으로 발달한다.
둘째, 언어는 내재된 논리에 대한 의식 없이 전개된다.
셋째, 질적으로는 모든 인간에게 똑같다.
넷째, 언어는 정보처리, 지적인 행동과 같은 일반적인 능력과 뚜렷이 구별된다.

언어는 인간의 본능 즉, 마음이 적응하는 것이라는 뜻이다. 학자들은 이제 무엇을 위해 인간이 언어에 적응했느냐에 초점을 모으고 있다. 로봇을 제대로 만들려면 인간이 가진 언어를 철저히 연구해서 로봇에 접목시켜야 한다는 뜻이다.

 **이타성이 보이는 언어**

언어를 연구하는 학자들을 골머리 아프게 하는 것이 언어가 외

견상 이타성으로 보인다는 점이다. 명령과 질문을 제외한 대부분의 말은 발화자_{말하는 사람}가 청자_{듣는 사람}에게 유용한 정보를 전달하는 것처럼 들린다. 말은 발화자의 시간과 노력을 빼앗지만 청자에게는 정보의 이익을 가져다줌으로써 이타적으로 보인다. 그런데 진화는 이타적인 행동이 아니라 이기적인 행동에 의해 진행되는 경향이 있다.

1978년 리처드 도킨스는 동물들이 신호를 보낼 때 다른 유전자를 희생시켜 자기 유전자의 복제를 도울 때만 신호를 생산하도록 진화한다고 주장했다. 즉 대부분의 동물들이 만들어 내는 신호는 발신자 자신의 이익에 부합되도록 타 개체의 행동을 조종하기 위해 진화했다는 것이다. 한 예로 호랑이나 개가 으르렁거리는 이유는 경쟁자와 싸우는 쪽보다 경쟁자들을 위협하는 쪽이 더 쉽기 때문이라는 설명이다.

작은 개들은 굵고 낮은 으르렁거림에 더 큰 위협을 느낀다. 굵고 낮은 소리로 으르렁거리는 개는 대체로 큰 개라서 싸움이 붙으면 이길 승산이 거의 없다는 것을 인식하기 때문이다. 즉 으르렁거림과 으르렁거림에 민감한 귀는 둘 다 이기적인 목적에서 진화했다는 뜻이다.

반면에 신호는 세상에 대한 진실만을 전달하지 않는다는 데 그 중요성이 있다. 발신자는 거짓말을 할 이유가 대단히 많으므로 되도록 다른 동물로부터 오는 신호를 외면하도록 진화한다고 설명된다. 그 신호들이 자신을 속이기 위한 시도일 수가 있기 때문이다.

그런데 신호를 받아들이는 측은 누가 신호를 보냈느냐에 대해 민감하다. 친척 관계에 있는 개체가 "저 포식자를 조심해"라고 할 때는 믿을 수 있는 신호이기 때문에 귀를 기울인다. 또한 먹이 하나를 놓고 경쟁하는 동물이 보낸 "나는 너를 죽일 수 있어"라는 신호 역시 귀를 기울일 필요가 있다. 이들을 '적응도 지표'라고 부른다.

참고적으로 육상에서 언어의 구사력은 인간의 독무대이지만 바다에서는 전혀 다르다. 근래의 연구에 수족류인 오징어에게는 탁월한 언어능력이 있다고 한다. 오징어 연구의 전문가인 웨이드 박사는 오징어들이 인간과 똑같은 언어능력이라고는 볼 수 없지만 매우 복잡하고 지능적인 언어를 서로 교환한다고 발표했다.

그녀는 사람이 수족관의 문어를 보면 문어도 인간을 똑바로 쳐다보는데 그것은 문어가 지능을 갖고 있다는 뜻으로 이해된다고 적었다. 또한 그들도 자신들만의 언어를 바다에서 사용한다고 주장했다. 문어의 지능은 2010년 남아공 월드컵의 스타 '족집게 문어' 파울Paul에 의해서도 잘 알려졌다.

독일 해양생물센터 수족관에서 사는 파울은 이번 대회 동안 결승전을 포함한 여덟 경기의 승패를 족집게처럼 알아맞혔다. 파울의 점치기는 경기할 국가의 국기가 그려진 2개의 유리상자 중 어느 상자 속에 들어 있는 홍합을 집어 먹느냐로 이뤄졌다.

물론 파울을 면밀하게 분석한 과학자들은 인간처럼 특별한 재능이나 예지력을 타고난 것은 아니며 학습을 통해 독일 국기를 인식하게 된 것 같다고 보도했다. 문어는 시력은 좋지만 색맹色盲이어서 국기에 그려진 색깔에는 관심이 보이지 않는 대신 국기 모양과 수평으로 된 띠에 예민하게 반응했다는 것이다. 이 때문에 파울이 독일과 스페인 4강전에서 스페인의 승리를 점친 것은 스페인 국기가 독일과는 달리 가운데 노랑 띠가 전체의 3분의 2를 차지할 만큼 압도적으로 커 이 모양에 흥미를 느꼈기 때문이라는 주장이다. 파울은 결승전 승자로 스페인을 점쳤는데 이는 네덜란드 국기가 독일처럼 3등분**빨강, 파랑, 흰색**돼 있어 스페인을 승자로 택했다는 것이다.

    그러나 무엇보다 중요한 것은 문어가 가장 지적인 해양생물이며, 특정한 행동을 하도록 훈련받을 수 있으므로 파울이 이런 재능을 활용했다는 것이다. 문어가 어떤 연유로든 국기 모양과 수평으로 된 띠에 예민하게 반응한 것은 파울에게 나름대로의 기억과 지능이 있었기 때문에 연속하여 자신이 좋아하는 국기를 선택한 것이다. 공교롭게도 그가 지목한 국가들은 모두 승리하여 더욱 명성을 높였지만 파울이 나름대로의 지능적인 행동은 인간으로 보면 언어를 사용했다고도 볼 수 있다.[21]

    웨이드 박사는 오징어나 문어가 바다 속에서 언어를 교환하게 된 것은 물속에서 인간과 다른 진화 과정을 겪었음을 의미한다고 설명했다. 인간만 언어를 가진다는 대전제는 깨어졌다고 볼 수 있지만 그렇다고 문어나 오징어의 언어를 로봇에 주입시킬 수는 없는 일이다. 결국 인간이 어떻게 언어를 진화시켰느냐는 원천적인 질문으로 돌아가야 한다는 뜻이다.

언어의 진화

    제프리 밀러는 언어의 진화 즉, 언어의 이익에는 기본적으로 혈연관계, 호혜주의, 성 선택 이 세 가지가 관여했다고 설명한다.

    밀러의 설명은 명쾌하다. 음식은 나누면 작아지지만 정보를 나누면 커진다. 상대방에게 유용한 사실을 알려주더라도 그것을 앎으로써 생기는 내 이익이 자동으로 줄어들지 않는다. 잠재적으로 이러한 정보 공유효과 덕분에 언어는 혈연관계와 호혜적 이타주의를 통해 진화할 수 있다. 그것은 우리 조상들이 혈연과 친구로만 구성된 작고 반영구적인 집단을 이루고 살았다고 보기 때문이다. 고대 인류들은 150명이 최대 거주 단위로 이 이상 인구가 늘어나면 분리되었다고 추정한다. 이것은 서로 정보를 공유하는 능력을 진화시킴으로써 서로 이득을 보았다는 것이다.

밀러는 성 선택이 언어 진화에 있어 가장 중요한 역할을 했다고 주장했다. 앞에서도 설명했지만 언어의 정보전달이라는 관점에서만 본다면 발화자보다 청자에게 더 많은 이익이 돌아간다. 발화자는 이미 전달할 정보의 내용을 알고 있으므로 그것을 남과 공유해서 새로이 얻을 것이 없다. 하지만 청자는 발화자의 말을 듣고 정보를 얻는다. 즉 남의 말은 극도로 귀담아듣고 자신의 말은 극도로 자제하는 종種이 되는 것이 가장 효과적이다.

이런 특성은 인간의 본성과는 전혀 다르다는 것이 학자들의 지적이다. 사람들은 서로 먼저 말하려고 경쟁하며 상대가 자기 말을 듣도록 하기 위해 애를 쓴다. 듣는 척할 때도 사실은 남의 말에 집중하는 것이 아니라 마음속으로 다음에 자신이 할 말을 준비하는 경우가 대부분이다.

그것은 인간의 신체적인 구조에서도 증명된다. 말하는 것보다 듣기가 이익이라면 인간의 발화 기간은 퇴화되고 귀는 동료가 말하는 모든 값진 지식들을 몽땅 흡수하기 위해 진화해야 한다. 그런데 인간의 청각 기능은 그다지 발달하지 못한 반면^{다른 동물에 비해 매우 뒤떨어진다} 발화 기관은 엄청나게 발전했다. 즉 적응의 지표는 듣는 것이 아니라 말하는 것에 중점을 두었다는 것이다.

여기에서 제프리 밀러는 인간의 구애가 상당 부분 언어에 의한 구애임에 주목했다. 구애의 모든 단계에서 언어 과시가 일어나는데 이때 사용되는 언어는 짝 고르기의 대상이 된다.

10대들은 이성에게 데이트를 신청하기 위해 전화를 걸 때 무슨 말을 할지 고민한다. 말을 재치 있게 하지 못하고 더듬거나 엉망인 문법, 잘못된 단어를 선택하는 등 이성에게 치명적인 실수를 범한 사람은 딱지맞기 십상이다. 일단 데이트에 성공한 후에는 더욱 언어에 신경을 쓴다. 사람들은 구애의 매 단계마다 구애를 포기하거나 친밀감을 높여가는 단계로 이행된다. 보통 최소한 몇 시간 정도 대화가 오가면 사소한 신체적 접촉으로 진전되며 몇 회에 걸쳐 대화의 자리를 가졌다면 성 관계로 진전된다. 이러한 언어 구애^{Verbal Courtship}가 인간 즉, 여성이 남성을 자신의 파트너로 고르는 성 선택의 핵심이라는 것이다.

언어가 얼마나 중요한 역할을 하는지는 앨런 튜링의 작품으로도 알 수 있다.

1950년 컴퓨터의 선구자 앨런 튜링이 창안한 '튜링 테스트'도 어떤 사람의 마음의 능력을 검사할 때 언어구애가 중요한 요소임을 보여준다. 이것은 질문자가 자기가 상대하는 대상이 진짜 여성인지 아니면 여성을 흉내 내는 컴퓨터프로그램인지를 알아맞히는 게임이다. 튜링은 오직 단말기를 사용해서 질문을 보내고 화면상으로 대답만 받도록 했다.

튜링은 컴퓨터가 질문자로 하여금 자신을 진짜 여자로 믿게 만든다면 이 컴퓨터는 '지능적인 컴퓨터'라고 생각했다. 튜링은 그렇게 하기 위해서 컴퓨터가 실제 다양한 범주의 행동들을 믿을 수 있게 해야 하는데 그가 나열한 행동의 범주들에는 친절, 적절한 어휘 사용, 유머 감각, 깜짝 놀라게 만들기, 딸기크림 먹겠다고 고집하기, 사랑에 빠지기, 타인이 자신을 사랑하게 만들기 등이 포함되어 있었다.

실제로 기계인 컴퓨터와 사랑에 빠진 사람은 아무도 없었지만 사람들로 하여금 자신들이 진짜 심리치료사와 대화하고 있다고 만드는 데는 성공했다. 이것은 인간의 지능은 언어구애를 통해 잘 과시할 수 있으며 효과적인 언어구애를 할 수 있는 것은 지능적이라는 것이다. 튜링테스트에 대해서는 뒤에서 다시 설명한다.

영국의 한 뇌성마비 환자는 자기 의사를 외부에 표현할 수 없을 정도로 증세가 심하여 가족들은 그가 저능아라고 생각했다. 그러던 어느 날, 환자의 신음소리 같은 말을 알아들을 수 있는 능력이 있는 장님을 만나게 되었다. 그는 장님의 통역으로 서른 살이 넘어 처음으로 외부 세계와 소통을 할 수 있었다. 이 예를 볼 때 어떤 개체가 지능이 있는가를 확인하는 길은 어떤 형태로든 의사교류를 하고 이를 기반으로 판단할 수밖에 없다는 것을 보여준다. 이런 의미에서 누군가가 튜링 테스트에 통과하는 것은 매우 중요하다.[3]

필립 K. 딕의 소설 『안드로이드는 전기양의 꿈을 꾸는가?Do Androids dream of Electric Sheep?』을 영화화한 「블레이드 러너 Blade Runner」의 기본 주제는 튜링테스트의 활용이다. 우주에서 반란을 일으키고 지구로 침투한 인조인간 리플리컨트들을 쫓는 전문경찰관이 튜링테스트를 통해 인간과 복제 인간을 구별하는 것이다.

반면에 「에일리언」에 등장하는 인조인간의 경우 "아니, 그가 인조인간이라고?"라는 말이 나온다. 이러한 놀라움을 표시하는 대화는 그가 이미 튜링 검사를 통과했다는 뜻으로 볼 수 있다.

여하튼 목적이 무엇이었든 간에 일단 언어의 싹이 진화하기 시작하자 성적인 동기를 품은 우리 조상들은 자신들의 타고난 언어 능력을 구애에 사용했다. 넓은 의미의 언어구애는 우리가 왜 집단 속에서 관심을 끌고 타당성 있는 것을 말하려고 경쟁하는가를 잘 설명해준다. 짝 고르기는 인간의 사회생활에 깊이 스며들어 있다.

일반적으로 무엇을 말했느냐가 어떻게 말했느냐보다 더 중요하다. 언어의 형식 구조는 주로 생각과 감정을 전달하기 위한 매개체로서 진화했다. 성격과 마음을 드러냄으로써 섹스 파트너를 유혹하는 것은 생각과 감정이다. 성 선택은 언어의 형식이 아니라 내용을 만든다. 일반적으로 생각 없이 말만 많은 사람보다 깊은 생각을 심오하게 표현하는 사람을 더 좋아하는 사람들이 많이 있다. 감동을 주는 승려나 신부가 무의미하게 떠들어대는 수다쟁이보다 더 인정받는 이유이기도 하다.

일단 언어구애가 중요해지자 성 선택은 우리의 행동을 인도하는 생각과 감정을 더 많이 의식 경험 conscious experience할 수 있는 쪽으로 또한 그러한 경험들을 언어로 보고할 수 있는 쪽으로 인센티브를 늘여갔다고 추정한다.

그 한 예로 남이 모르는 가십도 성 선택에서 중요한 구애행위로 인식된다는 설명이다. 익히 알고 있는 친구에 대한 낡은 정보나 전혀 모르는 사람에 대한 새로운 정보는 관심을 끌기 어렵다. 그런데 쌍방이 잘 알고 있는 대상에 대해 늘 새롭고 입증 가능한 정보를 알아내는 것은 쉬운 일이 아니다. 가십의 대상은 대화 참여자들이 모두 알고 있는 사람을 대상으로 해야 하므로 발화자가 청자가 모르는 새 소식을 알고 있다면 발화자는 비밀을 알아낼 수 있는 특별한 위치에 있거나 발이 매우 넓거나 아니면 기억력이 좋거나 또는 그런 정보를 캐낼 만한 위치에 있는 사람이 주위에 있다고 본다.

다시 말해서 발화자는 높은 사회적 지위나 높은 사회적 지능을 소유하고 있음이 틀림없다. 즉 가십은 지위 과시의 수단으로서 성 선택과 그 밖의 사회적 선택에 의해 환영받음으로써 진화했을 가능성이 많은 것으로 고대 인류에 있어서 이런 가십이 충분한 효과를 얻을 수 있도록 언어 능력이 개발되어 갔다는 것이다.

언어유전자가 존재

근래 유전자의 연구는 적용 분야가 어디까지로 확대될지 알 수 없을 정도로 다방면으로 퍼져나가고 있다. 그 중에서 우리의 관심을 끄는 것은 앞에서도 설명했지만 사람에 가장 가까운 침팬지는 훈련을 하더라도 발성 관련 근육을 잘 움직일 수 없어서 극히 제한된 단어만 발음할 수 있다는 점이다. 그러므로 인간의 능력 즉 문장을 만들어 유창하게 대화할 수 있는 이유가 무엇인지 학자들이 도전했다.

한국·중국·일본 등 6개국 과학자들이 참여한 '국제 침팬지 게놈 프로젝트'에서는 사람과 침팬지의 유전자 구조가 무려 98.75퍼센

개미를 잡는 침팬지

트나 같다는 연구 결과를 발표했다. 과학자들의 노력으로 최근 '1퍼센트 차이의 수수께끼'가 조금씩 풀리고 있는데, 그 중 대표적인 것이 '언어 유전자'라고 김형자 교수는 설명했다.

인간에게는 '폭스피2 FOXP2'라는 언어 유전자가 있는데 이 유전자가 오랜 진화 과정에서 돌연변이를 일으켜 사람이 정교한 언어구사 능력을 갖게 되었다는 것이다.

독일 막스 플랑크 진화인류학 연구소와 영국 옥스퍼드대학 연구진은 인간은 'FOXP2' 유전자에서 중요한 변화가 발생해 침팬지나 쥐 등과 다른 독특한 언어구사 능력이 생겼다는 것을 발견했다. 폭스피2 유전자는 사람과 침팬지 사이에서 아주 미세한 염기서열 차이를 보이는데 이런 미세한 차이가 얼굴과 목, 음성 기관의 움직임을 통제하는 뇌의 일부분을 훨씬 복잡하게 형성하고, 이에 따라 인간과 동물의 능력에 엄청난 차이가 발생했다는 설명이다.

물론 과학자들은 폭스피2 유전자 외에도 다른 여러 유전자들이 언어 구사에 관련되었을 것으로 보고 있다. 그래서 현재 쥐의 유전자를 인간의 언어 유전자와 비슷한 형태로 변이한 뒤 뇌와 행동 변화를 관찰하고 있다. 사람의 언어와 관련된 유전자가 더 많이 밝혀질지 주목된다.[4]

평균적으로 여성들은 언어능력 즉 어휘력이 뛰어나며, 남성들은 공간능력과 수학능력이 뛰어나다는 사실이 학자들이 고민하는 문제이다. 여기서 말하는 우수함이란 평균적인 의미이지만 평균적으로 여아가 남아에 비해 일찍 말을 배우는 것은 잘 알려진 사실이다.

노스 캐롤라이나대학의 세칠 네일러 박사는 여성의 뇌의 언어 중추가 양 반구 내에서 그리고 양 반구 사이에서 더 많은 영역들과 연결되어 있다는 사실을 발견했다. 그 때문에 남자들은 뇌졸중과 같은 뇌손상으로 뇌의 왼쪽에 있는 언어 중추에 장애가 생겼을 때 여성들에 비해 상대적으로 회복하기 어렵다. 그에 비해 비슷한 손상을 입은 여성들은 언어능력을 쉽게 회복할 수 있다. 그 까닭은 양 반구 사이의 연결이 더 강해서 오른쪽 뇌에 있는 유사한 언어중추에 의존함으로써 왼쪽 뇌에 입은 손상을 보상할 수 있기 때문이다.[5]

그런데 언어가 인간 진화의 주요 관건으로 진화했다면 남성의 평균 어휘력이 더 뛰어나야 한다는 모순점이 생긴다. 즉 언어가 그렇게도 중요한 요건이라면 여성은 언어이해력이 뛰어나고 남성은 언어생산력이 뛰어나야 한다고 지적하는 학자도 있다.

제프리 밀러는 예리하게 남성과 여성의 성적 차이를 파고들었다. 진화는 최대의 이익을 주는 관계에 한하여 엄청난 노력을 들이지만 그 밖의 관계에는 곧바로 시든다. 인간의 구애도 다른 동물과의 구애와 마찬가지로 시간에 따라 변화한다는 주장이다.[6]

여성은 한결같게 열렬한 언어구애를 받고 싶어 하는 대신에 남성은 열렬한 구애노력에 투자해야 하는 각종 비용이 높기 때문에 성적 관계를 시작하거나 재개하기 위해 필요한 순간에만 구애노력을 하도록 진화했다는 것이다. 구애의 후반기에는 남성의 짝 고르기가 더 강해지기 때문에 남성들은 짝이 임신을 하면 그녀를 버리고 새 여성을 찾고 싶은 유혹을 느낀다. 그러므로 쓸모 있는 남성을 더 오래 곁에 붙잡아두는 여성일수록 더 안락한 삶을 누렸을 것이며 그들의 자식들이 번성했다고 추정했다.

진화 초기에는 성적 관계가 지속되는 기간 전체로 인간의 언어 구애를 확장시킬 필요성이 생긴다. 성적 관계를 지속하는 동안 대화를 재미있게 풀어가려는 시도는 상대가 지루함을 느끼지 않도록 해준다. 이 전략은 우리 조상들에게 상호이익을 가져다주었다. 여성들은 쓸모 있는 남성을 곁에 붙들어 둘 수 있는 무기가 된다. 인간의 태아는 태어날 때 그 어떤 포유류보다 미숙하고 약하다. 이것은 남성들의 진화에도 결정적인 영향을 미쳤다. 즉 자식양육에 도움을 주는 쪽이 새로운 짝을 찾는 쪽보다 자기 유전자에 더 이익이 되었던 것이다.

물론 인간의 언어가 구애만을 위해서 진화한 것은 아니라는 지적은 많이 있다. 이를테면 친척들 간의 의사소통, 타인을 향한 사회적 과시, 집단 활동에서의 협력, 아이들 가르치기 등이다. 설사 언어가 새의 노래처럼 순수하게 구애를 위해서만 생겼다 하더라도 언어의 다른 미덕들도 곧바로 알려진다는 것이다.

테렌스 디컨 교수는 언어의 혜택을 보지 않는 사회적 활동은 없다고 지적했다. 어느 파티에 초청받아 갔는데 자신을 초청한 사람을 제외하고 자신이 전혀 모르는 외국어만 쓰는 사람들만 있다면 자신이 왜 이런 자리에 있어야 하는가 생각하게 됨은 당연한 일이다. 이 당시 느끼는 좌절감과 낭패는 효과적인 의사소통이 생존이익과 사회적 이익을 반증해 준다고 볼 수 있다.

그러므로 언어는 유용한 정보에 대한 의사소통을 하기 위해서 뿐만 아니라 우리의 적응도를 과시하기 위해서 진화했다고 추정한다. 언어가 자식들에게 동식물에 대해 가르치는 생존 선택은 매우 유용하다. 자신의 아이들이 자신의 언어 능력에 의해 독풀을 먹거나 물려 죽을 확률이 줄어들기 때문이다. 하지만 가르치는 능력은 개인마다 다르다. 그러므로 가르치는 능력이 있는 이성을 좋아하도록 진화된다면 즉 훌륭한 교사 자질이 있는 자와 짝짓기를 하면, 그 자식도 손자를 효과적으로 가르칠 것이고 이런 유전자는 자자손손 대물림된다.

지구의 진화역사에서 인간은 한 개체에서 다른 개체로 생각을 정확하게 또는 고의적으로 부정확하게 전달할 수 있는 적응도 지표들과 성적 장식들의 시스템을 발달시켜 온 유일한 종이라는 결론이다.

 의사소통은 언어만이 아니다

인간이 매우 비상한 동물이라는 것은 화학적인 교신으로도 의사소통할 수 있다는 점이다. 시카고 대학의 마사 맥클린톡은 대학 기숙사에 갓 들어온 1학년 신입생의 월경 주기를 조사했다. 그녀는 놀랍게도 6개월에서 1년 후 처음 기숙사에 들어왔을 때 제각각이던 여학생들의 월경주기가 점점 비슷해지는 것을 발견했다. 그래서 맥클린톡은 인간이 서로 무언가 화학적으로 교신한다는 가설을 세웠다.

몸 안을 순환하면서 생리 현상을 조절하는 화학물질을 호르몬이라고 하는데 호르몬과 매우 유사한 물질이 페로몬 pheromone이다. 페로몬은 호르몬과 마찬가지로 분비샘에서 만들어지는데 체외에서 다른 생명체에 영향을 미치고 행동의 변화도 일으킨다. 동물들에서는 페로몬이 분비된다고 알려졌지만 맥클린톡이 처음으로 밝힌 것이다.

인간도 동물처럼 냄새가 난다. 한국인은 비교적 냄새가 덜 나는 편이지만 외국인들 중에서 특별히 냄새가 많이 나는 사람이 있다. 이를 인간을 포함한 동물 대부분이 냄새로 말한다고 하는 이유이다.

청각을 이용하는 동물이 소리를 질러 먼 곳까지 들리도록 하려면 에너지가 많이 소모된다. 그런데 페로몬처럼 화학물질로 의사소통을 하면 매우 편리하고 경제적이다. 그 화학물질을 뿜어내는 것이 아니라 분비샘을 그냥 공중에 열어놓기만 하면 공기가 운반해주기 때문이다. 어떤 사람은 말을 안 해도 은근한 매력을 풍긴다고 하는데 이는 자기도 모르게 상대방이 풍기는 냄새 때문일지도 모른다고 학자들은 추정한다.

페로몬은 하나의 화학물질이 아니다. 봄비콜과 같은 특별한 성 페로몬은 지극히 순수한 하나의 화학물질이지만 일반적으로 모든 페로몬은 여러 가지 물질이 섞여 있다. 당연히 이들 물질을 어떻게 섞느냐에 따라 성향이 달라진다. 이는 페로몬과 같은 화학적인 의사소통이 무궁무진한 다양성을 창출할 수 있는 수단이라는 것을 의미한다.[71]

위와 같은 설명이 로봇의 개발과 무슨 관계가 있느냐는 지적이 있을지 모르겠다. 엄밀한 의미에서 생명체와 기계는 기본부터 차이가 있으므로 진화를 통해 개선되고 발전된다 하더라도 같은 맥락에서 이해할 수는 없다. 로봇이 인간처럼 성 선택을 비롯한 여러 가지 메커니즘을 통해서 진화한다고는 볼 수 없기 때문이다.

그러나 인간의 진화 요건을 생각하면 로봇의 진화도 한 가지 맥락으로 풀어서 이해할 수 있다. 인간이 진화를 통해 어디로 튈지 모를 정도로 고삐 풀린 질주를 했다면 로봇은 어떤 결론을 향해 질주를 하는가이다. 즉 로봇에게 성 선택과 유사한 무엇인가를 부여할 때 인간이 그들을 어떻게 통제하고 명령을 내릴 수 있는가.

수많은 공상과학 영화에서 인간에 대항하는 로봇의 반란은 궁극적으로 이와 같은 정황에서 나올 수 있는 개연성이 충분하다고 볼 수 있다. 문제는 인간이 고삐 풀린 질주를 예측하지 못했던 것처럼 로봇을 개발하면서도 어떻게 진보될지를 예상하지 못한다는 점이다.

인간이 로봇에게 인공지능을 도입하면서 인간처럼 의사를 표현할 수 있는 알고리듬을 부여할 때 그것이 부작용을 일으킬 수 있는 가능성은 있는가. 소위 언어유전자가 인공지능에 의미를 부여해줄 수 있는가. 이에 대한 해답은 아직 없다. 로봇의 개발이 아직 그런 단계에 이르지 못했기 때문이다.

 **한글로 통일하자**

로봇에게 언어를 가르쳐 주어야 한다는 명제가 한글에 큰 가능성을 주었다는데 다소 놀랄 것이다. 인간의 언어를 컴퓨터가 알아듣도록 만드는 방법에는 몇 가지 단계가 있다. 먼저 사람의 음성이나 글을 인식해야 한다. 다음으로는 단어를 이해해야 하는데 이는 잘 준비된 사전과 비교하기만 하면 되므로 기술적으로는 비교적 간단하다.

문제는 이들 단어나 나열된 문장을 이해하는 것이 간단하지 않다. 문법과 기타 규칙 그리고 많은 관습적 예외규정까지 고려해야 하므로 전체적인 의미를 곧바로 파악하는 것이 쉬운 일이 아니다. 혹 가능하다고 해도 그것을 컴퓨터가 이해할 수 있는 명령으로 바꿔야 하는 난제가 남아있다.[8]

학자들이 예상한 로봇의 미래 중에는 언어자동번역기가 있다. 인종간의 수많은 언어 때문에 받는 고통을 로봇언어 자동번역기가 해결해 준다는 것이다. 「스타워즈」에서 맹활약하는 이족보행 3PO 로봇은 자신이 수백 개의 언어를 동시에 번역할 수 있다고 자랑한다.

언어자동번역기의 기본은 음성인식기술과 음성합성기술, 번역기술, 필기체 인식기술 등 첨단 기술을 활용해 음성이나 필기로 자신의 모국어를 입력하면 바로 대상국의 언어로 번역해준다. 이와 반대되는 경우도 마찬가지다.

언어자동번역기가 있다면 그처럼 편할 수 없다. 제일 먼저 미래의 학교에서는 더 이상 외국어를 가르치지 않아도 된다. 세상의 모든 언어가 전산화되어 외국어를 공부할 필요 없이 자동번역 프로그램이 내장되어 있는 입는 컴퓨터 즉 옷을 입거나 조그마한 로봇의 도움을 받으면 어떤 외국인을 만나도 의사소통이 가능해진다.

해외여행 중에 물건을 사거나 갑자기 아파서 병원에 가더라도 어디가 아픈지 제대로 설명을 못해서 겪는 불편은 더 이상 없다. 통역사라는 직업이 사라지고 전자책을 바로 번역해 주기 때문에 책을 번역하는 일도 필요 없게 된다. 영어를 몰라서 취직이 되지 않거나 경쟁에서 뒤처지는 일은 더 이상 없다.

그러나 이런 환상적인 기계나 로봇이 아직 개발되지 않은 이유는 세계 각국에 있는 언어가 너무나 다양하고 컴퓨터일지라도 이해하기 어려운 속성을 갖고 있기 때문이다.

영어만 보더라도 영어를 이해하는 것이 얼마나 어려운지 알 수 있다. 영어를 구사할 때 'a'는 다음과 같이 읽힌다.

- 아 : garage
- 애 : at
- 에이 : April
- 워 : wash

- 오 : wall
- 이 : image
- 에 : many
- 아(장음) : art

근래 로봇 학자들은 한글이 정보화시대에 걸맞은 언어체계를 갖고 있다는데 주목했다. 컴퓨터 시대에는 한글이 영어보다 훨씬 유리하다는 것이다.

우리 한글은 창제 당시 이미 정인지가 『훈민정음해례본』에서 밝힌 것처럼 '바람소리, 학의 울음소리, 닭소리, 개 짖는 소리' 까지 나타낼 수 있다. 이렇게 모든 소리를 마음대로 표현할 수 있는 문자임에도 겨우 24개밖에 되지 않으며, 영어를 비롯한 대부분의 서양문자와 마찬가지로 음소 문자 즉 알파벳식이라고도 볼 수 있다.[9] 이 단원은 고창수, 이충환, 박양춘 박사의 글을 주로 참조했다.

한글은 띄어쓰기가 발달된 언어지만 굳이 띄어쓰기를 하지 않아도 읽을 수 있다. 다음 예를 보자.

'13인의아해가도로로질주하지아니하여도좋소.'

시대를 앞서간 천재문학가 이상이 쓴 시 '오감도 제1호'의 일부다.

이 시는 봉건적 질서와 식민지 사회에 저항하기 위해 기존 문법의 띄어쓰기를 무시했다. 일상의 가장 상식적인 질서를 거부한 셈이다. 하지만 시를 읽는데 무리는 없다. 그렇다면 영어를 이렇게 쓰면 어떨까.

'Tobeornottobethatisthequestion.'

영국의 윌리엄 셰익스피어가 쓴 희곡 『햄릿』에 나오는 명대사다. 이렇게 붙여 써놓으니 그 의미를 도무지 모르겠다. 원문대로 띄어쓰기를 하면 'To be or not to be that is the question^{사느냐, 죽느냐, 그것이 문제로다}'란 햄릿의 대사라고 알 수 있다. 한글이 영어보다 우수하다고 보는 하나의 예다.

영어는 알파벳 철자를 하나씩 옆으로 나열해 쓰는 반면, 한글은 자음과 모음을 한데 모아 글자를 하나씩 만들고 이 글자^{음절}를 이어 쓴다. 한마디로 영어는 나열하는 데 비해 한글은 모아쓰는 방식을 취한다. 한글은 글자마다 의미가 있어 띄어쓰기를 안 하더라도 대강의 의미를 알 수 있다. 명사 전체의 70%가 한자어이고 명사에 붙는 은·는·이·가·도 같은 조사를 쉽게 가려낼 수 있기 때문이다. 젊은이들이 휴대전화로 문자를 보낼 때 글자 수 제한 때문에 대부분 띄어쓰기를 하지 않고 보내기도 한다.

또 한글은 영어보다 한눈에 들어오는 정보가 더 많다. 이것도 모아쓰기의 장점이다. 우리 눈의 망막에 초점이 맺히는 곳에는 보통 6~10개의 글자가 들어온다. 따라서 똑같은 글자 수가 눈에 들어올 경우, 한글을 읽을 때 영어보다 더 많은 정보를 얻는다. '한국인은 우수하다'Koreans are excellent'란 문장을 예로 들면 한글 문장은 전체가, 영어 문장은 Koreans만 한눈에 들어온다.

한글의 또 다른 장점은 컴퓨터가 '사과'를 읽을 경우 단어에 대한 사전 정보가 없더라도 그대로 받아들여 쓸 수 있다. 그것은 발음 기호에 가까울 정도로 글자와 소리 값이 1 : 1의 관계이기 때문이다. 한글은 음소문자이고 알파벳은 일자다음一字多音의 '음소군 문자'이다. 반면 한글의 'ㅏ'는 오로지 '아'일 뿐이다.

우리 머릿속의 국어사전은 시각적인 철자 모양이 아니라 발음 소리로 저장돼 있을 가능성이 높다. 'ㄱ, ㄴ, ㄷ' 순으로 분류된 뒤 'ㅏ, ㅑ, ㅓ, ㅕ' 순으로 나눠진 국어사전과 다른 방식이라 경제적이지 못하다고 할 수 있다. 하지만 철자로 기억하는 대신 음절로 기억하면 자음과 모음으로 단어를 만드는데 드는 시간을 줄일 수 있다.[10]

이와 같은 한글의 구조는 영국 서섹스 대학의 제프리 심슨 교수가 그의 저서 『문자 체계 Writing System』에서 한글을 극찬했다.

'한글이 궁극적으로 한국 사람을 위한 최고의 문자가 아니라 인류의 지적 업적 중의 하나로 평가되어야 함은 의심의 여지가 없다.'

그가 이와 같이 한글을 극찬한 것은 한글이 자질문자資質文字임을 처음으로 밝혔기 때문이다. 앞에서도 설명했지만 한 부호가 하나의 소리만을 대표하는 일자일음 문자 체계는 한글밖에 없다. 심슨 교수가 '자질문자'라고 한 이유는 한글이 너무나 세밀하게 소리를 분석해서 표기하고 있기 때문에 음소音素를 뛰어넘어 음의 자질을 표기하고 있다는 뜻이다.[11] 그의 제안에 의해 한글은 '자질 체계^{feature system}'라는 세계 문자사에서 유례가 없는 독립된 문자로 구분된다.[12]

　　더구나 영어에서의 로마자는 한 개의 낱글자가 여러 소리로 나고 하나의 소리를 적는 데 여러 가지 글자로 읽는다. 로마자의 'apple'을 읽을 경우에는 'a'의 소리가 여러 가지이므로 때문에 어떻게 써야할 지 애매하다. 다시 말해 컴퓨터가 'apple'를 '애플'로 읽는다는 것을 안다면 문제가 없지만 모르는 상태라면 '애플'인지 '에이플'인지 알 수 없다.[13]

　　따라서 컴퓨터에 입력된 단어를 음성으로 바꿀 경우 로마자로 입력된 문자보다 한글로 입력된 문자들의 작업이 더 쉽고 편리하다. 정보화시대를 대표하는 컴퓨터 음성합성 분야에 한글 문서가 유리하다는 것은 이 때문이다. 한글은 한 글자에 한 소리만 대응되므로 단어에 따라 다르게 발음되는 영어 단어를 읽는 것보다 신속하고 빠르게 정보를 관리할 수 있다.

　　인터넷에 공개된 수많은 정보를 활용하기 위해서는 원하는 정보를 찾기 위한 고차원의 정보검색 방법이 필요하다. 만약 컴퓨터가 사용자들이 찾는 정보가 무엇인지 이해한 후 검색한다면 정확한 결과를 보다 빠르게 찾을 수 있다.

　　영어의 'unhappy'의 경우 'un'을 분석하기 위해 두 글자를 위한 두 번의 탐색작업을 거친다. 이에 비해 한글의 경우 '불행'이란 단어는 한 번의 분리작업으로 끝난다. '불'은 3음소^{더 이상 작게 나눌 수 없는 음운론상의 최소 단위}로 '불'은 'ㅂ, ㅜ, ㄹ'로 이뤄져 있지만 한 음절^{단어의 일부를 이루는 음의 단위}로 구성되어 각 음소들을 낱낱이 분석할 필요가 없다.

또한 한국어는 문장의 시제가 보통 한 단어, 한 음절로 구성돼 있어 음절만으로 문장 형태까지 파악할 수 있다. 예를 들어 '잡히겠다'라는 단어는 '히, 겠, 다'라는 각각의 음절을 보고 '피동형, 미래형, 평서문'임을 쉽게 알 수 있다. 하지만 영어의 경우 'will be arrested'와 같이 세 단어를 전부 탐색해야 세부 정보를 알 수 있다.

학자들이 그동안 언어자동번역기가 개발되지 못한 이유를 면밀히 검토한 결과 한글을 기본으로 하면 언어자동번역기는 물론 3PO 같은 로봇을 효과적으로 만들 수 있다는 것을 발견했다. 간단하게 말하여 영어를 불어로 번역할 때 영어를 일단 한국어 발음으로 번역하고 이를 곧바로 불어로 번역하면 그동안 언어번역으로 인해 생기던 문제점을 말끔하게 해결할 수 있다는 뜻이다.

또한 불량발음에 의한 해석도 문제였지만 한글을 이용하면 컴퓨터가 대화자의 발음을 정확하게 이해할 수 있다. 그동안 로봇 개발에 있어 언어 해득이 가장 큰 관건 중에 하나였는데 한글을 적용하면 된다는 말에 세계학자들이 놀랐음은 물론이다.[14]

한글의 변화가 필요

현재 사용하고 있는 한글 24자로서는 세계화의 물결 속에서 세계인들의 모든 발음을 표현하기에는 불충분하다는 지적이 있다.

이에 한글학자 김세환은 다음과 같이 한글의 변화를 주장했다.

첫째, 한글에 문자가 없어 정확한 표기와 발성이 어려운 현실을 감안하여 추가로 자음과 모음을 만들자는 것이다. 현재 한국이 상대하는 많은 언어를 어느 정도 듣고 이해할 수는 있으나 그 들린 소리 그대로 발성하거나 한글로 표기가 불가능한 경우가 종종 생긴다. 한국인이 일부 외국어를 정확하게 발음하지 못하는 요인이라고 볼 수 있다. 이는 물밀듯이 들어오는 외국어 소리를 재생하지도 못하며 영원히 발성할 수 없게 되는 것을 방지하는 의미도 있다.

둘째, 한국말에도 긴소리^{장음}가 있으나 철자법에 명기되어 있지 않다. 한국인들끼리는 긴소리의 표시가 없어도 크게 불편을 느끼지 않는다. 그러나 한국 언어체계에도 있는 긴소리와 짧은소리^{단음}를 구별하여 사용토록하면 한국어의 세계화는 물론 류음^{流音}, 탁음^{濁音}등의 사용으로 언어 순화에도 도움이 된다.

셋째, 현재의 한글 표준어는 '교양 있는 사람들이 두루 쓰는 현대 서울말로 정함을 원칙으로 한다'로 정해져 있는데 시대가 변하고 외래어가 유입되고 신조어가 생겨 문제를 일으키고 있다. 이에 표준발음 방법을 정해서 말과 발음을 표준어로 정해 놓으면 시대의 변천에 영향을 받지 않는다.[15]

로봇 개발에 있어 가장 큰 문제점인 음성 인식문제를 한글이 원천적으로 해결할 수 있다는 것처럼 신선한 것은 없다. 적어도 미래의 똑똑한 로봇이 한글을 전재로 하여 서로 소통할 수 있게 된다면 한국인은 골머리 아픈 외국어를 공부할 필요가 없다. 소형 로봇을 주머니에 넣고 다니다가 한국말로 말하기만 하면 로봇이 자동적으로 통역하여 전달하기 때문이다. 한글을 토대로 한 언어자동번역 로봇이 출시될 때 온 지구인들의 세종대왕에 대한 고마움은 더욱 높아질 것으로 생각된다.[16]

1) 『인간의 역사』, M. 일리인, 오늘, 1993
2) 「[Around the World] '월드컵 족집게' 문어, 신통력의 비밀은?」, 정병선, 조선일보, 2010.07.13
3) 「인간 흉내일 뿐 기계 한계점 극복 불가능」, 박승수, 과학동아, 1995년 5월
4) 김형자, 「신비한 유전의 세계 – 언어 유전자」, 『Kisti의 과학향기』, 2005.
5) 『알고 싶은 과학의 세계』, 리처드 플레이스트, 문예출판사, 2000
6) 『메이팅 마인드』, 제프리 밀러, 소소, 2004
7) 『최재천의 인간과 동물』, 최재천, 궁리, 2007
8) 『현대과학의 쟁점』, 이인식 외, 김영사, 2002
9) 『한국인의 과학 정신』, 박성래, 평민사, 1998
10) 「한글에 대한 자부심의 근거를 알려주마!」, 이충환, 과학향기, 2007.10.
11) 『훈민정음 제자의 신비』, 김세환, 2004
12) 『우리 말의 수수께끼』, 박영준 외, 김영사, 2006
13) 「한글 왜 과학적인가」, 박흥호, 과학동아, 1994년 10월
14) 『한국7대불가사의』, 이종호, 역사의아침, 2007
15) 『훈민정음 제자의 신비』, 김세환, 2004
16) 『한국7대불가사의』, 이종호, 역사의아침, 2007

8

사이보그
세상에 산다

사이보그는 개조인간
인간에 견주는 로봇
2족 보행의 필요충분조건
인간은 특별한 동물

일본 도호쿠대학에서 한 남자가 파트너와 특별한 춤을 추고 있다. 다소 눈이 나쁜 사람은 그의 파트너가 미국의 유명배우였던 마릴린 몬로를 닮았다고 생각할 것이다. 춤을 추는 것을 보니 일부 동작이 어색하기는 하지만 그런대로 매우 자연스럽게 춤을 추고 있음을 느낀다. 그러나 남자와 추는 파트너는 마릴린 몬로를 닮은 사람이 아니라 핑키Pinky라는 이름의 로봇이다. 세계 최초의 볼룸댄서 로봇인 핑키는 165센티미터에 매력적인 몸매의 여자 모습이다. 그는 음악에 맞추어 남자가 이끄는 대로 자연스럽게 방향을 바꾸면서 부드럽게 움직였다.

핑키가 춤을 출 수 있는 것은 다른 로봇과는 달리 상대의 움직임을 미리 감지하는 센서가 있기 때문이다. 그래서 아주 작은 움직임도 미리 감지해 부드럽게 춤을 출 수 있으며 휴머노이드 로봇 개발의 개가라고도 평가되었다.[1]

휴머노이드 로봇이 자연스러운 춤을 추기 위해서는 수많은 장치가 필요하다.

핑키의 몸을 좀 더 세밀하게 살펴보면 외모와는 천양지차이다. 핑키의 무게는 무려 100

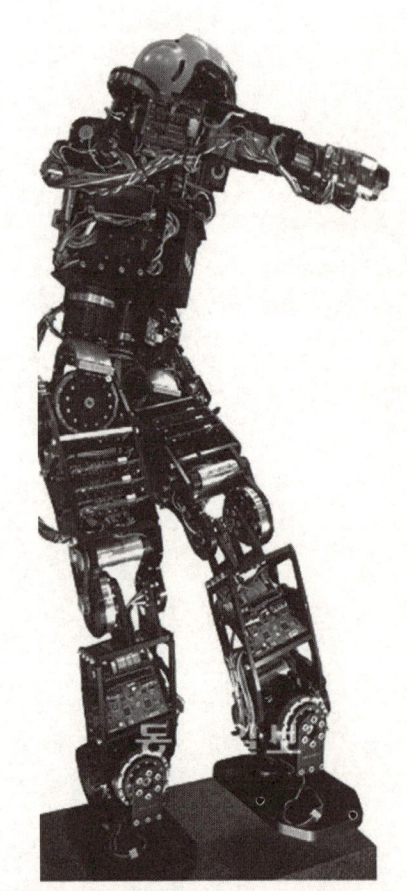

춤추는 휴보(사진 동아일보)

킬로그램이다. 실제로 여자의 몸무게가 100킬로그램이라면 놀라겠지만 핑키로서는 그야말로 다이어트한 몸매다. 마릴린 몬로로 보였던 핑키의 얼굴의 뒤를 살펴보면 수많은 모니터와 전선으로 뒤범벅이다. 아직 로봇을 동작시키기 위해서 생체기능을 접목시키지 못했기 때문이다.

캐나다에서 개발된 미모의 '아이코Aiko'도 마찬가지이다. 인간의 적적함을 달래줄 미모로 영어, 일어 등 2개 언어 1만3,000여 개의 단어를 이해하고 말할 수 있는 데다 신문까지 읽을 수 있는 고도의 지능을 갖추고 있다. 이 정도 로봇이라면 비록 감정은 없지만 웬만한 사람과 크게 다를 바가 없다. 이 역시 외형이 인간을 닮은 수많은 모니터와 전선으로 만들어져 있다.

부자연스럽기 짝이 없는 이런 로봇을 만드는 것은 SF물을 통해 인간형 로봇의 개념이 사람들의 뇌리에 각인되어 있기 때문이다. 인간형 로봇에 대한 고정관념은 크게 두 가지이다. 첫째로 로봇은 사람과 같은 형태여야 하며, 둘째로 사람처럼 움직여야 한다는 것이다. 즉 사람들이 로봇이라고 하면 인간의 모양으로 움직이는 어떤 기계를 의미한다. 로봇은 보통 두 다리와 두 발, 눈과 귀 그리고 입이 달린 얼굴을 가지는 것이다. 이러한 고정관념에 합당한 존재를 만들어야만 진정한 로봇이라고 생각한다. 만일 그렇지 않으면 사람들은 다음과 같이 얘기한다.

"에이, 이게 무슨 로봇이야? 아톰이나 태권 V, 마징가 Z 같은 게 로봇이지"

인간은 그야말로 오묘한 동물이다. 「터미네이터」에 등장하는 터미네이터는 온통 기계 부품으로 되어 있지만 이들을 둘러싼 골격은 인간형이다. 대부분의 사람들이 장난감이라 할지라도 대체로 인간의 모습을 한 로봇은 선하고 착하며 괴물 모습에는 나쁜 인상을 받는다. SF물에서 정의의 편에 선 로봇은 거의 모두 인간형인 반면 악당은 동물의 모습인 경우가 대부분인데 사람들이 이런 구분에 거부감을 느끼지 않기 때문이다.

사실 과학자들이 자신의 모습을 닮은 로봇을 만드는 것은 본능이라고 본다. 이는 로봇을 만들기 위해 먼저 인간에 대한 연구가 집중되어야 한다는 것을 의미한다. 실제로 설문 조사에 의하면 로봇의 외형이 사람과 비슷할 때 가장 강렬하고 다양한 반응을 보였다. 그 이유는 기본적으로 사람의 뇌는 다른 동물이나 사물보다도 인간을 상대로 활동한다고 해도 과언이 아니기 때문이다. 인간이 동물보다 함께 살아가야 할 인간에 보다 편안함을 느끼는 것은 당연하다. 물론 인간형으로 만든 로봇이 친화적인 호감을 갖는데 유리하지만 두려움을 느끼게 하는데도 큰 영향을 준다. 공포 영화의 경우 인간이 아닌 괴물이라면 오히려 긴장도가 떨어지는 것도 그 이유다.[2]

인간의 모습 중에서 가장 특징적인 것은 2족 보행이다. 오랜 시간에 걸쳐 많은 학습과 유전적 선택을 통해 인간은 2족 보행을 자유스럽게 하고 있지만 진화적 측면에서 보면 이런 보행은 하늘을 나는 것만큼이나 어려운 일이다. 그런데도 인간은 결국 그 일을 해냈다는 데 중요성이 있다.

사실 보행하는 자세로만 본다면 2족보행을 하는 인간은 그야말로 불안정하기 짝이 없는 동물이다. 갓난아이가 일어서려면 태어난 지 상당한 기간이 지나야 하는데 다른 동물들은 태어나자마자 걷을 수 있다. 이런 점만 본다면 인간의 형상이 공학적인 측면에서 최선의 아이디어가 아닐 수 있다는데 많은 학자들이 동의한다. 즉 로봇이 도덕적인 지능을 가지면 어떤 형태를 갖더라도 인간 형태보다는 더 유리하다는 뜻으로 한마디로 저렴한 가격으로 인간형보다 훨씬 효율적인 로봇을 만들 수 있다.

그럼에도 불구하고 이렇게 불안정한 인간형 로봇을 만들려는 것은 로봇을 활용하는 대상이 바로 인간이기 때문이다. 로봇이 인간 자신의 모습을 본떴을 때 인간들이 로봇을 더 쉽게 수용할 것이라는 뜻으로 즉 인간에게 잠재한 심리학적인 요인이 개입한다는 설명이다.

앞에서 현실 세계에서 다루는 로봇은 지능형 로봇휴먼 로봇과 산업형 로봇으로 나뉜다고 설명했다. 지능형 로봇을 휴먼 로봇이라고도 부르는 것은 인간과 같은 특성을 갖는 것을 전제로 하기 때문이다.

이들 지능형 로봇은 또 다시 사이보그와 안드로이드로 구분된다. 사이보그와 안드로이드는 기본적으로 같은 맥락에서 출발한다. 인간을 닮은 로봇이라는 개념이다. 그러나 사이보그는 어떠한 경우라도 로봇이 인간의 두뇌를 대체할 수 없다는데 초점을 맞춘 반면 안드로이드는 로봇의 한계가 없다는 것을 강조한다.

이런 설명을 들으면 사이보그와 안드로이드를 만드는 것이 간단치 않음을 곧바로 느낄 것이다. 로봇을 인간형으로 만들기 위해서는 인간이 지구상에 탄생한 이후 모든 생물 중 우뚝 솟게 만든 요인까지 포함하여 매우 복잡한 분야까지 다루어야 한다는 것을 의미한다.

이곳에서는 로봇의 꽃이라고 까지 말하는 인간형 로봇을 만들기 위해 인간의 특성 중 어떤 면을 중점적으로 다루어야 하는가를 기본적으로 설명한다.

사이보그는 개조인간

「내츄럴 시티」는 2080년의 미래 세계, 인간과 사이보그의 사랑을 소재로 한 영화이다.

무대는 '메카라인 시티', R은 무단이탈 사이보그들을 잡아 제거하는 임무를 맡은 요원이다. 업무 중 클럽에서 춤을 추는 리아라는 사이보그와 사랑에 빠지는데 자신의 임무 때문에 갈등한다. 지친 삶을 살던 R은 리아에게서 따뜻한 위로를 찾지만 그녀의 수명이 열흘밖에 남지 않았음을 안 R은 리아를 죽게 내버려둘 수 없다는 생각에 사이보그 밀매업자 닥터 지로를 찾아간다. 닥터 지로는 리아를 살리려면 DNA가 일치하는 여자 시온을 찾아오라고 한다. 거리에서 몸을 팔던 시온을 찾아간 R은 사이보그를 위해 인간을 죽여야 하는 상황에서 다시 갈등하지만, 이를 모르는 시온이 R에게 사랑을 느끼기 시작하면서 영화는 복잡하게 전개된다. 이와 같이 사이보그가 인간과 사랑을 느끼도록 주제가 설정되는 것도 기본적으로 사이보그는 인간의 두뇌로 되어 있어 주체가 인간이라고 인정하기 때문이다.

사이보그 Cyborg의 엄밀한 정의는 시스템의 조절이라는 의미의 인공두뇌Cybernetics와 유기체Organism의 합성어이다. 원래 미국의 수학자인 노버트 위너가 제창한 '사이버네틱스Cybernetics'에서 파생된 말로 기계나 인공장기 등으로 이식된 개조인간을 말한다.[3] 즉 생물과 기계장치가 결합된 것이다.

일반적으로 사이보그는 '생물 본래의 기관과 같은 기능을 조절하고 제어하는 기계장치를 생물에 이식한 결합체'라고 정의한다.[4]

이 정의에 의하면 자연이 부여한 신체 기능에 조금이라도 인공적인 것을 추가한 사람은 엄밀한 의미에서 사이보그로 분류된다. 다소 황당하게 느끼겠지만 금니 하나라도 삽입한 사람은 물론 인공모발을 두피에 심고 빈약한 가슴에 실리콘 보형물을 삽입하며, 보청기, 관절과 일부 장기를 인공물로 대체할 경우 즉 인간의 신체에 직접적인 영향을 미치는 것을 모두 사이보그라고 볼 수 있다. 특히 우리나라는 남녀 할 것 없이 많은 사람들이 인공 물질을 삽입하는 성형수술을 하므로 이들 모두 사이보그라고 한다면 한국은 세계적인 사이보그 왕국이라고 주장하는 학자들도 있다.

좀더 넓게 생각하면 안경을 착용한 사람들도 사이보그라고 볼 수 있다. 그러나 이것은 인간의 능력을 보완해주는 것이므로 사이보그 대신 기능적 사이보그functional cyborg 또는 파이보그Fyborg라고 부른다. 이런 정의에 따르면 자동차, 안경, 휴대전화, 컴퓨터 등도 포함되므로 학자들에 따라서는 인간은 이제 파이보그 사회에 살고 있다고 말해도 과언이 아니라고 설명한다. 심지어는 지구 자체를 파이보그라고 부르기도 한다.

이들이 점점 발달하여 SF물에서 미래의 인간은 현대의 인간과는 전혀 다르게 변한다. 머리는 대머리이지만 지능만은 고도로 발달되어 있다. 심지어는 몸 전체가 비늘 같은 표피에 덮여 있고 손발에는 물갈퀴 같은 것이 달려 있는 인간의 모습도 등장한다. 이들을 인간이라고 부를 수도 있고 기계라 말할 수도 있다. 손발과 기관을 자유로 떼었다 붙였다 할 수 있다. 엄밀한 의미에서는 현재도 생체이식이 가능해 손상된 기관이나 조직을 바꿔 넣을 수 있지만 로봇 즉, 사이보그 세상이 되면 가까운 장래에 사이보그^{파이버그}가 아닌 사람은 존재하지 않을지 모른다.

리더스다이제스트의 『세계상식백과』에 실린 '미래의 어느 날 인간에게 적용할 수 있는 의학적 교체 대상'으로 보아도 이와 같은 추정이 가능하다.

1. 간장 2. 심장 3. 폐 4. 콩팥 5. 췌장
6. 철 또는 뼈로 만든 두개골 판 7. 수술 부위를 가리기 위한 가발
8. 실리콘으로 만든 두개골 플러그 9. 인공 각막 10. 안구
11. 콘택트렌즈 12. 안경 13. 의치 14. 귀 15. 턱
16. 기관^{氣管} 17. 보청기 18. 뇌에서 물을 뽑아내는 관^管
19. 후두 20. 페이스메이커^{심장의 고동을 계속시키는 장치} 21. 상박^{上膊}
22. 심장 판막 23. 젖가슴 24. 동맥
26. 팔꿈치의 캡^{걸뚜껑}과 경첩 27. 복벽^{腹壁}의 조각
28. 발뒤꿈치의 관절 29. 엉덩이 관절 30. 분절^{分節}된 인공다리
31. 고환 32. 넓적다리 받침대 33. 손가락 관절
34. 무릎 관절 35. 무릎 판^板 36. 정강이뼈

이상을 보면 인간의 신체에서 대체할 수 없는 부분은 거의 없다고 볼 수 있다.[5][6]

그러나 로봇 분야에서 일반적으로 인정되는 사이보그를 정확하게 보여주는 것은 영화「스타워즈」시리즈의 다스베이더와「로보캅」시리즈의 머피,「형사 가제트」의 브라운형사이다. 이들의 몸체 각 부분은 복잡한 기계로 되어 있음에도 인간과 다름없는 동작을 보여주지만 머리만은 인간의 두뇌 그대로이다. 물론 다스베이더와 머피, 브라운은 약간 다르다. 다스베이더는 머리를 포함하여 신체의 중요 기관이 있지만 머피와 브라운의 경우는 머리만 제외하고 인공 심장, 인공 폐, 인공 위, 인공 뼈, 인공 근육, 인공 피부 등 모든 기관이 인조 제품으로 되어 있다.

다스베이더와 머피, 가제트 등이 지구인들에게 큰 호응을 받은 것은 이들의 등장이 결코 불가능하지 않을지 모른다고 생각하기 때문이다. 실제로 학자들은 인간의 두뇌를 제외한 거의 모든 부분 즉 인체의 기관과 조직의 95퍼센트 이상을 인공기관으로 대체할 수 있다고 추정한다.

성큼 다가온 인공 장기 시대

과학자들은 영화와 텔레비전에서 등장했던「600만 불의 사나이 The Six Million Dollar Man」나「소머즈 The Bionic woman」 정도는 아닐지라도 예전에 상상에 불과했던 상당한 부분이 현실로 되어 가고 있다고 설명한다.

「600만 불의 사나이」와「소머즈」가 사이보그가 된 과정은 다소 다르지만 두 사람 모두 치명적인 부상을 당한 후 과학자들에 의해 사이버인간이 되고 자신의 특출한 능력을 이용하여 악당들과 싸운다.

「600만 불의 사나이」는 1980년대 국내에서 큰 인기를 누렸던 드라마로 어찌나 시청률이 좋았던지 방송 시간을 골든타임으로 옮길 정도였다.

우주비행사였던 스티브 오스틴 대령이 사고를 당하자 과학자들은 원자력으로 움직일 수 있는 양다리와 팔을 만들어 준다. 수술은 성공을 거둬 빠른 속도로 달리는 다리, 자동차를 번쩍 들어 올릴 수 있는 팔, 그리고 몇 백 미터까지 볼 수 있는 전자 눈으로 시력을 준다. 새로운 사람으로 변신한 오스틴은 특수 첩보조직의 비밀 요원이 되어 수많은 악당들을 물리친다. 당시 오스틴 대령으로 출연한 리 메이저스는 남녀노소를 불문하고 열광케 했으며 특히 아이들의 우상이 되었다. 상상으로 만들어진 영화에 불구한데도 그만큼 지구인들이 열광한 것은 그가 가진 초능력 즉 사이보그의 능력에 매료되기도 했지만 근원적으로 감정과 이성을 모두 겸비한 인간으로 분장했기 때문이다. 이들 영화의 여파는 아니지만 인공장기 분야에서 실용화된 분야만 해도 다음과 같다.

6백만불의 사나이

① 다리 : 버클리 캘리포니아 대학의 호마윤 카제루니 박사의 '컴퓨터제어 부착식 로봇다리 블릭스Bleex', 일본의 '하이브리드 보조 다리HAL, Hybrid Assistive Limb'가 개발되어 뇌졸중이나 다리 골절로 단기간 장애를 지닌 사람 등에 실제로 활용중이다.

② 팔과 손 : 럿거스 대학의 윌리엄 크래리어스 박사팀은 '덱스트라Dextra'라는 생체공학적 손을 만들었다. 덱스트라는 현재 있는 신경 통로를 활용해 각각 개별적으로 컴퓨터로 추동되는 기계 손가락들을 제어할 수 있도록 한다. 절단부분의 근육과 신경이 아직도 제거된 손을 기억하고 있다고 가정하면서 작동하므로 뇌와 팔 근육이 손상되지 않아야 한다.

생체공학 손은 팔꿈치 아래 절단된 팔을 감싸는 감지-소매sensor-sleeve와 소켓 등으로 되어 있어 사용자는 실제 자기 손가락을 움직이는 것처럼 할 수 있다. 특히 덱스트라를 사용하면 타이프를 치고 피아노를 천천히 연주하는 것이 가능하다는 설명으로 학자들은 촉각마저도 복원할 수 있을 것으로 추정한다. 아직 인공 손의 한계는 명확하다. 현 단계에서는 아무리 진짜 손처럼 움직이려 해도 부자연스러운 동작을 보이지만 앞으로의 연구로 이런 부분은 개선될 것이다.

③ 인공 심장: 영구적인 기계장치를 이식해 기능을 상실한 인간의 심장을 대체하려는 연구는 1980년대부터 선보였다. 당시 거추장스러운 공기압축기를 환자에 연결한 '자빅-7Jarvik-7' 같은 장치가 나왔지만 실제로 빛을 보지 못했다. 엄청난 개발비를 들여 개발된 인공

심장으로 시술 받은 사람의 생존율이 수개월을 넘기기 못했다. 이 문제도 현재의 기술개발 진도를 볼 때 근간 획기적인 진전이 이루어질 것으로 예상한다.[7] [8]

④ 귀 : 귀도 주요 연구 대상 중의 하나이다. 독일 자르란트 대학의 베르너 나하티갈 교수는 '디지털 바이오닉스'라는 생체공학적인 귀를 개발했다. 소리를 증폭시키는 종전의 청각 보조 장치와는 달리, 귀 속에 두 부분으로 구성된 인공 '달팽이관'을 심는다. 귀 뒤쪽에 있는 외부 마이크로폰을 통해 수집된 소리는 피부를 거쳐 귀에 심어진 리시버에 전달된다. 이 리시버가 청각신경을 자극해서 소리의 초점을 분명하게 해준다.[9]

⑤ 눈 : 눈은 학자들이 가장 많은 연구를 하는 분야 중 하나로 스탠퍼드 대학의 대니얼 팰랜커 박사팀은 생체공학적인 눈을 개발했다. 이것은 지갑 크기의 휴대용 컴퓨터 프로세서, 인공 눈 안에 끼워 넣은 배터리, 망막에 심어진 3밀리미터 크기의 빛 감지 칩, 특수 안경에 부착된 작은 비디오 카메라 등으로 구성되어 있다. 이것을 사용하면 색소성 망막염, 나이와 관계된 황반변성黃班變性, 그리고 다른 병으로 인해 시력을 잃은 환자들이 얼굴을 알아보고 크게 인쇄된 활자를 읽을 수 있다. 외부 빛을 받아들이는 전극의 수를 늘려 선명도를 높일 수 있으므로 소형화에 집중하고 있다.

흥미 있는 것은 안경에 얼굴 인식 소프트웨어를 내장시키는 것이다. 이 안경을 쓰면 전혀 모르는 사람이라도 얼굴을 보는 순간 그 사람의 신원 정보가 바로 나타난다. 사람을 잘 기억하지 못하거나 이름을 잘 잊어버리는 사람에게 아주 편리한 안경이 될 수 있다. 물론 개인정보 보호차원에서 보편화되어서는 안 된다는 사람들도 있지만 이것도 간단하게 해결할 수 있다. 자신의 개인정보를 상대방에게 제공해도 된다고 생각할 때 휴대하고 있는 정보해제 버튼을 누르면 된다.

위험에 민감한 선글라스도 가능하다. 이 선글라스는 위험신호가 내리면 완전히 캄캄하게 변해 그것을 쓴 사람들이 보고 싶지 않은 공포스런 광경을 보지 않게 해준다.[10]

사이보그^{파이보그}를 마냥 부정적으로만 볼 일은 아닌 셈이다.

 인간에 견주는 로봇

대부분의 사람들이 인간의 모습을 한 로봇을 선호하는 것은 적어도 인간의 형태가 인간에게는 가장 효율적으로 인식되기 때문이다. 지능형 로봇의 궁극적인 목적이 인간과 흡사한 것을 추구한다면 인간과 같은 동작을 해야 하는 것은 매우 중요한 일이다.

아이들이 인간을 닮은 인형을 보고 신기해서 가지고 놀듯이, 일만 하는 로봇이 아니라 인간과 같은 감성을 지니고 있어 함께 놀아주며, 외로울 때 말벗이 되어주는 로봇이야말로 궁극적으로 로봇이 가져야 할 큰 역할 중의 하나이다. 이를 위해 큰 틀에서 학자들은 두 가지 부류의 로봇을 개발했다. 인간형과 비인간형이다. 기본적으로 인간형은 인간과 밀착한 유대관계가 있는 분야에 집중되고 비인간형은 각각의 효용 즉 적용도에 따라 형태가 결정된다.

사실 로봇으로 하여금 인간형을 고집하는 것은 매우 어려운 일이다. 인간과 같은 형태를 유지하기 위해 여러 가지 제약 조건을 충족시켜야 하기 때문이다. 현재까지 개발된 인간과 유사한 로봇이 어색해 보이는 이유는 이런 제약을 만족스럽게 해결하지 못했기 때문이다.

그러나 무엇이든 한 술에 배부를 수는 없는 법이다. 이들이 보다 발전하면 영화에서처럼 로봇이 자연스럽게 음식을 하거나 청소하면서 인간의 공간에서 마음껏 활동할 수 있게 될 것이다.

그렇다면 로봇의 구조를 단지 인간형으로 만드는 것이 왜 어려운가 의문일 것이다. 이런 간단한 명제가 실현되기가 얼마나 어려운지 가장 간단한 주먹쥐기로 설명한다. 주먹쥐기는 갓난아기로 태어날 때부터 할 수 있는 특기이다.

많은 로봇들의 가장 끝 부분에 장착되는 손 즉 '사이버핸드cyber hand'를 예로 들어 보자. 사이버핸드는 사물을 붙잡는 일이 많기 때문에 '집게'라고도 불리는데 현재 개발되는 손은 여러 형태이다. 특정 작업을 수행하기 위한 특별한 형태가 있는가 하면, 사람의 손과 동일한 다섯 개의 손가락을 가진 경우도 있다.

사람의 손은 부드러운 두부나 한 톨의 쌀알 혹은 무거운 돌을 간단히 집어 들 수 있는데 반해 사이버 핸드로 이런 작업을 하는 것은 생각보다 쉽지 않다. 사물을 잡기 위해서는 힘을 미묘하게 조절해야 한다. 사람들은 힘을 세게 줘서 달걀을 잡으면 깨진다는 것을 안다. 또한 너무 약하게 쥐면 떨어뜨리기 쉽다는 것도 잘 안다. 이런 상식적인 일이 인간에게는 쉬운 것이지만 사이버핸드는 간단하게 처리하지 못한다.

어떻게 하면 가장 적절한 힘을 집게에 주는가를 연구하기 위해서 달걀의 크기나 형태에 따라 방대한 계산이 필요하였다. 이 문제를 해결하기 위해 도입된 방법이 '퍼지 이론'이다. 국내 가전제품에 퍼지 이론을 적용했다고 대대적으로 선전하여 많은 사람들이 알고 있는 퍼지란 말은 원래 '애매함, 뚜렷하지 않음'이라는 뜻이 있다.

1965년, 미국의 자데 Lorfi A. Zadeh 교수에 의해 제안된 퍼지이론은 인간의 사고방식이나 주관적인 애매모호함을 비교적 무리 없이 설명할 수 있다는 점에서 각광을 받았다. 수 넬슨은 실예로, 사람들이 자로 정확히 측정하지 않아도 대충 눈짐작으로 자동차를 차고에 넣을 수 있다고 설명했다.

컴퓨터 속에서 일어나는 모든 연산은 이진부호 Binary Code 즉 '예'나 '아니오'로 이루어지며 그 처리 결과도 당연히 분명한 숫자로 나타난다. 그러므로 데이터나 정보를 입력할 때에도 애매한 데이터란 있을 수 없다.[11]

그러나 인간은 '예'나 '아니오'와 같은 단순 논리로 살아갈 수는 없다. 일상생활에서 칼로 무 베듯 똑 부러지게 잘라지는 것만이 아니라 애매한 표현을 많이 사용하듯이 다소 모호하게 표현하는 주관적인 사고를 어떻게 파악할 수 있는가라는 문제가 제기되었다. 이런 면을 감안하면 전통적인 논리 시스템보다 실제 세계의 근사적 approximate 이고 부정확한 inexact 성질 nature 을 표현하는 것이 더 효과적이라는 설명이다.

세탁하는 경우를 생각해 보자. 빨래할 때 세탁물의 양과 세탁물의 종류와 오염정도 등의 질적인 정보를 고려하여 물의 양과 세제량을 결정한다. 또한 세탁 강도를 '약하게', '보통', '강하게' 중에서 선택한 후 세탁기를 가동시킨다. 자신이 선택한 것들, 즉 세제의 양, 물의 양, 세탁의 강약이 과연 최적인지는 확실하지 않다. 세탁에 관한 한 내 노라는 전문가가 선택하면 보다 최적에 가까운 세탁을 할 수 있을 것이다. 그렇다고 매번 세탁 전문가들이 집집마다 방문하여 세탁일을 자문해 줄 수도 없다.

여기서 퍼지 이론을 이용하여 이런 문제를 해결할 수 있다. 간단히 말해 전문가 시스템expert system을 활용하는 것이다. 퍼지 이론의 핵심은 세탁기에 미리 전문가의 지식을 기억시켜 놓는 것이다. 센서를 통해 세탁물의 성질을 알아낸 뒤 그 정보를 전문가의 지식이 기억돼 있는 컴퓨터에 보내 그곳에서 최종 결정을 한다. 그러므로 전문가가 직접 선택한 것과 거의 같은 수준의 빨래를 할 수 있어 일반 개인이 세탁한 것보다 좋은 효과를 내는 것은 당연하다.[12]

문제는 퍼지 이론을 도입하더라도 사이버 핸드가 사물을 만질 때의 느낌을 알기 위해서는 촉각센서, 압력센서, 하중센서, 온도센서 등이 장착되어 있어야 한다. 달걀 하나를 들어올리기 위해서 이 많은 장치들이 필요하다는 것을 이해하면 인간을 닮은 로봇을 만드는 것이 얼마나 어려운지 알 수 있다.[13]

2족 보행의 필요충분조건

많은 로봇학자들이 인간과 다름없는 로봇의 개발이 원천적으로 불가능할지도 모르지만 인간형으로 만드는데 도전에 도전을 계속하는 이유는 인간형 로봇의 가능성이야말로 로봇이 궁극적으로 가져야 할 미래라는 것을 잘 알기 때문이다.

인간이 사는 공간에서 로봇이 함께 살아가려면 여러 가지 문제점에 봉착한다. 가장 중요한 것이 원활한 이동 능력이다. 사실 인간의 거주 공간에서 인간과 같은 이동이 불가능하다면 로봇의 활용성은 제한된다. 엄밀하게 말하자면 산업체에서 특별히 이동하지 않고 주어진 임무를 철저하게 반복하여 수행하는 것에 지나지 않는다면 인간형 로봇의 가치는 크게 저하된다. 이 단원은 오준호, 박종현 박사의 글을 많이 참조했다.

기계인 로봇을 자유자재로 이동시키는 것은 말처럼 간단하지 않다. 공간이동 방법으로는 인류 최대의 발명품으로 불리는 바퀴가 기본이다. 지금까지 개발된 대부분의 로봇이 바퀴로 움직이는데 이는 필요한 장소로 이동할 때 자기가 현재 어디에 있는지를 정확하게 파악하는 데도 적격이기 때문이다. 로봇의 바퀴가 몇 번 굴렀는지를 계산하여 정확한 위치를 추정할 수 있다. 「스타워즈」의 R2-D2 로봇을 연상하기 바란다.

실내에서 거주하는 바퀴 달린 로봇이 문턱이나 카펫에 걸려 바퀴가 헛돌면 좌표 값에 혼란을 생겨 더 이상 전진하지 못하고 배터리만 계속 소모하다가 정지한다. 물론 보다 업그레이드시켜 방 안의 환경을 인식하는 카메라, 레이저 감지기를 달아 주위를 미리 파악하여 장애물을 넘어갈 수 있도록 사다리를 만드는 등 응급으로 대처할 수 있게 만들 수는 있다. 그러나 인간이 편리하게 살기 위해 구입할 로봇의 가격이 대형 건물 구입비보다 비싸다면 구입할 마음이 싹 가실 것이다.

　　로봇이 궁극적으로 인간에게 친근하게 접근하려면 학자들은 로봇에 바퀴를 다는 것이 아니라 인간처럼 2족 보행을 해야 한다고 주장한다. 바퀴로 이동하는 로봇 대신에 인간과 같은 2족 보행을 강조하는 것은 인간이 사는 주거 공간이라는 특수성 때문이다. 바퀴가 아니라 두 발로 움직일 수 있어야만 이론적으로 사람이 드나드는 공간 어디나 손쉽게 접근하여 사람과 동일한 방식으로 일을 처리할 수 있다. 「스타워즈」의 C-3PO가 뒤뚱거리며 다소 어색하게 걸어도 많은 사람들에게 즐거움을 준 이유를 이해할 것이다.

　　인간다운 로봇의 기본을 설명하면서 여러 번 강조했지만 인간형의 기본은 2족 보행이다. 그러나 지구상의 동물 중에서 인간만이 유일하게 2족 보행을 제대로 할 수 있다는 것은 그만큼 2족보행이 어렵다는 것을 의미한다. 인간형 로봇 개발에 있어 반드시 집고 넘어가야 할 일이다.

　　우선 2족 보행 로봇이 한 장소에서 다른 장소로 이동할 수 있는 주행 방법에 대해 먼저 설명한다. 로봇이 주행하기 위해서 사용하는 논리는 바퀴를 사용하든, 2족 보행을 하든 기본적으로 같다. 로봇으로 하여금 자신의 위치를 추적하면서 국부적인 주변 지역에 대한 지도를 제작하는 위치지정 및 지도 작성법 SLAM: Simultaneous Localization and Mapping 을 활용하는 것이다.

　　로봇이 지도를 작성하는 보편적인 방법은 레이저 스캐너와 주행 거리계를 이용하여 거리를 측정한다. 학자들은 이러한 과정을 가속화하고 좀 더 정확한 지도를 만들기 위한 알고리즘을 찾았다. 동적 환경에서 SLAM 문제를 해결하기 위해 환경을 정적인 부분과 동적인 부분으로 구별하여 표현하고 여러 각도에서 측정한 지도를 하나의 전체 지도로 결합한다. 지도가 작성되면 이들 데이터를 토대로 출입문, 복도의 교차 등과 같은 특징 형상을 정확하게 추출하고 확인하여 건물의 복잡한 환경에서 움직인다.

하지만 사람의 경우 SLAM 방식을 이용하여 마음속의 지도를 쉽게 만들 수 있지만, 로봇이 SLAM을 수행하는 것이 단순하지 않고 많은 시간이 소모된다. 이를 해결하는 방법으로 제시된 것이 주위 환경에 대한 지도를 작성할 때 학습에 의한 확률을 적용하는 것이다.

시뮬레이션에 의하면 이러한 방법을 사용할 때 익숙하지 않은 건물과 같은 복잡한 환경에서 로봇이 좀 더 쉽게 주행할 수 있다는 것이 밝혀졌다. 각각의 예측은 신뢰도 confidence score가 있다. 높은 신뢰도를 가진 영역은 시간을 절약하기 위해 탐사하지 않는 반면 낮은 신뢰도를 가진 예측은 보다 정확한 지도를 작성한다.[14]

그러나 이러한 기술로 장착한 로봇이라도 2족 보행은 또 다른 문제점을 제기한다. 2족 보행은 크게 정보행과 동보행으로 구별된다.

정보행은 항상 정적 안정영역에 무게중심이 위치하면서 보행하는 것이다. 반면 동보행은 무게중심이 정적 안정영역 밖에 있어 항상 '쓰러지면서' 다음 지지발을 내딛는 경우를 말한다. 사람은 보통 동보행을 하며 이 경우 훨씬 적은 에너지로 신속하게 걸을 수 있다. 뿐만 아니라 정보행에 비해 몸 중심을 유지하기 위한 상체의 좌우 운동폭도 훨씬 줄어든다.

현재 개발된 로봇 등을 보면 영화에서 보이는 것처럼 자연스럽지 않다는 것을 발견한다. 인간처럼 유연하고 자연스럽게 걷지 못하기 때문이다. 걷기 위해서 한쪽 발을 들고 다음 발을 내딛고 하며 나가기만 하면 될 것처럼 생각된다. 기본적으로 맞는 생각이다. 그러나 이것이 간단치 않은 이유는 직립 보행이 마치 가만히 두면 쓰러지는 막대기를 세워 놓은 것처럼 매우 불안정한 자세로 이루어져 있기 때문이다. 그러므로 사람이 가만히 서 있기만 하기 위해서는 의식적이든 무의식적이든 쓰러지지 않도록 계속 무게중심을 이동하며 중심을 잡아야 한다. 그러다 쓰러짐이 감지되면 쓰러지는 방향으로 발을 내딛어 새로운 안정자세를 만들어내어야 한다.[15]

이런 일이 왜 어려우냐고 또 다시 질문할 수 있다. 혹자는 인간의 걸음걸이를 잘 관찰하여 무게중심을 이동해 가는 로봇을 제작한다면 어려운 것이 아니지 않겠느냐고 반문한다. 인간과 같은 2족 보행을 구현하는 것이 어려운 이유를 오준호 박사는 다음과 같이 설명한다.

첫째, 인간 운동의 구동원인 근육은 힘원이고 휴머노이드의 구동원인 전기모터·감속기는 속도원이다. 따라서 각 조인트에는 토크 센서에 의한 피드백이 필수지만 제어 및 경로 계획이 복잡해진다.
둘째, 휴머노이드 로봇을 인간과 똑같은 무게 분포를 갖게 만들기가 어렵다. 인간의 걸음과 겉보기가 유사한 자연스런 걸음걸이를 구현하는 것이 어렵다는 뜻이다.
셋째, 아직 인간의 몸속에서 수십 개의 근육이 어떤 인과관계로 동시에 협동하며 움직이는지 정확히 이해할 수 있는 정보가 부족하다. 따라서 아직은 인간의 운동을 외부에서 정확하게 관측하여 이를 로봇에 적용해도 2족 보행을 성공시킨다는 것이 현실적으로 어렵다.

하루가 다르게 기술이 발달하는 컴퓨터 게임에 등장하는 주인공들의 동작이 어딘가 부자연스럽게 느껴지는 것과 마찬가지이다. 인간이 취하는 행동 전체를 아직 정확하게 파악하지 못하므로 어떤 동작이 연속적으로 이루어질 때 자연스러운 행동으로 이어지는 방법이 아직 개발되지 않은 것이다. 예를 들어 인간의 머리카락은 수없는 변수 즉 온도나 바람, 습도 등에 의해 시시각각 세밀하게 변하는데 그것을 게임 프로그램으로 완벽하게 구현하는 것은 거의 불가능하다. 게임프로그램으로 모니터 속에서만 활동하는 캐릭터가 아니라 기계적으로 인간의 실 공간에서 움직여야 하는 로봇이기에 더 어려운 일인 것은 당연하다.

마지막으로 인간은 시각, 관성, 각 조인트 및 근육에서의 힘 등 여러 종류의 센서 시스템을 가지고 있고 피부는 압력, 통증 등 다양한 정보를 제공하는데, 이런 인간의 특성은 로봇으로 하여금 매우 복합적인 센서 및 신호 융합기술을 요구한다. 더욱이 직립보행은 기본적으로 역진자 중력에 의해 쓰러지는 궤적을 기본으로 로봇 골반부의 궤적을 결정하는 것의 성격을 띠고 있으므로 제어에 더욱 어려움을 준다.[16]

계산 자체는 미분방정식을 이용하여 단순하게 해답을 구할 수는 있으나 궤적을 이용할 경우 실제 로봇이 역진자가 아니기 때문에 제어를 해도 실제 궤적과 원하는 궤적 사이에는 오차가 심해진다는

박종현 박사의 설명이다.[17]

로봇과 인간의 축구 대결

인간의 몸은 650여 개의 근육과 206개의 뼈, 100여 개의 관절로 이루어져 있다. 또한 보행에 관련된 고관절 Hip joint 은 볼 조인트 Ball joint 로서 회전, 들기, 벌리기 등 세 가지 방향의 자유로운 운동이 가능하다. 발목과 발 역시 매우 복잡한 관절과 인대, 근육이 유기적으로 결합되어 다양하게 외부 환경과 상호작용하도록 되어 있다. 특히 엄지발가락은 보행에서 하나의 독립적인 관절로서 에너지 소모를 최소화하는 다이내믹한 걸음걸이를 연출하는데 중요한 역할을 한다.[18]

학자들은 인간형 로봇을 만들기 위해 인간과 같은 개수의 관절과 근육을 갖추는 것은 기술적으로 구현하기 어려울 뿐 아니라 실용적인 측면으로 보아도 바람직하지 않다고 한다. 그래서 과학자들이 개발하는 인간형 로봇은 인간의 행위를 모사할 수 있는 최소한의 기구학적 구조를 채택한다. 이 단원은 오준호 박사의 글을 주로 참조했다.

2족 보행을 위한 최소한의 독립적인 운동 및 구동으로 가능한 축의 수 자유도 를 결정한다. 두 다리가 걷기 운동을 위해 최소한 각각 여섯 개의 자유도를 갖는 구조를 활용한다. 고관절에 세 개, 무릎에 한 개, 발목에 두 개 등이다. 보행을 위해 ZMP Zero Moment Point, 땅에 붙은 발바닥으로 지면을 강하게 느끼는 점 라고 불리는 동적 무게중심이 보행주기 동안 항시 착지한 발 내부에 위치하도록 모든 관절운동 패턴으로 작동시킨다.

그러나 현재 개발된 2족 보행로봇이 영 부자연스럽게 걷는 것은 세 가지 문제점을 완벽하게 해결하지 못하기 때문이다.

첫째는 백래시Backlash라는 기계적 운동 결합부에서 발생하는 헐거움에 의한 불확실성이다. 백래시란 기어를 반대 방향으로 돌릴 때 기어톱니 사이의 공간에 의해 기어가 약간 헛도는 것이다. 로봇의 구동원은 주로 감속기와 결합된 전기모터이거나 유압 혹은 공압시스템인데 어느 경우든 백래시가 존재하는데 이를 완벽하게 제어하는 것이 어렵다.

둘째는 지면의 균일도와 마찰력을 제대로 수용하는 것이 어렵다. 보통 편편하다고 생각되는 실내 생활공간의 바닥이라 할지라도 ±2° 보정도의 기울기가 있다. 인간은 이 정도의 경사는 거의 느끼지 못할 정도로 적응하는데 로봇의 발바닥은 지면과 마찰력 부족으로 미끄러지기 십상이다.

셋째는 로봇의 세부가 매우 복잡하게 연결되어 구조적으로 취약한 형태를 갖지 않을 수 없다는 점이다.

이와 같은 어려움을 인간은 근육으로 해결한다. 인간의 근육은 대단히 이상적인 구동원actuator이다. 근육은 힘원force source으로 작용하며 아주 미세한 힘에서 큰 힘까지 발생시키며, 역구동back drive이 가능하며 크기와 무게에 비해 큰 힘을 내며 마찰과 백래시가 없다. 더구나 근육은 직선구동을 하며 자체 관성력이 미미하지만 인대와 함께 탄성을 보인다. 이런 능력을 로봇에게 부여하려고 하지만 현재의 기술로는 전기모터를 사용하여 인간근육을 대신하므로 전기모터가 인간근육처럼 움직이는 것이 쉽지 않다는 것을 이해할 것이다.

인간의 2족보행을 완벽하게 재현하기 위해서는 지금의 기술적

축구하는 아시모

　한계를 뛰어넘는 혁신적인 이론과 기술 및 아이디어가 요구되지만 앞으로의 기술 발전으로 이들 2족 보행의 문제점은 만족스럽게 해결될 것이다. 수많은 SF물이 그 증거다.[19]

　학자들이 꿈꾸는 휴머노이드 로봇은 2050년 월드컵 우승팀과 로봇 축구팀이 그라운드에서 경기하는 것을 목표로 삼고 있다. 라이트 형제가 1903년 최초 비행에 성공해 1952년에 제트기가 취항한 것을 보면 그리 불가능한 일도 아니다.

　세계 최고의 축구 선수들과 최첨단 기술의 로봇축구팀이 벌이는 경기는 생각만 해도 흥미진진하지만 로봇축구단을 구성하기 위해서는 넘어야 할 산이 한 두 개가 아님을 이해했을 것이다.[20]

 ## 인간은 특별한 동물

직립보행이 인간의 특성이라는데 이의를 제기하는 학자들은 없다. 학자들은 직립보행이 가능하도록 진화된 인간은 매우 기묘한 창조물이라고 설명한다.

걷는다는 것은 무게의 중심을 양발에 교대로 옮기면서 들려진 발을 앞으로 내딛으면서 착지하는 과정을 반복한다. 이때 사람은 오랜 기간 학습된 무의식적 반응으로 무게중심을 이동한다. 이러한 걸음 패턴은 인류가 직립 보행을 시작한 이래 태어날 때부터 유전적으로 프로그램된 것이다.

대다수의 동물들은 태어남과 동시에 스스로 일어나 걷고 뛰어다닌다. 이것은 보행이 선천적인 것 즉 후천적 학습이 주된 것이 아님을 보여준다. 단지 인간의 경우 태어난 직후에는 골격, 관절, 근육 등이 걸을 수 있을 만큼 충분히 발육되지 않아 걸음을 시작할 때까지 다소 시간이 걸릴 뿐이다. 걷기라는 복합적인 균형 운동은 태어난 직후에 무無 상태에서 학습하는 것이 아니라 상당 부분 본태적이며 오랜 기간의 진화에 의해 최적화된 기구학적, 운동학적으로 표현되는 지극히 지능적인 능력이라는 것이다.[21]

여하튼 직립보행은 인간의 특성 중에 특성이므로 로봇학자들이 해결해야 할 가장 중요한 요건 중의 하나이다. 그러므로 인간이 지구상에 태어난 수많은 동물 중에서 특별하게 직립보행을 하게 되었는지를 파악하는 것은 로봇 연구의 핵심이라고도 볼 수 있지만 인간의 특성 즉 인간이 여타 동물과 다른 점은 한두 가지가 아니다. 그러므로 직립보행을 설명하기 전에 인간의 여러 특성에 대해 먼저 설명한다.

일반적으로 진화의 산물은 매우 느리게 일어나며 그것도 한꺼번에 폭발적으로 변화되지 않는다고 한다. 즉 고릴라와 침팬지가 다른 종으로 변하는 데는 상당한 시간이 필요하다는 점이다. 다윈은 진화론을 다룬 『종의 선택』에서 다음과 같이 적었다.

'우리는 서서히 진행되는 이 변화를 결코 보지 못하며, (중략) 그저 현재 생물의 형태가 과거와 다르다는 것만 볼 수 있을 뿐이다.'

이 설명이 그동안 논쟁이 벌어진 진화론의 핵심이다. 즉 다윈은 획득된 형질이 유전되기는 하지만 장기간의 시간이 필요하다는 가설을 주장하여 당시 가장 크게 공격을 받았다. 그러나 진화론이 공고해진 것은 현재 단기간에 획득된 형질도 유전된다는 것이 발견되었기 때문이다. 인간은 진화론에 의거할 경우 공통 조상으로부터 내려왔다고 알려진 원숭이나 침팬지와 너무나 다르다. 진화론에 의해 마지막 진화 단계에서 갑자기 변모했다고 할 수도 있지만 그러기에는 석연치 않은 점이 많다. 인간이 포유류 중에서도 유독 다른 몇 가지 중요한 것을 들어보자.

우선 인간은 체모가 없는 유일한 포유류다. 현존하는 포유류는 약 4천 종에 달하는데 그 전부가 체모가 있거나 적어도 부분적으로라도 체모를 갖고 있다. 특별한 예외로 따뜻한 지역에 살고 있는 두더지와 박쥐의 날개에 체모가 없고 고래처럼 유선형의 필요에 의해 체모가 극단적으로 적은 수생식물도 있다. 그러나 이들을 인간과 비교할 수는 없다.

만약에 종의 진화 과정에서 인간만 유별나게 체모가 없어졌다면 거기에는 분명한 이유가 있어야 한다. 모피는 방한도 되고 외상도 막을 수 있어 생존에 훨씬 유리한데 어째서 인류는 체모를 없애려고 했을까? 만일 인간에게 체모가 없다는 것이 진화 과정이라면 원숭이나 유인원, 그 밖의 영장류 동물의 특성인 체모에 덮인 피부로부터 그것이 엷어져 가는 여러 가지 단계를 볼 수 있어야 한다.

둘째는 인간만이 정서적으로 눈물을 흘린다는 사실이다. 인간은 눈에 먼지가 들어가거나 눈이 쓰라리거나 기쁨 또는 슬픔의 감정에 눈물을 흘린다. 눈물이란 주로 눈을 씻어내는 역할로 눈을 보호하기 위해 나오는데 다른 동물들은 특별한 예외를 제외하면 눈물을 흘리지 않는다. 이 중에서도 인간은 정신적으로 반응하여 눈물을 흘린다는 것이 일반 동물들과는 가장 큰 차이점이다. 슬플 때나 기쁠 때 한바탕 울고 나면 마음이 진정된다고 하는데, 이 같은 특징은 바로 인간이 다른 동물들과 다르다는 사실을 확연히 보여 주는 것이다.

셋째는 인간이 예민한 손가락과 민감한 피부를 가졌다는 점이다. 이것은 인간의 두뇌가 손가락 끝에서 보내진 정보를 분석하고 처리하는 능력이 다른 동물보다도 훨씬 뛰어나다는 뜻이다. 인간이 도구를 사용하기 시작하면서부터 손의 피부 감각을 예민하게 만든 결과라고 주장하는 사람들도 있지만 그 시간이 너무나 빠르다는 지적이다. 진화론적으로 볼 때 예민한 피부는 혹독한 자연 섭리와 싸우기에는 매우 불리한데도 불구하고 인간은 오히려 진화론의 기본 원리인 적자생존과 반대되는 방향으로 변화를 보인 것이다.

넷째는 인간은 상처를 입었을 때 그 치유 속도가 너무나 느리다. 동물의 상처는 요술에 걸린 것처럼 빨리 낫지만 이에 비해 인간은 자기 치유 능력이 부족하다. 동물의 상처는 바늘로 꿰매지 않아도 아물어 버린다. 상처를 즉시 봉합하지 않으면 피부가 변형되는 경우는 지구상의 동물 중에서 인간에게서만 볼 수 있는 현상이다. 뭔지 모르는 요인에 의해 인간의 신체상에서 동물이 기본적으로 갖고 있는 생존 본연의 요소가 갑자기 정지해 버린 것이다.

다섯째 인간에게는 이빨 사이에 틈이 없다. 유독 인간에게만 전문가들의 귀에는 익숙한 '디아스테마타이빨의 틈새'가 없다. 동물들은 아래 어금니가 길게 비스듬히 튀어나오기 때문에 위의 어금니와 인접한 앞니와의 사이에는 일정한 틈이 생긴다. 이 틈새 때문에 먹이를 잡아먹는 데 결정적으로 필요한 어금니가 충분히 자랄 수 있다. 일부 인류학자들은 뇌의 용량이 커짐에 따라 인류의 식생활이 변하여 초식을 위주로 하게 되자 디아스테마타가 필요 없게 되었다고도 한다. 그러나 소나 말의 경우에는 완전한 초식동물인데도 디아스테마타가 있다.

이 문제에 대해서 다윈은 인간에게도 디아스테마타가 있었다고 지적했다. 일부 사람들에게 가끔 다른 이빨보다 더 튀어나온 송곳니가 출현하며 반대쪽 송곳니가 들어갈 수 있는 공간의 흔적이 나타나기도 한다는 것이다. 그는 인간의 조상들도 다른 사수목 동물의 수컷처럼 송곳니가 무기였는데 인간이 서서히 직립하게 되고 손과 팔을 삶의 여러 가지 목적뿐만 아니라 막대기를 집고 돌멩이를 집어던지면서 싸우기 위해 계속 사용하게 됨에 따라 인간은 턱과 치아를 점점 덜 쓰게 되었을 것이라고 설명했다.[22]

여섯째로 인간은 독특한 언어 발성기관을 가졌다. 1970년에 인간의 해부학상의 특징에 관한 새로운 사실이 발표되었다.

'인간의 언어는 영장류의 발성법에서부터 진화한 것이 아니라 새로운 조직으로부터 생긴 것이다. 다른 영장류의 어떤 목구멍에서도 볼 수 없는 조직이다.'

언어란 인간을 지구상의 어떤 동물과도 명확히 구별한다. 원숭이는 12~25개 정도의 다른 음성으로 이루어진 언어를 쓰고 있으나 인간은 영어만 따져도 2만5000개의 발음을 할 수 있으며 목구멍과 입술로써 각각 독특한 발음을 하는 5000종에 이르는 언어를 만들어 냈다. 언어 문제는 뒤에서 다시 설명한다.

일곱째는 인간처럼 음식을 천천히 씹어 삼켜 위로 내려가게 하는 동물은 없다. 인간이 음식을 삼켜 입에서 위까지 내려가는 데는 약 6초가량 걸린다. 그러나 일반 동물들은 음식이 입에서 위까지 닿는 데 거의 시간이 걸리지 않을 정도로 재빨리 이루어진다. 동물들에게는 먹이가 항상 준비되어 있지 않으므로 잡은 동물이나 음식물을 재빨리 소화기관으로 전달해야 하지만, 인간은 우아한 식사를 즐기려고 인체의 구조를 바꾼 것 같다. 마치 '먹기 위해서 사느냐, 살기 위해서 먹느냐' 하는 질문이라도 하기 위해서 조절된 것처럼.

고대의 인간도 항상 투쟁을 통해 먹이를 확보해야만 했다. 다른 동물들처럼 혹독한 생존 경쟁을 펼쳤음에도 불구하고 인간만은 음식에 대한 감각을 세련되게 만들었다는 뜻인데, 그것도 스스로 터득하기에는 너무나 짧은 시간에 이루어졌다.

여덟째는 인간만큼 성적으로 뛰어난 동물은 없다. 모리스는 인간이 성적으로 다른 동물과 다른 점을 다음과 같이 열거한다.

① 성교 중 오르가슴을 느낀다.
② 특별한 경우를 제외하고 항상 성교가 가능하다.
③ 성기의 각도가 앞뒤에서 성교가 가능하도록 되어 있다.
④ 여성은 남성의 욕망을 자극할 육감적인 가슴과 허리가 있다.
⑤ 여성은 처녀막이 있다.

특별한 동물을 제외하고 수컷은 몇 초 내에 사정하는 것이 보통이다. 인간의 남성과 여성은 상대방의 오르가슴을 최대한으로 높여 주기 위해 노력하며 때로는 30분 이상 성교가 가능하다. 자손번식이 목적이 아니더라도 '섹스를 위한 섹스'가 가능한 것은 인간뿐이라고 알려져 있다. 일반적으로 동물들의 교미기는 대체로 배란기로 한정되어 있다. 그러나 인간이라는 동물은 죽을 때까지 성의 즐거움을 추구할 수 있는 특수한 구조이다. 인간으로부터 죽음과 세금 그리고 섹스만은 사라지게 할 수 없다는 말처럼.

인간은 특별히 진화한 동물

인간에게는 당연하게 여겨지는 2족 보행은 지구상에 태어난 수많은 생물체 중에서 유독 인간만이 자유롭게 구사한다는데 특이성이 있다. 이는 직립보행이 다른 생물체에는 적합하지 않았다는 뜻이므로 도대체 왜 인간만 이런 보행법을 하게 되었는지 의문스럽다.

현재 지구상의 약 250종의 영장류 중 오직 한 종, 인간만이 두 발로 걷는다. 인간이 직립보행을 하게 된 연유는 진화론적인 면을 고

찰해야하므로 로봇 개발과는 다소 거리가 있지만 직립보행이 인간형 로봇을 제작하는데 관건이 되므로 고고학, 생리의학 등 제반 자료 등을 종합하여 설명한다.

직립 보행은 생명체로 볼 때 그야말로 엄청난 변화이다. 직립 보행이야말로 기이한 형태의 이동방법인데 학자들이 놀라는 것은 인간으로 하여금 직립보행이 가능하도록 진화되면서 매우 기묘한 창조물로 변형되었다는 점이다. 휘어진 척추, 기다란 팔다리, 아치형 발, 섬세한 동작이 가능한 손, 거대한 두뇌와 꼬리 없는 두 다리가 있는데 지구상에 사는 어떤 동물도 인간과 같은 골격을 가진 것은 없다.

그러나 장구한 세월을 거치면서 자연선택으로 빚어진 우리의 신체가 어떤 동물보다 정교하게 움직이기는 하지만 이에 따른 치명적인 약점이 있다. 과학자들은 많은 연구를 통해 우리 몸의 설계도가 지닌 결함에 숨어있는 한 가지 공통점을 발견했다. 현대의 인간이 기진 결함이란 인간으로 변해오는 기나긴 여정의 첫 단계인 직립 자세를 취하면서 생긴 타협의 대가라는 것이다. 즉 인간이 두 발로 걷는 데 필요한 골격 구조를 얻는 대신 이에 상응할 만한 희생을 담보로 했다는 설명이다.

인간이 직립하자 많은 해부학적 변화가 생기기 시작했다. 네 발 보행에서 직립 보행으로 크게 바뀌면서 목 아래의 모든 뼈가 변화되기 시작했다. 두개골과 척추의 모양과 위치가 재조정되어 머리와 상반신이 엉덩이와 발 위로 수직을 이루었다. 체중을 지탱하고 직립에서 오는 압력을 흡수하기 위해 사지와 척추의 관절이 커지고 발이 아치형으로 발달되었다. 골반은 길고 가는 노 형태에서 넓적하고 수평으로 편

평한 안장 형태로 바뀌어 체중을 다리 아래로 분산시켜 주었고 골반에는 큰 근육이 붙었다. 바로 이 점이 몸의 균형과 직립 보행의 능률을 높였지만 여성의 산도를 크게 수축시키는 결과를 초래했다.

어머니의 뱃속에 있는 태아의 어깨가 머리에 이어 산도를 빠져나가기 위해서는 두 번의 회전을 거쳐야 한다. 간혹 빠져 나가다 걸리면 팔의 움직임을 조절하는 척수 신경 일부가 손상되기도 한다. 더욱이 인간은 같은 크기의 포유류에 비해서 두뇌가 6배나 크며, 가장 가까운 친척인 침팬지나 고릴라에 비해서도 3배가 크다. 인간은 머리가 큰 기형적 생물체인 셈이다.

반면에 침팬지는 골반이 크고 새끼의 머리가 작기 때문에 출산이 쉽다. 게다가 산도에서 빠져 나올 때 어미와 새끼가 서로 마주보는 자세로 나오므로 어미가 자신의 두 손으로 새끼의 머리를 잡아당겨 빼낼 수 있다. 다른 영장류들도 산도가 타원형이기 때문에 새끼가 산도에 진입해서 나올 때까지 몸이 일정한 방향을 유지한다.

하지만 사람은 태아가 큰 머리로 자궁경부를 압박해 열고 나와서 머리를 옆으로 돌려 모체의 골반 뼈를 통과하므로 태아를 잡아 뺄 수 없다. 태아를 무리하게 잡아 빼면 척추나 목을 다칠 가능성이 크다.

아기는 임신 9개월이 되면 골반 개구부의 산도를 통해 머리부터 나온다. 산도를 비집고 나오는 아기의 머리는 0.5~1센티미터나 찌그러질 만큼 큰 압력을 받는다고 의학자들은 설명한다.

새로운 생명이 태어나는데 있어 산모의 극심한 고통은 인간만이 겪는 어려움이라고 할 수 있다. 아기가 태어날 때 산모의 어려움은 진통 때문만은 아니다. 여성의 골반 형태 때문에 태아는 뒤통수를 어머니의 치골로 향하여 산도를 통과한다. 인간의 출산이 아기뿐 아니라 산모에게도 힘들고 위험하다는 것은 바로 산도의 형태가 직각으로 꺾이기 때문이다. 태아의 얼굴이 산모의 엉덩이 쪽으로 향한 채 나오기 때문에 산모가 손을 뻗어 태아가 척추에 손상을 입지 않고 나오도록 유도하기가 어렵다. 또한 산모가 아기의 기도에서 이물질을 제거하거나 아기 목에 감긴 탯줄을 풀기도 어렵다. 이 때문에 거의 모든 여성들이 진통과 분만 시 도움을 필요로 하며 바로 이점 때문에 100년 전만 해도 가임 여성의 주 사망 요인이 출산이었다.

2족 보행을 감수

공학적인 측면으로만 본다면 로봇이 직립보행을 하도록 하기 위해서는 상당한 기술을 접목시켜야 한다. 직립보행을 위해서는 근육의 균형과 공동 작업, 그리고 능률성이 집적되어야 한다. 인간의 걷기 동작은 역진자逆振子 움직임과 같은 형태를 보이는데 이는 인체가 뻣뻣한 다리를 지지점으로 하여 호弧를 그리며 앞뒤로 진동하기 때문이다.

몸통이 다리와 일직선을 이룰 때 얻는 중력 위치 에너지는 몸통이 앞뒤로 기울어질 때 발생되는 운동 에너지와 그 크기가 거의 비슷한데 이 움직임이야말로 인간 보행의 백미라고도 볼 수 있다. 인간이 이런 움직임을 갖게 됨으로써 발걸음을 옮길 때마다 작용 반작용의 효과에 의해 근육의 작업량에 따라 65퍼센트나 되는 에너지를 절약할 수 있다. 이런 결과는 인간이 무릎을 완전히 펼 수 있어 가능한 것이다. 허리를 앞으로 구부려 대퇴골이 엉덩이에서 무릎까지 오목하게 경사지면 발이 무게 중심을 사이에 두고 벌어진다. 걸음을 옮기면서 한쪽 발에 체중이 실릴 때 옆으로 넘어지지 않는 것은 골반에 붙어 있는 둔부 외전근 덕분이다. 뛰어갈 때 우리 몸은 흔들거리는 시계추에서 다리의 힘줄이 용수철 역할을 한다.

유타대학교의 데니스 브램블 박사는 약 200만 년 전 인류의 조상이 달리기를 터득하면서 여러 가지 신체적 특징이 진화되었다고 한다. 다리의 힘줄이 추가로 생기고 피부에 난 털이 줄어들고 체온을 낮추는 땀샘이 발달하기 시작했다. 또한 엉덩이를 둘러싸 몸통의 균형을 잡아 앞으로 쓰러지지 않게 해 주는 신체의 가장 큰 근육, 대둔근이 더 커졌다. 쇄골 부위의 상부 승모근은 머리의 균형을 유지하고 팔과 어깨는 근육의 펌프작용_{근육의 수축·이완 반복}으로 몸의 균형을 유지하며 긴 다리는 용수철 같은 규칙적 리듬을 타고 움직인다.

침팬지는 현존하는 동물 중 인간과 가장 가깝기는 하지만 몸의 구조는 에너지를 많이 소모하는 형태이다. 이들은 인간처럼 무릎을 뻗거나 다리를 쭉 편 상태를 유지할 수 없다. 대신 서서 걸을 때 체중을 지탱하기 위해 근육의 힘을 이용하고 몸을 앞뒤로 흔드는 데 에너지를 소모한다. 더구나 침팬지는 특별한 경우에만 일시적으로 두 발로 걷는 반면 인간은 두 발 보행이 기본이다.

그렇다면 왜 두 발 보행으로 진화되었을까. 그것은 말할 것도 없이 손을 자유자재로 쓸 수 있기 때문이다. 그러나 직립 자세와 직립 이동에 의한 부작용도 만만치 않다. 대부분의 사람들이 나이가 들면서 요통을 겪는데 이는 척추의 구조에 문제점이 있기 때문이다. 원래 인간의 척추는 아치형이었다. 그런데 직립 보행을 하면서 척추는 체중을 지탱하는 역할을 하기 위해 S자형으로 진화했다. 머리를 받치고 체중을 고관절과 다리로 분산시키기 위해서이다. 허리 아래 부분은 앞쪽으로 그리고 허리 윗부분은 뒤쪽으로 깊이 휘게 되었다.

인간의 무릎 관절도 진화학적으로 본다면 사상 최고의 걸작품 중 하나다. 스콧 다이 박사는 3억 6000만 년 전 한쪽 다리에서 다른 한쪽으로 하중을 옮길 수 있게 만든 것이 바로 무릎 관절이라고 설명한다. 반면에 무릎 관절은 인체에서 가장 쉽게 손상되는 부위이기도 하다. 인간이 직립 자세를 취하게 되면서 전에 없던 엄청난 힘을 무릎과 발목 그리고 발에 가해야 했다. 빨리 걷거나 뛸 때 인체의 다리에는 체중의 몇 배나 되는 힘이 가해진다. 또한 골반은 다리 관절에 압력을 가한다. 골반의 넓은 폭 때문에 인간의 대퇴골은 침팬지나 다른 영장류처럼 상하 직선으로 뻗어 있지 않고 무릎을 향해 안쪽으로 굽어 있다. 이런 구조로 인해 무릎이 신체의 아래쪽에 위치하여 우리 몸을 안정되게 지탱하는 것이다.

대퇴골의 이런 독특한 각도는 무릎의 균형을 무너뜨릴 수 있는 힘이 있다는 것을 의미한다. 골반뼈가 더 넓은 여성은 대퇴골과의 연결 각도가 더 크기 때문에 여성이 남성보다 빨리 뛰지 못한다. 각도가 크면 에너지를 약 10퍼센트 더 소모하게 되고 무릎 관절이 더 잘 손상된다. 100미터 달리기나 마라톤에서 여자가 남자보다 빠르지 않은 것을 불평할 게 아니다.

이러한 구조를 최종적으로 지탱하는 것은 두 발이다. 인간의 발은 매우 특수한 구조이다. 우선 엄지손가락처럼 다른 손가락과 마주 향할 수 없다. 또한 발에서 사물을 잡는 역할이 사라졌는데 이는 영장류 중에서 인간이 유일하다. 침팬지의 경우 발은 놀라울 정도로 쓸모가 많고 다능하여 나무를 오르는 데 꼭 필요하고 손에 버금가는 동작과 조작이 가능하다.

인간의 발은 사실 진화적인 차원에서 볼 때 상당한 손실을 초래했다. 인간의 발은 현재 침팬지가 활용하는 발의 이점을 모두 포기하고 몸을 앞으로 나아가게 하고 그러한 동작에서 오는 충격을 흡수하는 단 두 가지 기능만 하도록 되어 있다. 두 발 보행으로 손은 자유로워졌지만 발의 움직임은 제한되었다. 이 말은 직립 보행을 고수하면서 안정성과 속도를 포기하고 발이 물건을 잡을 수 있는 기능도 포기하게 만들었다.

이와 같이 다소 불합리하게 만들어진 인간을 로봇으로 똑같이 모사하려니 당연히 많은 문제가 생긴다. 즉 2족보행하는 인간의 수많은 특이성을 슬기롭게 풀어야 하는데 이것이 간단하지 않다.

사실 로봇이 이동하려면 2족 보행보다는 일반 동물처럼 4족 보행을 하도록 하는 것이 수월하다. 몸통 즉 상반신은 인간형이지만 다리가 4개, 즉 이집트에서 보이는 스핑크스, 그리스 신화에 나오는 반인반마 켄타우로스가 바로 이런 형태이다. 「퍼시 잭슨과 번개 도둑 Percy Jackson & the Olympians: The Lightning Thief」에서 켄타우로스가 인간처럼 행동하면서도 말처럼 자연스럽게 걷는다. 걷는 것만으로 생각하면 인간의 2족보행보다 자연스러운 것은 사실이다.

주석

1) 『과학 카페(첨단 과학과 내일)』, KBS〈과학카페〉제작팀, 예담, 2008
2) 『로보 사피엔스』, 페이스 달루이시오, 김영사, 2002
   『과학 카페(첨단 과학과 내일)』, KBS〈과학카페〉제작팀, 예담, 2008
3) 『하이테크 시대의 SF 영화』, 김진우, 한나래, 1995
4) 『로봇 이야기』, 김문상, 살림, 2005.
5) 『세계상식백과』, 리더스다이제스트 편집부, 동아일보사, 1993.
6) 『나는 왜 사이보그가 되었는가』, 케빈 워윅, 김영사, 2004.
7) 『미래의 사이보그가 걸어온다』, 김수병, 한겨레21, 2006년 09월
8) 『판타스틱 사이언스』, 수 넬슨 외, 웅진닷컴, 2005.
9) 『TV속 '600만 불의 사나이' 이제 현실로』, 이유, 『연합뉴스』, 2006. 4. 5.
10) 『판타스틱 사이언스』, 수 넬슨 외, 웅진닷컴, 2005.
11) 『현대과학의 쟁점』, 이인식 외, 김영사, 2002
12) 『신경망군과 퍼지양의 결혼』, 가민호, 『과학동아』, 1991년 1월
13) 『로봇의 시대』, 도지마 와코, 사이언스북스, 2002.
14) 『이동 로봇의 주행능력을 향상시키는 어림짐작에 의한 지도작성』, 동아사이언스 글러벌동향브리핑, 2007.5.11
15) 『교양으로 읽는 과학의 모든 것』, 한국과학문화재단, 미래M&B, 2006
16) 『오감을 가진 로봇 꿈꾼다』, 오준호, 과학과 기술, 2005년 5월
17) 『인간처럼 두 발로 걷는다』, 박종현, 과학과 기술, 2005년 5월
18) 『교양으로 읽는 과학의 모든 것』, 한국과학문화재단, 미래M&B, 2006
19) 『제갈길 알아서 찾아가는 로봇』, 오상록, 과학동아, 2001년 4월
20) 『인간형 로봇 개발 20년』, 이범희, 과학동아 2004년 4월 별책부록
21) 『교양으로 읽는 과학의 모든 것』, 한국과학문화재단, 미래M&B, 2006
22) 『인간의 유래』, 찰스 다윈, 한길사, 2006

로봇, 사람이 되다
1 영화 속 로봇이야기

초판 발행 2013년 8월 15일

지은이 이종호 ◎ **펴낸이** 유광종
펴낸곳 한국이공학사 ◎ **임프린트** 과학사랑
출판등록 제9-92호 1977.2.1
주소 서울특별시 영등포구 당산동2가 58번지
전화 02-2676-2062 ◎ **팩스** 02-2676-2015
전자우편 hankuk204@naver.com

값 16,500원
과학사랑은 도서출판 한국이공학사의 교양서적 브랜드입니다.

ISBN 978-89-7095-131-7 94560
  978-89-7095-130-0 (2권세트)